サブシー工学ハンドブック①
サブシー生産システム

Yong Bai／Qiang Bai 著

尾崎雅彦 監訳

KAIBUNDO

Subsea Engineering Handbook
by Yong Bai, Qiang Bai

Copyright © 2012 Elsevier Inc. All rights reserved.
This edition of Subsea Engineering Handbook by Yong Bai, Qiang Bai
is published by arrangement with Elsevier Inc.,
a Delaware corporation having its principal place of business
at 360 Park Avenue South, New York, NY 10010, USA
through Japan UNI Agency, Inc., Tokyo

目次

監訳者まえがき　xiii
訳者一覧　xv
序文　xvii
著者紹介　xix

第1章　サブシー工学の概要
1.1　はじめに 1
1.2　サブシー生産システム 4
　　1.2.1　全体構成 6
　　1.2.2　分配システム 7
　　1.2.3　海底調査 8
　　1.2.4　設置作業と船 9
　　1.2.5　コスト評価 10
　　1.2.6　サブシー制御 10
　　1.2.7　海底へのパワー供給 11
　　1.2.8　プロジェクト遂行とインターフェース 11
1.3　フローアシュアランス（流路保全）とシステムエンジニアリング 12
　　1.3.1　サブシーオペレーション 12
　　1.3.2　コミッショニングと始動 14
　　1.3.3　生産処理 15
　　1.3.4　ケミカル注入 15
　　1.3.5　坑井試験 17
　　1.3.6　点検と維持 17
1.4　海底構造物と設備 18
　　1.4.1　海底マニホールド 18
　　1.4.2　パイプライン端部・ライン途中の構造物 19
　　1.4.3　ジャンパー 20
　　1.4.4　海底坑口装置 21
　　1.4.5　サブシーツリー 23
　　1.4.6　アンビリカルシステム 23

		1.4.7 生産用ライザー	24
1.5		サブシーフローライン	25

第2章　海底油・ガス田開発

2.1		海底油・ガス田開発の概要	27
2.2		大水深と浅水深における油・ガス田開発	29
2.3		海底仕上げ方式と海上坑口方式	29
	2.3.1	海底仕上げ方式	31
	2.3.2	海上坑口方式	34
	2.3.3	坑井システムの選定	35
2.4		海底タイバックの発展	36
	2.4.1	タイバックのフィールドデザイン	38
	2.4.2	タイバックシステムの選択と技術開発	40
2.5		スタンドアローンの展開	41
	2.5.1	スタンドアローンシステムとタイバックシステム	43
	2.5.2	スタンドアローン構造物の分類	44
2.6		人工採油法と制約条件	46
	2.6.1	概要	46
	2.6.2	ガスリフト法	46
	2.6.3	海底昇圧法（subsea pressure boosting）	48
	2.6.4	電動水中ポンプ（ESP）	50
2.7		サブシー処理	53
2.8		テンプレート，坑井群システム，デイジーチェーン	55
	2.8.1	サテライト採収井システム	56
	2.8.2	テンプレート，坑井群システム	56
	2.8.3	デイジーチェーン	59
2.9		海底油・ガス田開発アセスメント	61
	2.9.1	基本データ	63
	2.9.2	ウォーターカットプロファイル	64
	2.9.3	プロセスシミュレーション	65

第3章　サブシー分配システム（SDS）

3.1		はじめに	69
	3.1.1	システムアーキテクチャ	69
3.2		設計パラメータ	71
	3.2.1	油圧システム	71

  3.2.2 電力システムおよび信号伝送 *72*
3.3 SDS 構成機器の設計要求 *73*
  3.3.1 トップサイド側アンビリカル終端アセンブリ（TUTA） *73*
  3.3.2 海底側アンビリカル終端アセンブリ（SUTA） *75*
  3.3.3 アンビリカル終端ヘッド（UTH） *77*
  3.3.4 サブシー分配アセンブリ（SDA） *79*
  3.3.5 油圧分配マニホールドまたはモジュール（HDM） *82*
  3.3.6 電気分配マニホールドまたはモジュール（EDM） *84*
  3.3.7 多重クイックコネクタ（MQC） *85*
  3.3.8 油圧用フライングリードおよびカプラ *88*
  3.3.9 電気用フライングリードおよびコネクタ *94*
  3.3.10 ロジックキャップ *98*
  3.3.11 サブシーアキュムレータモジュール（SAM） *100*

第 4 章 海底調査，測位および基礎

4.1 はじめに *105*
4.2 海底調査 *106*
  4.2.1 海底調査の要件 *106*
  4.2.2 海底調査用機器の要件 *112*
  4.2.3 サブボトムプロファイラ *114*
  4.2.4 磁力計 *116*
  4.2.5 コアおよびボトムサンプラー *117*
  4.2.6 測位システム *117*
4.3 海底計量学と測位 *119*
  4.3.1 トランスデューサ *119*
  4.3.2 較正 *119*
  4.3.3 ウォーターカラムパラメータ *120*
  4.3.4 LBL（長基線）音響 *121*
  4.3.5 音響 SBL および USBL *123*
4.4 海底土質調査 *126*
  4.4.1 沖合土質調査用機器の要件 *126*
  4.4.2 海底調査機器の接続 *132*
4.5 海底基礎 *135*
  4.5.1 パイルまたはスカートによって支持される構造物 *136*
  4.5.2 海底によって支持される構造物 *137*
  4.5.3 パイルおよびプレートアンカーの設計と設置 *137*

    4.5.4　サクションパイルの地盤工学的容量 *137*
    4.5.5　プレートアンカーの地盤工学的容量 *140*
    4.5.6　サクションパイルの構造設計 *142*
    4.5.7　サクションパイル，サクションケーソン，プレートアンカーの設置.... *149*
    4.5.8　打ち込みパイルアンカー *155*

第5章　設置作業と船舶

5.1　はじめに *161*
5.2　標準的な設置作業用船舶 *161*
    5.2.1　輸送バージとタグボート *162*
    5.2.2　掘削用船舶 *163*
    5.2.3　パイプ敷設船 *166*
    5.2.4　アンビリカル敷設船 *169*
    5.2.5　起重機船 *170*
    5.2.6　オフショア支援船 *171*
5.3　船の要件と選択 *171*
    5.3.1　船とバージの基本的要件 *172*
    5.3.2　機能的要件 *173*
5.4　設置時の位置保持 *175*
    5.4.1　海面位置保持 *175*
    5.4.2　サブシー位置保持 *177*
5.5　設置作業解析 *177*
    5.5.1　サブシー構造物設置作業解析 *178*
    5.5.2　パイプラインまたはライザーの設置作業解析 *180*
    5.5.3　アンビリカル敷設解析 *183*

第6章　コスト評価

6.1　はじめに *185*
6.2　資本的支出（CAPEX） *187*
6.3　コスト評価の方法論 *189*
    6.3.1　コスト－キャパシティ評価法 *190*
    6.3.2　コストドライブ係数による評価法 *191*
    6.3.3　作業分割構成による評価法 *195*
    6.3.4　コスト評価プロセス *196*
6.4　サブシー機器のコスト *196*
    6.4.1　サブシー生産システムの概要 *196*

	6.4.2 サブシーツリー *199*
	6.4.3 サブシーマニホールド *202*
	6.4.4 フローライン *205*
6.5	試験と設置のコスト *208*
	6.5.1 試験のコスト *208*
	6.5.2 設置コスト *209*
6.6	プロジェクトマネジメントとエンジニアリングコスト *212*
6.7	サブシー運営費用（OPEX） *212*
6.8	サブシーシステムのライフサイクルコスト *213*
	6.8.1 RISEX *214*
	6.8.2 RAMEX *216*
6.9	ケーススタディ *218*

第 7 章　制御

7.1	はじめに *223*
7.2	サブシー制御の種類 *225*
	7.2.1 直動油圧制御システム *225*
	7.2.2 パイロット式油圧制御システム *227*
	7.2.3 シーケンス式油圧制御システム *229*
	7.2.4 多重電子制御油圧システム *230*
	7.2.5 全電動制御システム *232*
7.3	トップサイドの装置 *234*
	7.3.1 マスター制御ステーション（MCS） *234*
	7.3.2 電力ユニット（EPU） *236*
	7.3.3 油圧ユニット（HPU） *236*
7.4	サブシー制御モジュール搭載ベース（SCMMB） *237*
7.5	サブシー制御モジュール（SCM） *238*
	7.5.1 SCM の構成要素 *239*
	7.5.2 SCM 制御モードの説明 *241*
7.6	サブシートランスデューサまたはセンサ *244*
	7.6.1 圧力トランスデューサ（PT） *246*
	7.6.2 温度トランスデューサ（TT） *246*
	7.6.3 圧力・温度トランスデューサ（PTT） *247*
	7.6.4 砂検知器 *248*
7.7	高度圧力保護システム（HIPPS） *249*
7.8	サブシー生産制御システム（SPCS） *254*

7.9　設置・改修制御システム（IWOCS） *256*

第 8 章　パワー供給

8.1　はじめに *261*
8.2　電力システム *262*
　　8.2.1　設計コード，標準，仕様 *264*
　　8.2.2　電気負荷計算 *265*
　　8.2.3　電源供給の選択 *268*
　　8.2.4　電力ユニット（EPU） *271*
　　8.2.5　電気分配 *272*
8.3　油圧システム *274*
　　8.3.1　油圧ユニット（HPU） *276*

第 9 章　プロジェクトの遂行とインターフェース

9.1　はじめに *283*
9.2　プロジェクトの遂行 *284*
　　9.2.1　プロジェクト遂行計画 *284*
　　9.2.2　スケジュールの種類とベースラインの更新 *284*
　　9.2.3　プロジェクトの組織 *285*
　　9.2.4　プロジェクトマネジメント *289*
　　9.2.5　契約戦略 *291*
　　9.2.6　品質保証 *291*
　　9.2.7　システム統合試験 *293*
　　9.2.8　設置 *295*
　　9.2.9　プロセスマネジメント *297*
　　9.2.10　HSE マネジメント *297*
9.3　インターフェース *298*
　　9.3.1　概要 *298*
　　9.3.2　役割と責任 *300*
　　9.3.3　インターフェースマトリクス *301*
　　9.3.4　インターフェーススケジューリング *301*
　　9.3.5　インターフェース管理計画 *302*
　　9.3.6　インターフェース管理の手順 *302*
　　9.3.7　インターフェース登録 *304*
　　9.3.8　内部インターフェース管理 *305*
　　9.3.9　外部インターフェース管理 *305*

9.3.10　インターフェースの解決（interface resolution）................. 305
9.3.11　インターフェースでの引き渡し（interface delivery）............. 305

第 10 章　リスクと信頼性

10.1　はじめに.. 307
　　10.1.1　リスクマネジメントの概要...................................... 307
　　10.1.2　サブシープロジェクトにおけるリスク............................ 308
10.2　リスク評価... 309
　　10.2.1　概要.. 309
　　10.2.2　評価パラメータ.. 310
　　10.2.3　リスク評価手法.. 310
　　10.2.4　リスクの受容基準.. 312
　　10.2.5　リスクの特定.. 313
　　10.2.6　リスクマネジメント計画.. 315
10.3　環境影響評価... 315
　　10.3.1　流出量の計算.. 316
　　10.3.2　最終液体量の評価.. 316
　　10.3.3　除染コストの決定.. 318
　　10.3.4　生物への影響評価.. 318
10.4　プロジェクトリスクマネジメント..................................... 321
　　10.4.1　リスク低減.. 322
10.5　信頼性... 323
　　10.5.1　信頼性の要求.. 323
　　10.5.2　信頼性プロセス.. 323
　　10.5.3　先見的信頼性技術（proactive reliability technique）............ 326
　　10.5.4　信頼性モデリング.. 327
　　10.5.5　信頼度ブロック図（RBD）...................................... 328
10.6　フォルトツリー解析（FTA）... 329
　　10.6.1　コンセプト.. 330
　　10.6.2　タイミング.. 330
　　10.6.3　入力データ要件.. 330
　　10.6.4　強みと弱み.. 331
　　10.6.5　信頼性能力成熟度モデル（RCMM）レベル........................ 331
　　10.6.6　信頼性中心設計解析（RCDA）................................... 332
10.7　故障を減らすための適格性評価....................................... 334

第 11 章　機器の RBI

- 11.1　はじめに 337
- 11.2　目的 337
- 11.3　サブシー機器 RBI の方法論 338
  - 11.3.1　概要 338
  - 11.3.2　サブシー RBI 検査管理 339
  - 11.3.3　リスク許容基準 340
  - 11.3.4　サブシー RBI ワークフロー 341
  - 11.3.5　サブシー機器リスクの決定 343
  - 11.3.6　検査計画 347
  - 11.3.7　オフショア機器の信頼性データ 349
- 11.4　パイプラインの RBI 350
  - 11.4.1　パイプラインの劣化メカニズム 350
  - 11.4.2　PoF 値の評価 351
  - 11.4.3　CoF 値の評価 358
  - 11.4.4　リスクの確認と基準 360
- 11.5　サブシーツリーの RBI 361
  - 11.5.1　サブシーツリーの RBI プロセス 361
  - 11.5.2　サブシーツリーのリスク評価 363
  - 11.5.3　検査プラン 366
- 11.6　サブシーマニホールドの RBI 367
  - 11.6.1　劣化メカニズム 367
  - 11.6.2　初期評価 367
  - 11.6.3　詳細評価 369
  - 11.6.4　マニホールド RBI の例 370
- 11.7　RBI の結果と有用性 377

略語集　379

索引　387

第2巻「フローアシュアランスとシステムエンジニアリング」目次

第12章　サブシーシステムエンジニアリング
12.1　はじめに
12.2　典型的なフローアシュアランスプロセス
12.3　システム設計と操作性

第13章　水力学
13.1　はじめに
13.2　炭化水素の組成と物性
13.3　エマルジョン
13.4　相挙動
13.5　炭化水素の流れ
13.6　スラグと液体処理
13.7　スラグキャッチャーの設計
13.8　圧力サージ
13.9　ラインのサイジング

第14章　熱伝達と断熱
14.1　はじめに
14.2　熱伝達の基礎
14.3　U値
14.4　定常熱伝達
14.5　過渡的熱伝達
14.6　熱管理方策と断熱
付録：U値と冷却時間計算シート

第15章　ハイドレート
15.1　はじめに
15.2　物理と相挙動
15.3　ハイドレート生成防止
15.4　ハイドレート修復
15.5　ハイドレート制御設計思想
15.6　熱力学的ハイドレート抑制剤の回収

第16章　ワックスとアスファルテン
16.1　はじめに
16.2　ワックス
16.3　ワックス管理
16.4　ワックス修復
16.5　アスファルテン
16.6　アスファルテン制御設計の理念

第17章　腐食とスケール
17.1　はじめに
17.2　パイプラインの内部腐食
17.3　パイプライン外部の腐食
17.4　スケール

第18章　浸食と砂の管理
18.1　はじめに
18.2　浸食のメカニズム
18.3　砂浸食の速度予測
18.4　臨界速度
18.5　浸食の管理
18.6　砂の管理
18.7　浸食速度の計算例

第 3 巻「サブシー構造物と機器」目次

第 19 章 マニホールド
19.1 はじめに
19.2 マニホールドの構成要素
19.3 マニホールドの設計と解析
19.4 パイルと基礎の設計
19.5 サブシーマニホールドの設置

第 20 章 パイプライン端部・ライン途中の構造物
20.1 はじめに
20.2 PLEM の設計と解析
20.3 設計方法
20.4 基礎（マッドマット）のサイジングと設計
20.5 PLEM の設置解析

第 21 章 接続とジャンパー
21.1 はじめに
21.2 ジャンパーの要素と機能
21.3 サブシー接続
21.4 リジッドジャンパーの設計・解析
21.5 フレキシブルジャンパーの設計・解析

第 22 章 サブシーウェルヘッドとツリー
22.1 はじめに
22.2 海底仕上げの概要
22.3 サブシーウェルヘッドシステム
22.4 サブシークリスマスツリー

第 23 章 ROV による作業とインターフェース
23.1 はじめに
23.2 ROV による作業
23.3 ROV システム
23.4 ROV インターフェースの要件
23.5 遠隔操作ツール（ROT）

第4巻「サブシーアンビリカル,ライザー,フローライン」目次

第24章　アンビリカルシステム
24.1　はじめに
24.2　アンビリカルの構成要素
24.3　アンビリカルの設計
24.4　付属機器
24.5　システム統合試験
24.6　敷設
24.7　技術的課題と解析
24.8　産業界の実績と今後の動向

第25章　掘削用ライザー
25.1　はじめに
25.2　浮体式掘削設備
25.3　サブシー生産システムの主要な構成要素
25.4　ライザーの設計基準
25.5　掘削用ライザー解析モデル
25.6　掘削用ライザーの解析手法

第26章　生産ライザー
26.1　はじめに
26.2　スチールカテナリーライザーシステム（SCR）
26.3　トップテンションライザー（TTR）システム
26.4　フレキシブルライザー
26.5　ハイブリッドライザー

第27章　海底パイプライン
27.1　はじめに
27.2　設計の段階と手順
27.3　海底パイプラインのFEED設計
27.4　海底パイプラインの詳細設計
27.5　パイプラインの設計解析
27.6　大水深におけるHP/HTパイプラインの課題

監訳者まえがき

　日本は，国際競争力のある海事産業を保有している。海は広くて大きくて，行ってみたい外国は遠い。水平方向のバリアを克服することの憧憬と実需が，この産業を発展維持させてきた原動力の一つであろう。一方で，同じ海洋での活動であるにも関わらず，今や世界の巨大産業となった海洋石油開発分野への参入は一部に限られてきた。こちらは，海水と地層という鉛直方向のバリアが克服すべき課題の一つである。身近に規模の大きな石油・ガス資源がなく，手を届かせたいという渇望感が全体に薄かった面はあるだろう。しかし2010年あたりを境に，日本の様々な企業が海外の海洋石油・ガス開発プロジェクトへの参入に高い関心を持つようになり，そのための技術者育成が早急に必要であると言われるようになった。日本周辺に膨大なポテンシャルがあると言われる新しい資源（深海底鉱物，メタンハイドレート，再生可能エネルギーなど）の開発の実現も，かなりの部分は海洋石油開発技術がベースになると考えられている。

　本書は，上述した鉛直方向バリアを克服する技術のうち，海洋開発に特有の海水中および海底上の部分，すなわち海上の有人施設と深海底の坑口施設をつなぐ「サブシーシステム」技術全般について，初級者向けに解説することを目的として著された『Subsea Engineering Handbook』（Yong Bai & Qiang Bai 著，2012年初版発行）の日本語訳である。

　原著者も序文で述べているとおり，サブシーシステムに関して網羅的に解説された技術入門書は世界でもこれまでにあまり例がない。海洋石油開発の大水深化・大深度化・ハイテク化が世界中で進む中，技術者の裾野を広げるためには時宜に適した良書であると言える。しかしながら翻訳書出版のお話があった際，プロジェクトのほとんどが海外で行われるのだから，この分野の専門知識の取得ははじめから原著で行うのが適切ではないかとのご助言もあった。それ

はまことに一理ある。原著が900ページを超える大部であることも取り組みをためらわせた。しかし、ある分野への導入という大学の役割の視点を持つと、グローバル化の時代とは言え、母国語の教科書の意義はけっして低下しているわけではない。

　そこで編集方針としては、入門書に徹することにした。若干無理めであっても漢字交じりの表記を多用し、そこから意味や機能を思い出しやすくすることで、どんどん読み進めてもらうことによってサブシーシステムが全体としてどういうものか把握してもらうことを優先した。実務経験者には違和感のある表現もあるだろうが、一つの試みと思ってご容赦願いたい。ただし、そうは言っても日本語にしきれないカタカナ表記や英単語の頭文字短縮表記がなお多く含まれている。これらについては索引や略語集でできるだけ補うこととした。また、ささいなことであるが、多少なりとも手に持ちやすいよう、もともと1冊の原著を4分冊にし、ソフトカバーにした。

　将来、本書を久々に手にとった時に、中学校や高等学校時代の教科書をなつかしく見るような気持ちになるプロフェッショナルが、一人でも多く増えていることを願っている。

　終わりに、本書の翻訳は故湯原哲夫博士の強い勧めによるものであった。校正作業にあたっては阿部裕司氏の多大な労力をいただいた。また編集の労をとられた海文堂出版株式会社の岩本登志雄氏にはたいへんお世話になった。ここに記し、心から感謝いたします。

平成28年3月　柏キャンパスにて
尾崎雅彦

訳者一覧

（五十音順）

阿部　裕司（あべ　ゆうじ）　　　　　　第6章，略語集，索引
　　東京大学 大学院新領域創成科学研究科 海洋開発利用システム実現学寄附講座

大山　裕之（おおやま　ひろゆき）　　　第14章
　　東京大学 大学院新領域創成科学研究科 海洋技術環境学専攻・特任助教

尾崎　雅彦（おざき　まさひこ）　　　　第1章，第2章，監訳
　　東京大学 大学院新領域創成科学研究科 海洋技術環境学専攻・教授

佐藤　徹　（さとう　とおる）　　　　　第12章
　　東京大学 大学院新領域創成科学研究科 海洋技術環境学専攻・教授

柴沼　一樹（しばぬま　かずき）　　　　第17章，第18章
　　東京大学 大学院工学系研究科 システム創成学専攻・講師

鈴木　英之（すずき　ひでゆき）　　　　第26章，第27章
　　東京大学 大学院新領域創成科学研究科 海洋技術環境学専攻・教授

高木　健　（たかぎ　けん）　　　　　　第19章
　　東京大学 大学院新領域創成科学研究科 海洋技術環境学専攻・教授

稗方　和夫（ひえかた　かずお）　　　　第9章
　　東京大学 大学院新領域創成科学研究科 人間環境学専攻・准教授

平林紳一郎（ひらばやし　しんいちろう）第15章，第16章
　　東京大学 大学院新領域創成科学研究科 海洋技術環境学専攻・講師

巻　　俊宏（まき　としひろ）　　　　　第23章，第24章
　　東京大学 生産技術研究所・准教授

正信聡太郎（まさのぶ　そうたろう）　　第20章，第21章
　　海上技術安全研究所 海洋開発系 深海技術研究グループ・グループ長

満行　泰河（みつゆき　たいが）　　　　第10章，第11章
　　東京大学 大学院工学系研究科 システム創成学専攻・助教
宮崎　英剛（みやざき　えいごう）　　　第22章，第25章
　　海洋研究開発機構 地球深部探査センター 技術部・グループリーダー
山崎　泰之（やまざき　やすゆき）　　　第3章，第4章
　　海洋研究開発機構 地球深部探査センター 技術部・技術主任
吉田　毅郎（よしだ　たけろう）　　　　第13章
　　東京大学 大学院新領域創成科学研究科 海洋技術環境学専攻・特任研究員
和田　良太（わだ　りょうた）　　　　　第5章，第7章，第8章
　　東京大学 大学院新領域創成科学研究科 海洋技術環境学専攻・助教

序文

サブシー工学は今や，海底の坑口装置，ツリー，マニホールド，ジャンパー，PLET，PLEM などの設計，解析，製造，設置，一体管理のための重要な専門分野です。しかしながら，技術者たちがサブシー工学の原理を理解するのを助けるための書籍がこれまではありませんでした。

この本は，これからサブシー工学分野の技術者になろうとしている人たちに向けて書かれたものです。

著者らはこの本を，Elsevier 社の Ken McCombs 氏のたゆまない励ましをいただきながら 2 年以上をかけて執筆しました。編集を手伝ってくださった Lihua Bai さん，Shuhua Bai さん，技術ベースの草稿を作成していただいた Youxiang Cheng 氏（第 1 章～第 4 章），Xiaohai Song 氏（第 6 章～第 8 章），Shiliang He 氏（第 11 章），HongDong Qiao 氏（第 5 章），Liangbiao Xu 氏（第 23 章），Mike Bian 氏（第 27 章）にお礼を申し述べたいと思います。彼らはみな，Offshore Pipelines & Risers（OPR）社（bai@opr-inc.com，www.opr-inc.com，www.baiyongoe.com）の社員の方々です。

また，編集作業を支援してくださった Elsevier 社の Mohanambal Natarajan さんはじめ，校閲に関わってくださったすべての方々に感謝します。

著者らの家族および友人たちの支援に感謝します。

そして筆頭著者は，この本の出版に対してご支援いただいた浙江大学に謝意を表します。

2010 年 5 月　米国ヒューストンにて
Yong Bai，Qiang Bai

著者紹介

　Yong Bai 教授は，ヒューストンに本社のある Offshore Pipelines & Risers 社の社長であり，また浙江大学海洋工学研究センターのセンター長である．以前はノルウェーのスタヴァンゲル大学で教授として海洋構造物について教えていた．また，ABS（アメリカ船級協会）の海洋工学部門でマネージャー，DNV（ノルウェー船級協会）で JIP（業界共同プロジェクト）のプロジェクトマネージャーとして働いた経験を有する．

　Yong Bai 教授はまた，Shell International E & P 社でスタッフエンジニアとして働いた．JP Kenny 社での先端技術のマネージャー，MCS 社でのエンジニアリング担当副部長の時代には，海底パイプラインやライザーの設計・解析のための手法やツールの進歩に貢献した．著書に，*Marine Structural Design* および *Subsea Pipelines and Risers* があり，海底パイプラインやライザーに関する論文を 100 以上発表している．

　彼の Offshore Pipelines & Risers 社は，ヒューストン，クアラルンプール，ハルビン，北京，上海に事務所を置き，パイプライン，ライザーや海底坑口装置，ツリー，マニホールド，PLET，PLEM など，サブシー機器類の設計，解析，設置，エンジニアリング，一体管理を行っている．

　Qiang Bai 博士は，サブシーおよび海洋工学分野において，20 年以上にわたる研究と実務の両面からの経験を有する．九州大学，UCLA，OPE 社，JP Kenny 社，Technip 社で勤務したことがあり，フローアシュアランスに関するさまざまな状況や，サブシー機器・パイプライン・ライザーの設計・設置などを経験している．*Subsea Pipelines and Risers* の共著者でもある．

第1章
サブシー工学の概要

1.1 はじめに

　1950年代以降，世界のエネルギー消費量は着実に増加している。図1-1に示されているように，化石燃料（石油，天然ガス，石炭）が世界のエネルギー消費量に占める比率は，再生可能エネルギー分野などにおける数多くの新しい試みや発明によって低減してきているとはいえ，いまなお80％に及んでいる。2000年代後半の原油価格の急騰は，石油・ガスの需要増に対応するものであ

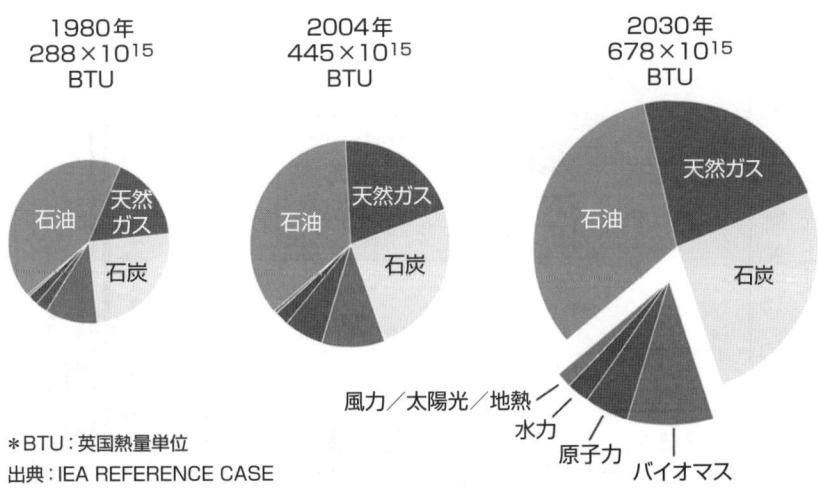

図1-1　石炭，石油，天然ガスの消費量[1]

る。消費される化石燃料のうちおよそ80％は石油と天然ガスであり，世界のエネルギー供給の安定にとって石油・天然ガスの生産は極めて高い重要性を有する。

　海洋における石油・天然ガス開発産業は，Kerr-McGee社がメキシコ湾のルイジアナ沖，水深15ft（4.6m）において坑井を仕上げた1947年に開始された[2]。1970年代前半には，坑口装置や生産用機器のいくつかあるいはすべてを密閉容器に収納し海底に設置するという海底油・ガス田開発のコンセプトが示されている[3]。その際，生産される石油・ガスは，抗井から陸上や沖合プラットフォームにある近くの処理設備に送られる。このコンセプトこそがサブシー工学の始まりであった。そして，海面下の坑口および関連機器からなるシステムは，サブシー生産システムと呼ばれるようになる。図1-2は1955年から2005年までのメキシコ湾における海底仕上げの数を，浅水深と大水深に分けて示すものである。ただし，1000ft（305m）未満の水深での海底仕上げを浅水深仕上げ，1000ft（305m）以上の水深におけるものを大水深仕上げとしている。過去40年間でサブシー生産システムは，浅水深から大水深へと，また手動操作のシステムから水深3000m（1万ft）まで遠隔制御操作が可能なシステムへと，進化してきた。

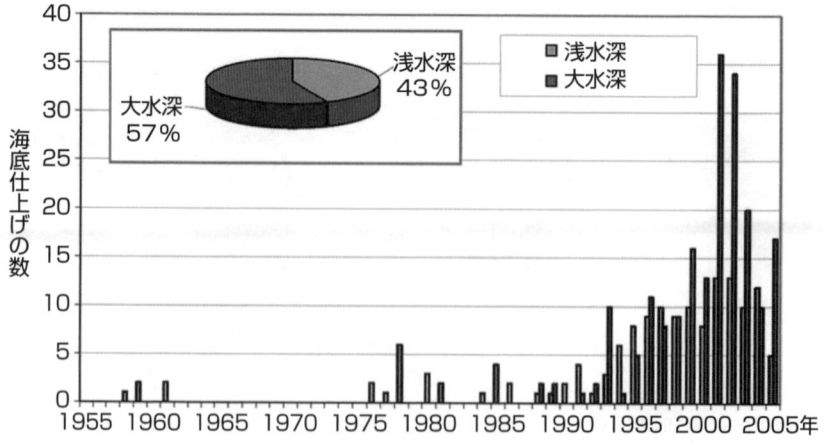

図1-2　1955年から2005年までの浅水深および大水深の海底仕上げの数[4]

陸上や浅水域の埋蔵量が枯渇するにつれ，海洋開発産業の挑戦は大水深油田の探査と生産へと向かう。海洋石油・ガスの探査と生産は，ペースを上げながらより大水深へと向かっている。図1-3は，メキシコ湾に設置された海底仕上げの各年の最大水深を示すものであり，図1-4は，メキシコ湾における石油生産が浅水深から大水深へ向かう様子を示すものである。大水深からの石油生産

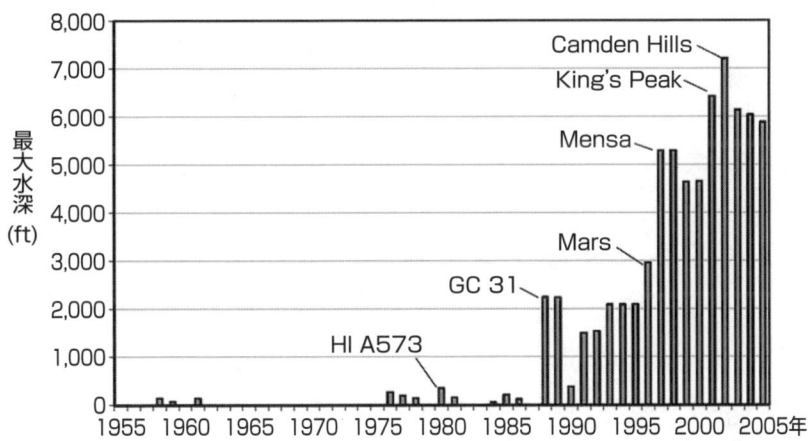

図1-3 1955年から2005年までに設置された海底仕上げの各年の最大水深[4]

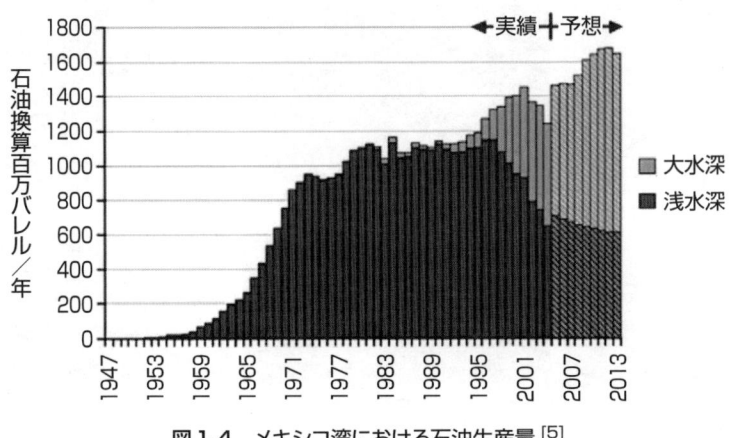

図1-4 メキシコ湾における石油生産量[5]

は，当初年間約 2000 万バレルから始まり，1995 年以来，急激に増加している。

海洋石油・ガス生産に用いられるサブシー技術は，エンジニアリングに特殊な要求をする非常に専門的な分野である．サブシー生産システムは，設置，操作，点検修理において近づきにくさという特殊性があり，その特殊性が海底生産を独特な工学分野にしている．本シリーズでは，サブシー工学のトピックを次の 4 分冊で述べていく．

第 1 巻：サブシー生産システム
第 2 巻：フローアシュアランスとシステムエンジニアリング
第 3 巻：サブシー構造物と機器
第 4 巻：アンビリカル，ライザー，フローライン

1.2　サブシー生産システム

サブシー生産システムは，仕上げ坑井，海底坑口装置，生産用ツリー，フローラインシステムへのタイインおよび坑口装置を操作するための海底機器や制御装置からなる．それは複雑さという点で，固定式プラットフォームや FPSO（浮体式生産貯蔵積出設備）や陸上施設にフローラインで接続される単

掘削　　　　　　　開発　　　　　　　操業

図1-5　サブシー生産システムの区分 [6]

一のサテライト井から，テンプレートにセットされた複数の坑井あるいはプラットフォームや浮体式施設や陸上施設に転送するマニホールドの周辺に寄り集まった複数の坑井まで，多岐にわたる。

　埋蔵量を求めて，油・ガス田がより大水深の沖合あるいは大深度地層へ移るにつれ，掘削や生産の技術は劇的に進歩してきた。従来技術では，現在探査がなされている大水深において経済的な開発が可能な油層特性や埋蔵量に制限が生じる。最新のサブシー技術は検証され工学的システムとして形成されてきた。すなわちサブシー生産システムは，図1-5に示すような掘削，開発，操業で必要とされる全工程・全機器に関連するものである。サブシー生産システムは，以下の要素により構成される。

- 海底掘削システム
- クリスマスツリー，坑口装置
- アンビリカル，ライザー
- マニホールド，ジャンパー
- タイイン，フローライン
- 制御システム
- 海底への設置

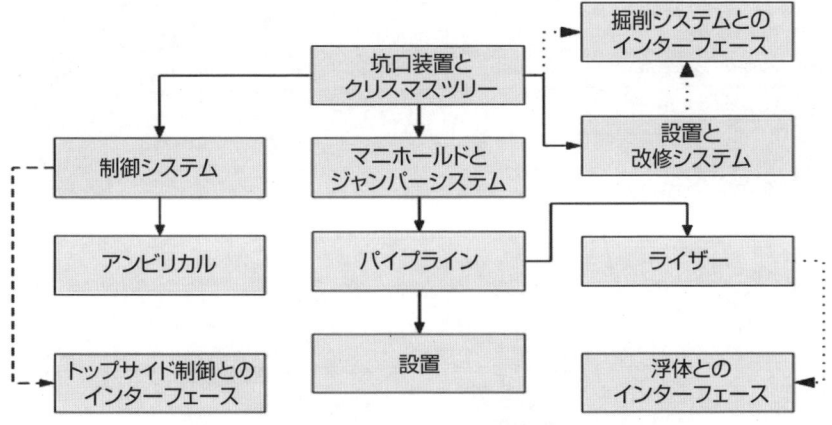

図1-6　サブシー生産システムの主要構成要素間の関係

図 1-6 にサブシー生産システムの主要構成要素間の詳細な関係を示す。

サブシー生産システムの構成要素のうちほとんどは第 1 巻の各章で説明する。ただし海底構造物・機器については他の巻で焦点を当てることになる。

1.2.1 全体構成

サブシー生産システムは一般に，図 1-7 に示されているように配置される。いくつかのサブシー生産システムは，既設のプラットフォームの延長のために使用される。たとえば，油層の空間的広がりや深度の関係で，プラットフォームからある小区画に従来の傾斜掘り技術や水平坑井では到達させにくいような場合である。ツリーを設置する場所によって，サブシー生産システムはドライツリーの生産システムまたはウェットツリーの生産システムに分類される。水深も海底油・ガス田開発に影響を及ぼす。浅い水深では，海底構造物の高さにより開発の限界が生じる。30 m（100 ft）未満の水深にクリスマスツリーなど

図 1-7　ウェットツリーを用いた典型的なサブシー生産システム [7]

の構造物は設置できない。30 m（100 ft）未満の水深の開発では，ドライツリーで構成されるジャケットプラットフォームが使用可能である。

　海底油・ガス田開発のゴールは，そのときに利用可能な最も信頼できて，安全で，費用対効果に優れた策を使用して，経済的利益を安全に最大化することである。ウェットウェルシステム（海面下坑口システム）はまだ比較的高価であるが，全資本支出を抑制する魅力があることはすでに明らかにされている。海底でのタイバック[*1]は，21 世紀の新しい石油・ガス開発で普及しはじめている。大きな油・ガス田の発見があまりなくなり，以前には経済的可能性が低いとされ未開発であったものに関心が向けられるようになってきた。

　海底油・ガス田開発では，以下の点が考慮される必要がある。

- 大水深か浅水深か
- 海上坑口方式（dry tree）か海底仕上げ方式（wet tree）か
- スタンドアローン方式かタイバック方式か
- 油圧機器，ケミカル機器
- 海底処理
- 人工採油法
- 施設の配置（テンプレート，坑井クラスタ，サテライト井，マニホールド）

　上記の長所，短所，限界については，全体構成を扱う第 2 章のそれぞれ関連の節で述べられる。

1.2.2　分配システム

　サブシーシステムは，配置されるものすべてのプロセスおよび機器にかかわり，海底石油・ガス開発を通じて安全，環境保護，フローアシュアランス（流路保全）や信頼性が考慮されるように設計される。サブシー分配システムは，アンビリカルシステムを通じすべての機器を海底とトップサイド間で通信して

[*1] 訳注：既存インフラへのつなぎこみ。

制御するために装備される製品群のことである。

サブシー分配システムには，これらに限られてしまうわけではないが，次のような主な構成要素が含まれる [8]。

- TUTA（トップサイド側アンビリカル終端アセンブリ）
- SAM（サブシーアキュムレータモジュール）
- SUTA（海底側アンビリカル終端アセンブリ）（以下を含む）
    - UTH（アンビリカル終端ヘッド）
    - HDM（油圧分配マニホールド（またはモジュール））
    - EDM（電気分配マニホールド（またはモジュール））
    - フライングリード（飛び出し導線）
- SDA（サブシー分配アセンブリ）
- HFL（油圧用フライングリード）
- EFL（電気用フライングリード）
- MQC（多重クイックコネクタ）
- 油圧用結合器
- 電力用コネクタ
- ロジックキャップ

これらの構成要素の長所，短所，限界については，サブシー分配システムを扱う第3章のそれぞれ関連の節で述べられる。

1.2.3 海底調査

位置決めや土質調査のための海底調査は，海底油・ガス田開発のための主要な活動のひとつである。計画的開発の一部として，詳しい地球物理学的調査，地質工学的調査ならびに土質調査が行われる。この調査の目的は，人が引き起こす可能性のある危険要因，自然の危険要因，開発海域やパイプライン建設における工学上の制約を特定することである。また，生態系に与える可能性のある影響の評価や，海底や海底下の状態を明らかにすることである。第4章では，海底調査に関する次の事項について論じる。

- ルートの鉛直プロファイル，等高線図，海底の特徴とりわけ岩の露出や岩礁の特定
- 正確な海底地形の獲得，すべての障害物の所在確認，その他パイプラインの敷設・架橋・安定を含む対象海域開発に影響を及ぼすかもしれない海底要因の特定
- 浅い深度の海底下地質を同定するための対象海域およびルートの地球物理学的調査
- 開発対象海域，陸上および海底パイプライン敷設位置，プラットフォーム建設位置における土の性質や機械的特性を正確に評価するための，地質工学的試料採取，実験室試験
- 稼働中・予備にかかわらず，海底調査範囲内の既存の海底機器（たとえば，マニホールド，ジャンパー，ツリー），パイプライン，ケーブルの所在確認
- 海底油・ガス田開発で通常用いられている海底基礎設計方式の決定

1.2.4　設置作業と船

　サブシー生産システムの開発には専門のサブシー機器が必要とされる。そのような機器の展開には専門の高価な船が必要で，それには比較的浅い深度での作業のための潜水機器と，大水深のためのロボット機器が備えられる必要がある。サブシー設置作業とは，サブシー生産システムのために沖合環境下でサブシー機器や海底構造物を据え付けることを指す。沖合環境下での据え付けは危険な作業であり，重量物の空輸はできるだけ回避される。そのためサブシー機器や海底構造物の設置場所への輸送には，つねに船が用いられる。
　サブシー設置作業は2つのパートに分けることができる。ひとつはサブシー機器の据え付けであり，もうひとつは海底パイプラインの敷設やライザーの設置である。ツリーやテンプレートのようなサブシー機器の据え付けは，従来からある浮体式掘削リグを用いて可能であるが，海底パイプラインやライザーについてはS-レイバージ，J-レイバージ，リールレイバージなどを用いて行われる。第5章の目的は，ツリー，マニホールド，フローライン，アンビリカル

などのサブシー機器の据え付けのために使われている現存する船についてレビューすることである。これには，ツリーを作動させることのできる特殊な船や，リグなしで行う据え付けも含まれる。据え付けられるサブシー機器は，重量，形状（かさばるタイプか線状か），寸法，水深の大小などによって分類される。

1.2.5 コスト評価

　ある特定の油層とそこに必要な坑井数の開発のためにサブシーシステムを選択肢として考えるならば，サブシーのコストは水深の増大に対しさほどは増加しない。しかしながら，固定式プラットフォームを使う場合には，水深に応じてコストは急速に上昇する。したがって，大水深になるほどサブシーシステムの使用が支持される。逆に，水深と位置が決まっているならば，プラットフォームのコストは坑井数の増加に対しそれほど敏感でなく，プラットフォームからの削井コストはさほど高価でなく，プラットフォームの構造のコストは水深，プロセス要求，環境条件に支配される。移動式の掘削装置を用いる場合には掘削コストが増加する。したがって，坑井数が比較的少なくてすむときにサブシーシステムの使用が支持される。

　サブシーのコストとは，サブシープロジェクト全体のコストのことであり，一般にはCAPEXとOPEXを含んでいる。CAPEXは，プロジェクトが運用開始されるまでに必要な投資総額であり，初期設計，エンジニアリング，建造，設置などのコストを含む。OPEXは，設備の通常運用時の出費あるいは設置後の人件費，材料費，ユーティリティ費などを含むコストである。OPEXは運用コスト，保守コスト，試運転コストなども含む。コスト評価についての詳細は第6章で述べられる。

1.2.6 サブシー制御

　サブシー制御システムは，ISO 13628-6[9]に準拠して操業されるサブシー生産システムを操作するための制御システムと定義される。サブシー制御システ

ムは，サブシー生産システムの心臓部であるが，掘削，パイプライン，設置などに比べてコストが低い項目である。したがって制御システムは通常，プロジェクトの初期には優先順位が低い。しかしながら，複雑さをおいておくとしても，要素数やインターフェースの数の多さが設置やコミッショニング（試運転）で問題を引き起こす可能性を有し，長期的信頼性にもかかわる。

サブシー制御に関する第 7 章では，システムの原理や特徴について説明し，長所，短所，限界の比較を行う。また，サブシー制御システムに適用される政府の規則，業界の慣例，推奨される技法，環境に関する仕様について詳しく述べる。

1.2.7　海底へのパワー供給

パワー供給は海底処理において重要な要素である。海底へのパワー供給は，坑井付近の海底で坑井からの生産流体を処理するのに必要なシステムの大切な要素である。適切なパワー供給システムがないと，海底処理の進展が阻害される。

第 8 章では，以下の 3 領域に焦点を当てる。

- EPU（電源ユニット）
- UPS（無停電電源装置）
- HPU（油圧ユニット）

第 8 章ではまた，パワー供給システムの構成要素と技術についても述べる。

1.2.8　プロジェクト遂行とインターフェース

どんなプロジェクトの成功もプロジェクト遂行に大きくかかっている。プロジェクト遂行においては，プロジェクトのタイムリーな修正措置や方向転換が考慮される。プロジェクト実施計画がいったん決まると，定期的な報告とレビューという公式のプロセスが求められる。プロジェクト遂行はプロジェクトのすべての段階に関連しているが，活動の数，多様性，地理的広がりが増大す

るにつれ，問題は，より強大で複雑になってくる。プロジェクトマネージャーは，プロジェクトマネジメントチームがプロジェクト実施体制や得られるデータの質をよく理解していると期待できるようにしなければならない。プロジェクトはそれ自体で自律的に動くものではない。したがって，プロジェクトマネージャーによって先を見越して動かされることが欠かせない。

第9章のテーマは，プロジェクトマネージャーの蓄積された知識や経験を用いて行うサブシープロジェクト遂行とインターフェースのために必要なことを明瞭に理解することであり，プロジェクトマネジメント活動に属するすべての関係者のガイドとすることを目的とする。さらに，この章では，切れ目のないインターフェースを作成する試みについて述べ，さまざまな機能を持つグループ間のインターフェースの問題を特定するための方法論とツールの確立を行う。

1.3　フローアシュアランス（流路保全）とシステムエンジニアリング

システムエンジニアリング分野の活動は3つの業務領域に大別される。

- 生産システム設計
- システム統合
- 機器の適用と展開

図1-8はこれらの3つの業務領域をさらに細かく分けて示すものである。

1.3.1　サブシーオペレーション

生産システムが設置された後，安全で無公害の操業を確実にするとともに炭化水素の絶え間ない流れを支えるためには，多数の操作が適切に行われる。以下は典型的な設置後操作である。

- コミッショニングと始動（始動にはコールドとホットがある）
- 通常操業

```
システムエンジニアリング
├─ 生産システム設計
│  ├─ ラインのサイズと形状
│  ├─ 熱・水力学設計
│  ├─ 流体挙動
│  ├─ 人工採油法
│  ├─ 固形物の防止と制御
│  ├─ 腐食の防止と制御
│  ├─ 生産ケミカル
│  ├─ ケミカル注入
│  ├─ オペレーション可能領域
│  ├─ オペレーション戦略
│  ├─ オペレーション理念
│  ├─ オペレーションマニュアル
│  ├─ 貯留層インターフェース
│  ├─ プロセス施設インターフェース
│  └─ 生産シミュレータ
├─ システム統合
│  ├─ 開発コンセプトとレイアウト
│  ├─ プロジェクト全体の設計ベース
│  ├─ 配管・計装とプロセスフロー図
│  ├─ 各機能の仕様
│  ├─ 各機能間のインターフェース
│  ├─ 設計レビュー
│  ├─ コストと経済性
│  ├─ リスクと信頼性評価
│  └─ 潜在的危険評価(HAZOPとHAZID)
└─ 機器の適用と展開
   ├─ フローラインの電気加熱
   ├─ 海底処理
   ├─ サブシーケミカル分配
   ├─ 多相計測器
   ├─ 多相ポンプ・コンプレッサ
   ├─ 単相ポンプ・コンプレッサ
   ├─ 制御・サービス・パワー用アンビリカル
   ├─ 長距離通信
   ├─ サブシーパワー供給
   └─ サブシー発電
```

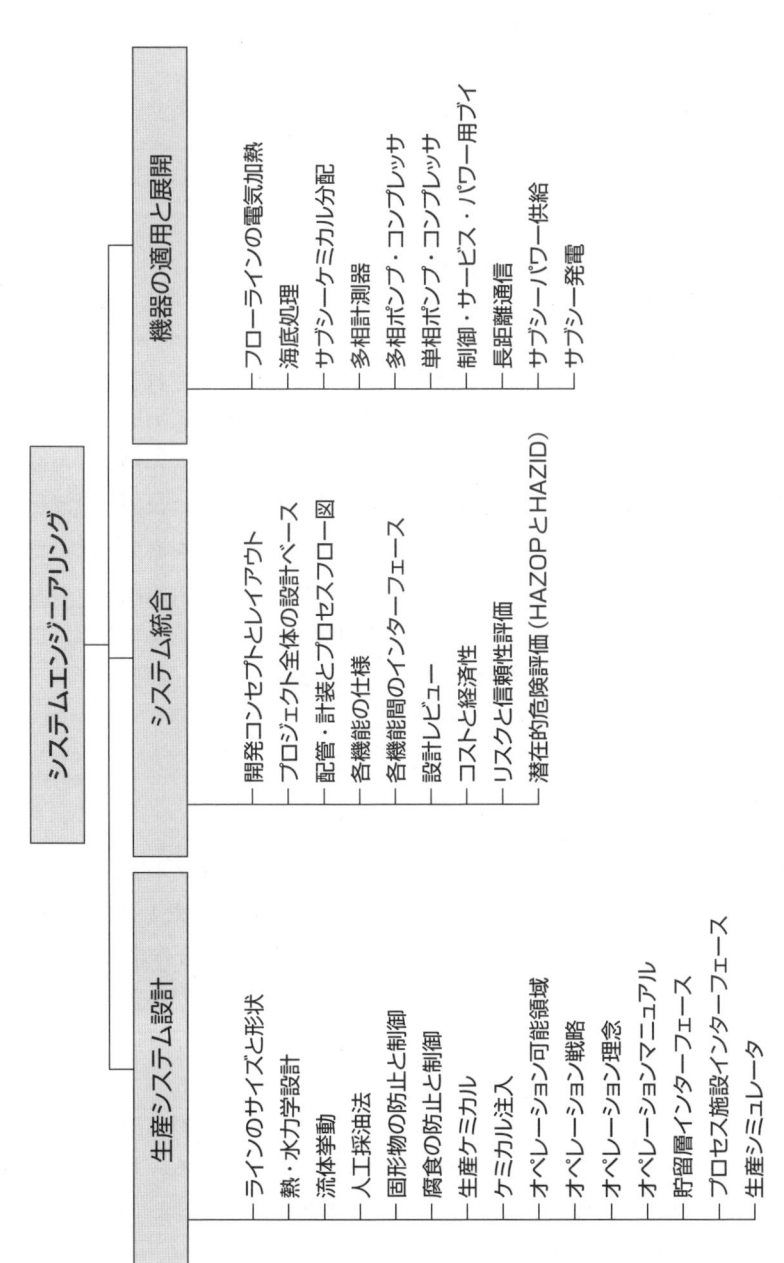

図1-8 サブシーシステムエンジニアリングの3つの業務領域

- 生産処理
- ケミカル注入
- 定期的な試験
- 維持・修繕（ROVによる外観検査）
- 緊急操業停止
- 施設の保全（たとえば，異常海象からの）
- 坑井介入作業

　多くの場合，大水深における生産活動を支えるために適用される工学や技術は，浅水深で開発されたものの範囲からあまりかけ離れないものである。大水深では，とくにサブシー開発においてはプロジェクトの複雑さが増す。なぜなら設備がホストの制御施設から離れたところに置かれ，容易には近づけないからである。たとえば，改修は専用のライザーと制御システムを必要とするだろうし，掘削船あるいは坑井介入作業専用船によって得られる大水深向けのリグやその他すべての支援を必要とする。深海での開発が前進するまでには，適切な計画，シミュレーション（定常状態および過渡状態），設計，試験，システム統合など，かなりの量の作業が必要である。

1.3.2　コミッショニングと始動

　操業は通常，陸上基地か業者やメーカーの施設におけるシステム統合試験（SIT）から始まる。とくにサブシープロジェクトのために，たとえばROVのような遠隔操作機器を用いて実際の設置作業を模擬した結合作業の試験を行う。沖合の位置に結集させ据え付けを開始するには多数の船が必要である。たとえば，掘削船，支援船，起重機船，輸送台船，タグボート，パイプ敷設船，ROV，そして潜水士たちなどである。

　この段階で坑井から出てくる生産物には，仕上げ流体や油層内流体が含まれる。これらは船上で燃やされるか，処理されるか，排出される。あるいは陸上へ運ばれ，承認された場所へ投棄される。坑井を稼動させるまでのクリーンアップ段階には通常2～5日間かかる。

1.3.3 生産処理

　一般に，浅水深と大水深とで生産処理機器は同じである．生産システムには，いくつかのセパレータ，一連の安全弁，処理機器，コンプレッサ，ポンプおよび付随する配管などが含まれる．大水深向け施設では，生産システムはより高速の流れを処理するように設計されるかもしれない．これらは複数の開発先からの生産が共通のホスト施設で入り混じって行われる場合も含むだろう．

　海上の生産処理システムの主な構成要素としては，原油分離，注水，ガス圧縮，ケミカル注入，サブシー生産機器の制御システムおよび付随する配管などが含まれる．処理システムは他の開発コンセプト（たとえば固定式プラットフォームを海底開発のホストとして用いる）とあまり変わらない．ひとつ異なるのは，環境外力の作用によって引き起こされる船の動揺を考慮する必要があることである．これらの状況では，生産のセパレータに特別な設計が要求される．

1.3.4 ケミカル注入

　大水深における流体の課題（たとえば海底における低温，油と一緒にくみ出される水，コンデンセート，パラフィン，アスファルテンなど）は極めて重要な事項であり，開発プロジェクトの実行可能性をあやうくしかねない．その懸念を軽減するために，生産を保証するケミカルへの依存度は上昇を続けている．海洋石油生産プロセスでのケミカルの使用は，新しい手法というわけではない．使用されるケミカルは，防食剤，改修やパッカーのための流体（重たい洗浄液，臭化物，塩化物など），ハイドレートやパラフィンの抑制剤，消泡剤，溶剤（石鹸，酸），グリコール，ディーゼル油などである．これらのケミカルが使用される典型は，バッチ処理や少量連続注入や改修作業のような補修処理の際である．沖合で使われるすべてのケミカルについて，原料の安全データシートが要求される．

　防食剤は，くみ出された流体に浸される生産システムの炭素鋼の部品を保護するために使用される．生産システムの適切な設計において材料選定は極めて

重要であり，くみ出される流体の組成の情報が必要である．

1.3.4.1 ハイドレート抑制剤

通常，ハイドレート抑制剤は，始動と計画的あるいは計画的でない停止の過程で行われるバッチ処理に伴い使用されるものである．また，流動が詰まるとともに，海底の周辺温度によってパイプラインが自然に冷やされることで内部が冷却されるときには，連続的な注入もなされる．メタノールはハイドレート抑制剤として最も普通に使用されるもののひとつである．とくに海底坑井や北極地方のような，くみ出された流体（ガスや水）が急速に冷やされるとハイドレート生成が起こるところで使われる．メタノールは，ツリーや，流体がまだ温かい海底下の安全弁直上の掘削孔で時折，注入される．メキシコ湾の大水深海域におけるいくつかの海底開発では，発生する水の量の 20％ から 40％ のメタノールを注入している．ハイドレートの章である第 15 章（第 2 巻）では，サブシー生産システムにおけるハイドレートの特徴と生成について詳述され，解決のための方法とハイドレート制御設計についてまとめられる．

1.3.4.2 パラフィン抑制剤

パラフィン抑制剤は，坑井孔，ツリー，海底パイプラインやフローラインを閉塞から守るのに使用される．化学物質である抑制剤の注入は，くみ出される流体の組成に依存する．注入は，流れが温かい場合でも，ツリーやパイプライン，マニホールド，その他重要な箇所で連続的に，また生産始動時や停止時にはバッチ処理で行われる．ワックスの成分，流動点およびその他の要素は，必要とされるケミカルや最適な処理方法を決めるために，生産開始までには決定される．1 日あたり 1 万バレルの油井では，年間 3 万ガロンのパラフィン抑制剤が注入される．これはくみ出される流体内で濃度 200 ppm が十分に確保される量である．

1.3.4.3 アスファルテン抑制剤

アスファルテン抑制剤は他の抑制剤と同じ方法で注入されるが，基本的に連続注入である．アスファルテンは，圧力が沸点近くにまで下がったときに生産

システムのなかで生じうる。

ほとんどの開発プロジェクトでは，流体の課題を回避するために，以上のうち1種類ないし全種類の抑制剤が必要とされる。抑制剤の性能改善や化学物質の毒性減少のための努力は現在進行中である。ワックスとアスファルテンの章である第16章（第2巻）では，サブシー生産システムにおけるワックスとアスファルテンの特徴と生成について詳述され，解決のための方法と制御設計についてまとめられる。

1.3.5 坑井試験

油層の生産性を確かめるとともに，長期生産を制限する可能性のある境界の影響の所在を明らかにするために，流動試験が行われる。いくつかのケースでは，開発ポテンシャルの確認のために拡張坑井試験も必要になるだろう。坑井試験は数日から1か月くらい続くことになる。拡張試験のための実際の生産時間（坑井流動）は通常，総試験時間の半分以下である。システムにとって重要なデータは，坑井試験の圧力上昇の段階から集められる。坑井試験の一部で回収される油は貯めおかれた後，再注入されるか，燃やされるか，陸上へ運ばれて売却されるか廃却される。また回収されるガスは通常，試験期間の間，燃焼される。

1.3.6 点検と維持

施設やパイプラインは，システムに欠陥を生じさせるような外部損傷や危険要素がないことの確証を得るために定期的な点検が求められる。浅水深のプラットフォームや潜水士が近づける場所にある海底仕上げと異なり，大水深のシステムでは，調査や何らかの修理のためにROVの使用が必要とされる。テンションレグプラットフォーム（TLP）のような浮体式システムでは，浮体構造，生産用ライザーと並んでテンドン[*2]の検査も行われるだろう。

[*2] 訳注：緊張係留部材（tendon）。

その他のシステムの検査では，生産のための構成要素（ツリー，パイプライン，ライザー，アンビリカル，マニホールドなど）と並んで，係留システムの構成要素が調べられるだろう。サブシー機器の構成要素の多くはモジュール式であり，損傷が生じたときの回復を促進するための冗長性が組み込まれている。サブシーシステムへの介入のため，掘削リグあるいは専用船の動員が必要とされる。もし生産機器が海上をベースとするものであるなら，維持，回復，修理は従来の固定式プラットフォームと類似の範囲内で行われる。

1.4　海底構造物と設備

1.4.1　海底マニホールド

　海底マニホールドは，油・ガス田開発において，サブシーシステムを単純化し，海底パイプラインやライザーの使用を最小化し，システムにおける流体の

図1-9　海底マニホールド[10]

フローを最適化するために用いられてきた．図 1-9 に示されるように，マニホールドは，流体のフローを結合，分配，制御，モニターするために設計された配管やバルブの配置のことである．海底マニホールドは，坑井のアレイのなかで生産物を集めたり水やガスを坑井に注入するため海底に設置される．マニホールドは，単純なパイプライン端部マニホールド（PLEM／PLET）から，サブシー処理システムのような大きな構造物まで，非常に多くの種類がある．マニホールドは，海底土を貫通するパイルやスカートを用いて海底に固定されることになる．サイズは坑井数や処理量によって決定され，また坑井がシステムにどのように統合されるかにもよる．

1.4.2　パイプライン端部・ライン途中の構造物

　パイプライン端部の PLET や PLEM，ライン途中の ILS は，パイプラインの端部に取り付けられるために設計される海底構造物で，所期の方向を向けて海底に降ろされる．PLET や PLEM は，海底パイプラインの端部に位置するが，ILS はパイプラインの中間に設けられる．PLET や ILS の設計や設置には，ファーストエンド，ミドル，セカンドエンドの選択がある．それらの構成要素としては，手動の遮断弁を有する単一のハブに始まり，ROV で作動させるバルブ，ケミカル注入，ピグ発射能力その他を有する 2 つか 3 つのハブのものまである．PLET や ILS の基礎は，泥用マットまたは単一サクションパイルなどになる．リジッドジャンパーあるいはフレキシブルジャンパーは，PLET や ILS をツリー，マニホールドあるいは他の PLET／PLEM のような海底構造物につなぎこむために用いられる．図 1-10 は，PLET がパイプ敷設船の J-レイタワーの上で設置作業を待っている様子を示している．

図1-10　PLET（提供：SHELL社）

1.4.3　ジャンパー

　海底石油・ガス生産システムにおいて，ジャンパーは，図1-11に示されるように，たとえばツリーとマニホールド，マニホールドと他のマニホールド，マニホールドとエクスポートスレッドのような，2つの構成要素間の生産流体輸送に使われる短いパイプのコネクタである。また，PLEM/PLETやライザー基礎のような他の海底構造物を結ぶ場合もあるだろう。生産流体の輸送に加えて，ジャンパーは，坑井へ注水するのにも用いることができる。ツリー，フローライン，マニホールドのような構成要素間の距離によってジャンパーの長さや特性は決まる。フレキシブルジャンパーシステムは，リジッドジャンパーシステムと異なり，限られた空間や操作性のなかで広い用途を提供する。

図1-11　サブシーリジッドジャンパー[11]

1.4.4　海底坑口装置

　坑口装置は，油井の上面で圧力を維持するための構成要素を表す全般的な用語であり，掘削，仕上げ，全操作段階での試験において，インターフェースになるものである。坑口装置は，沖合プラットフォームの上，あるいは陸上に置くことができる。その場合はサーフェス坑口装置と呼ばれる。また，海底土の上に設置することもでき，その場合には図1-12に示されるように，海底坑口装置あるいはマッドライン坑口装置と呼ばれる。

　海底の坑井は，サテライト井かクラスタ井のどちらかに分類できる。サテライト井は，坑井が個々であり，他の坑井と最小数の施設を共有する。通常，それらは垂直に掘削される。サテライト井は浮体式プラットフォームの洋上施設へ直接生産でき，あるいはいくつかのサテライト井の生産物を海底マニホール

ドで混ぜ合わせてから生産することもできる。サテライト井の第一の利点は個々の坑井の位置，据え付け，制御，管理の柔軟性である。それぞれの坑井は別々に操作されるので，生産や処理を最適化することができる。調査井や油層の境界を確かめる探掘井は，サテライト井として仕上げることによって再利用することも可能であり，それによって新しい坑井の掘削のコストを削減することができる。

　一方，中心となる海底構造物にいくつかの海底坑口が設けられているとき，そのシステムはクラスタシステムと呼ばれる。このような配置では，複数の坑口の間で共通の機能を共有できるようになる。たとえばマニホールドの管理，注入ライン，共通の制御機器などであり，その結果，フローラインやアンビリカルを減らせ，コスト低減を図れる。さらに，クラスタシステムでは維持できる構成要素が集中化されるので，1隻の船でひとつの坑口に対応していくよりもより多くの管理が可能であり，動員コストを節約できる。他方で，共有された機能は，個々の坑井を個別に処理するための能力を減らすことになる。しかしクラスタシステムでは，個別の坑井の制御を許容するためのサブシーチョークの活用をもたらした。クラスタシステムの他の難点は，ひとつの坑井の掘削や改修作業が他の坑井による生産を妨げ，特別な同時掘削・生産手段を採らなければならないことである。

図1-12　海底坑口装置

1.4.5 サブシーツリー

サブシー生産のツリーは，バルブ，パイプ，付属品および坑井孔の上に位置する接続部を配置したものである．図 1-13 に示されているように，バルブ群は，鉛直な坑井孔内で垂直に並ぶか，あるいはツリーの水平な出口に沿って並ぶ．バルブは電気信号または油圧による信号で操作されるか，あるいは潜水士や ROV によって手動で操作される．

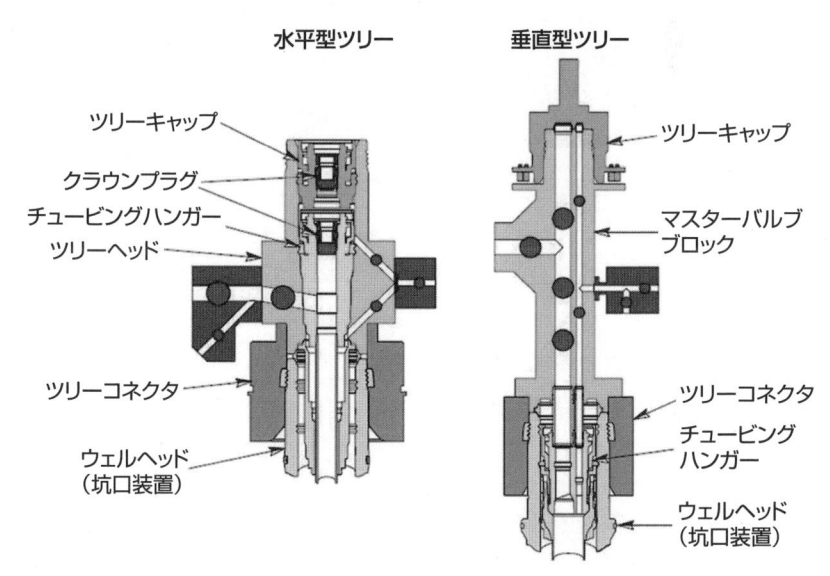

図 1-13　垂直な坑井孔と水平な海底生産ツリーの比較（ABB Vetco Gray 社）[12]

1.4.6　アンビリカルシステム

図 1-14 に示すように，アンビリカルは，チューブ，パイプ，導電線を装甲シースにくるんでひと束ねにするもので，ホストの施設からサブシー生産システムの機器まで設置される．アンビリカルは，サブシー生産と安全のための機器（ツリー，バルブ，マニホールドなど）の機能を制御するために必要な流体や電流を送るのに使用される．アンビリカルのなかの専用のチューブは，圧力

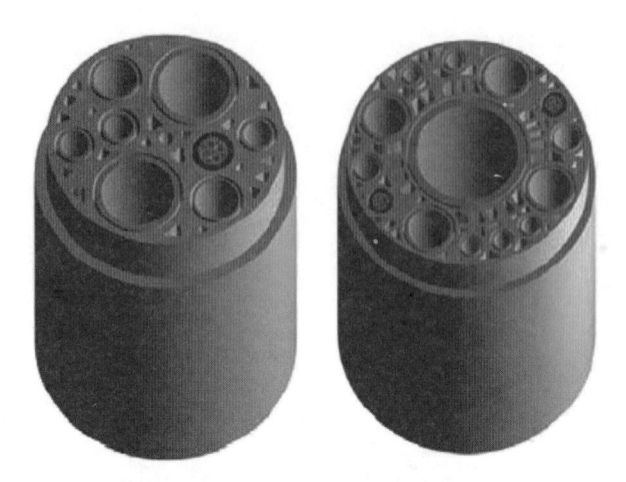

図 1-14　サブシー鋼製アンビリカル [13]

をモニターし，ホストの施設からサブシー生産のための機器のうち重要なものへメタノールのようなケミカルを注入するのに用いられる．導電線は，海中の電子装置を操作するための電力を伝えるものである．

アンビリカルの寸法は通常，直径 10 inch（25.4 cm）までである．アンビリカルは通常 2 inch（5.08 cm）までのサイズの複数のチューブを含む．チューブの数は生産システムの複雑さに依存する．アンビリカルの長さは，海底の構成要素間隔と，これらの要素がホストの施設からどれだけ離れたところに配されるかによって決まる．

1.4.7　生産用ライザー

生産用ライザーは，ホストの施設と，そこから間近の海底との間に存在するフローラインの一部である．ライザーの寸法は，直径 3 inch から 12 inch（76.2 mm から 304.8 mm）である．ライザーの長さは，水深と，ライザーの全体形状（鉛直またはさまざまな波打つ形状がある）によって決まる．ライザーはフレキシブルかリジッドである．それらは，固定式プラットフォームあるいは浮体式施設のエリア内で，水柱のなかを延びている．図 1-15 は海底掘削用

ライザーの一部を示すものである。

図1-15 海底掘削用ライザー

1.5 サブシーフローライン

　サブシーフローラインは，海底坑口とマニホールドあるいは洋上施設とを結ぶのに用いられる海中のパイプラインのことである。フローラインは，フレキシブルパイプかリジッドパイプでつくられていて，それらは生産流体，リフトガス，注水，ケミカルを輸送する。フローラインは，ピグを撃つことが求められる状況では，ピグが循環してくるように設けられた切り替え用スプール弁によって結合される。フローラインは単一のパイプの場合もあれば，搬送管内に束ねられた複数ラインの場合もある。単一のパイプであっても，束ねられたラインであっても，海底を輸送される途中に生産流体が冷やされる問題を回避するために断熱が必要とされる。

サブシーフローラインは，高圧・高温の下での使用がますます必要になってきている。より高圧の条件については，HP/HT（高圧・高温）フローラインプロジェクトでのパイプ材料の高グレード化の技術的挑戦につながっている。そこでは，生産物に H_2S や塩水が含まれる場合の耐食性仕様（サワーサービス）を生じさせた。また，より高温の操業条件では，腐食，降伏強度の低下，断熱被覆に関する挑戦が生じる。高温・高圧に曝されるフローラインでは，フローラインが拘束されているとき，流体の高温や内圧によって高い有効軸圧縮力が生じる。

参考文献

[1] C. Haver, Industry and Government Model for Ultra-Deepwater Technology Development, OTC 2008, Topical Luncheon Speech, Houston, 2008.
[2] C.W. Burleson, Deep Challenge: The True Epic Story or Our Quest for Energy Beneath the Sea, Gulf Publishing Company, Houston, Texas, 1999.
[3] M. Golan, S. Sangesland, Subsea Production Technology, vol.1, NTNU (The Norwegian University of Science and Technology), 1992.
[4] Minerals Management Service, Deepwater Gulf of Mexico 2006: America's Expanding Frontier, OCS Report, MMS 2006-022, 2006.
[5] J. Westwood, Deepwater Markets and Game-Changer Technologies, presented at U.S. Department of Transportation 2003, Conference, 2003.
[6] FMC Corporation, Subsea System, http://www.fmctechnologies.com/en/SubseaSystems.aspx, 2010.
[7] H.J. Bjerke, Subsea Challenges in Ice-Infested Waters, USA-Norway Arctic Petroleum Technology Workshop, 2009.
[8] International Standards Organization, Petroleum and Natural Gas Industries-Design and Operation of the Subsea Production Systems, Part 1: General Requirements and Recommendations, ISO, 2005, 13628-1.
[9] International Standards Organization, Petroleum and Natural Gas Industries-Design and Operation of the Subsea Production Systems, Part 6: Subsea Production Control Systems, ISO, 2000, 13628-6.
[10] M. Faulk, FMC ManTIS (Manifolds & Tie-in Systems), SUT Subsea Awareness Course, Houston, 2008.
[11] C. Horn, Flowline Tie-in Presentation, SUT Subsea Seminar, 2008.
[12] S. Fenton, Subsea Production System Overview, Vetco Gray, Clarion Technical Conferences, Houston, 2008.
[13] P. Collins, Subsea Production Control and Umbilicals, SUT, Subsea Awareness Course, Houston, 2008.

第2章

海底油・ガス田開発

2.1 海底油・ガス田開発の概要

　海底油・ガス田開発は一次調査に始まり，最後に油・ガスの増進回収で終わる，長く複雑な工程を経る事業である。海底油・ガス田開発のライフサイクルを図 2-1 に示す。まずは探鉱を専門とする地質学者や地球物理学者によりマッピングと予備調査が行われる。彼らは過去の油井，地震動解析，その他入手可能な情報やデータに基づいて，最終的には開発地域の地質図を描く。この初期段階における課題には次のようなものがある。

- 海底地盤およびそれに準じた海底地盤域に設置する構造物（炭化水素の断層トラップ，褶曲トラップ）
- 層序（地層の分布，産状，岩質，含有化石，順序，相互関係などを総合的に調べ，生成年代の新旧を基準として地層を区分し，対比する。いわゆる，多孔性と浸透性を有する貯留岩の有無の確認）
- 海盆の地質学的埋没史（石油やガスを生成した，あるいは生成する能力のある十分な量の根源岩の有無の確認）

　上記のような初期課題の確認の後に，専門家によりさらなる調査の検討範囲を選定し，最終的な可能性の判断を下す。

　初期調査の後，油層の境界を確認するための坑井や 3 次元地震解析を実施するための石油貯留層の詳細検討の段階に入る。ここで得られた調査情報をもと

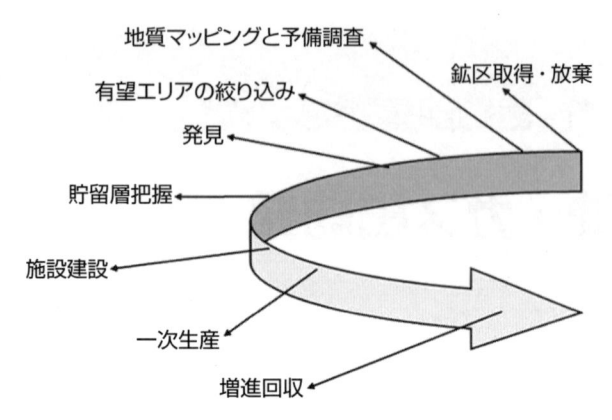

図2-1 油・ガス田開発のライフサイクル

（図中ラベル：地質マッピングと予備調査／鉱区取得・放棄／有望エリアの絞り込み／発見／貯留層把握／施設建設／一次生産／増進回収）

に，油層工学や地質学の専門家らにより貯留層内の石油または天然ガスの埋蔵量の評価が可能となる。ここで初めて最適と考えられる海底油・ガス田のレイアウトとそれに伴うパイプラインルートを確定することができ，同時に，油・ガス田の施設レイアウトと設置方法に適した生産施設が選定される。そして，すべての油井や機材の使用試験の後に石油と天然ガスの生産が始まる。しかしながら，油層から油・ガスが生産されるにつれて油層内の圧力は低下することから，生産を続けるためには増進回収の手立てが必要となる。

本章ではトップサイド施設を除いた油・ガス田全体の計画作成の基本的考え方のためのガイドライン，油・ガス田開発プロジェクトで最も重要な部分であるシステム統合やシステム間の連携のためのガイドラインを示す。

油・ガス田の全体計画を立案するためには，下記の事項に留意しなければならない。

- 開発海域が大水深か浅水深か
- 海上坑口方式（dry tree）か海底仕上げ方式（wet tree）か
- スタンドアローン方式かタイバック方式か
- 海底生産方式
- 人工採油法
- 施設配置（テンプレート，坑井装置，サテライト井，マニホールド）

2.2 大水深と浅水深における油・ガス田開発

海底資源開発では水深は概ね以下のように分類される。

- 開発海域の水深が 200 m（656 ft）以浅の浅水深海域。これは潜水士が潜水可能な水深である。
- 開発海域の水深が 200〜1500 m（656〜5000 ft）の範囲の大水深海域。
- 開発海域の水深が 1500 m（5000 ft）以深の超大水深海域。

浅水深海域と大水深海域における油・ガス田開発の設計面での違いを表 2-1 に示す。

表 2-1 浅水深海域と大水深海域における油・ガス田開発の設計面での違い

項目	浅水深海域	大水深海域
機械・施設設計	潜水士の支援による作業が可能であり、ROV に関連する構造物や施設が不要である。通常はマッドラインツリーが用いられる。	すべての作業に ROV が介在することから ROV 関連構造物や施設が必要となる。高圧・高温となることからパイプに断熱材が必要となる。水平ツリーまたは垂直ツリーが用いられる。
施工の必要条件	施工船舶の大きさにより規定される。	水平荷重による高張力のために浅水深よりも困難性が増す。
アンビリカルデザイン	電力供給距離が短いため小さなアンビリカルですむ。	アンビリカルが大きくなり、かつ高価となる。
維持管理・補修	潜水士による作業が可能である。	維持・補修のための調査や補修に ROV が必要となる。

2.3 海底仕上げ方式と海上坑口方式

大水深海域における海底生産システムには図 2-2 に示すように海上坑口方式と海底仕上げ方式がある。

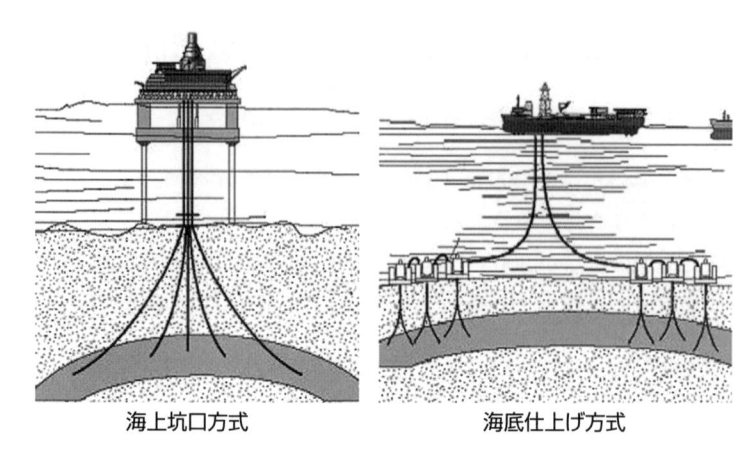

図2-2　海上坑口方式と海底仕上げ方式の概念図[1]

　海上坑口方式では，クリスマスツリーはプラットフォーム上またはその直近に設置される。一方，海底仕上げ方式では，クラスタ，テンプレート，またはタイバックの方式により，海底面のどこにでもクリスマスツリーの設置が可能である。海上坑口方式のプラットフォームは，海上ツリー設置のために中央坑井ベイ（central well bay）となっている。そのため改修や復旧作業の際，坑井に直接アクセスすることが可能である。通常，TLPやSPARでは海上坑口方式が適用される。

　海上坑口方式プラットフォームの中央坑井ベイのサイズは，坑井の数やその間隔によって規定される。トップサイド上の施設は坑井ベイ周りに設置される。海上ツリーは，油層全体のシャットダウン圧力で設計される。大きい規模の生産マニホールドがデッキ上に必要となると共に，個々の坑井への対応のためにスキッダブルリグ（skiddable rig）が必要となる[1]。

　海底仕上げ方式では，クリスマスツリーと関連する構成機材は周辺の海底条件の影響を受ける。大水深海域での海底仕上げ方式は，通常，坑井仕上げに遠隔操作の潜水型ツリー設置装置が使用される。一方，浅水深海域では潜水士が機材の設置や操作を補助することができる。海底仕上げ方式のプラットフォームにはライザーやツリーのためにセントラルムーンプールが設置されている。

このムーンプールは適用可能な大きさであれば，マニホールドや防噴装置などの機材の設置にも使用される。海底仕上げ方式は，生産機材が広範囲に配置される場合にも有効である。この方式は，ライザーとの接続を簡略化することにより，海上船舶の増加や開発の範囲が広がることに対応可能であるが，掘削や改修コストが増大する。

近年，オペレータは海上坑口方式と海底仕上げ方式の商業的競争力や技術的な問題に関して，超大水深海域における迅速な油田開発のための戦略の再検討を迫られている。世界的には，大水深海域では稼働中または稼働予定の坑井の70％以上が海底仕上げ方式である。これらのデータは海底仕上げ方式への業界の自信を示している。

海底仕上げ方式と比較して海上坑口方式は，ライザーシステムに適応するために海上構造物の動揺を最適化する浮体構造である必要があるが，これが水深や開発への柔軟性に制限を与えると考えられている。世界的には，大多数の稼働中または稼働予定の海底油・ガス田開発では海底仕上げ方式が採用されている。浅水から中程度の水深海域での開発では海上坑口方式が広く採用されているが，同方式は大水深海域や超大水深海域においては有利な方式とは考えられていない。

2.3.1　海底仕上げ方式

海底仕上げ方式とした場合，海底油・ガス田のレイアウトは通常，海底井クラスタとダイレクトアクセス井である。

ダイレクトアクセス井は油・ガス層の周辺域の開発の場合にのみ有効で，通常，浮体式生産掘削装置（FPDU）をホスト施設としている。油・ガスの輸送はパイプラインまたは FPDU に連なる浮体式貯蔵積出設備（FSO）によって行われる。同方式は，海上から海底井まで直結できかつ費用対効果が良いことから，とくに大水深海域において改修や掘削作業に有利となる。

海底井クラスタは，ある範囲の複数の海底井または（もし可能であれば）遠隔操作の海底タイバックから，浮体式生産貯蔵積出設備（FPSO）や浮体式生産設備（FPU）などの既存施設へ油・ガスを集積することができる，最も効率

的かつ費用対効果が良く生産できるよう配置した油井の集合体である。

　ダイレクトアクセス井とクラスタ井の概念図を図2-3，図2-4，図2-5に示す。図2-3に示すように，海底タイバックシステムは通常，海底井クラスタによる油・ガス生産の補完的なものと考えられている。

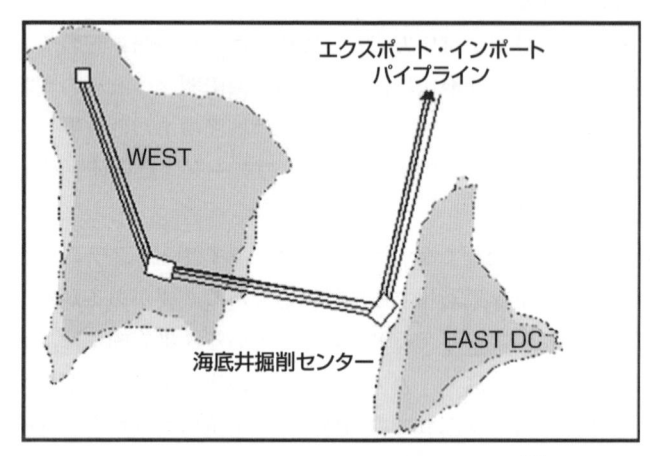

図2-3　タイバックによる生産の施設概念図[1]

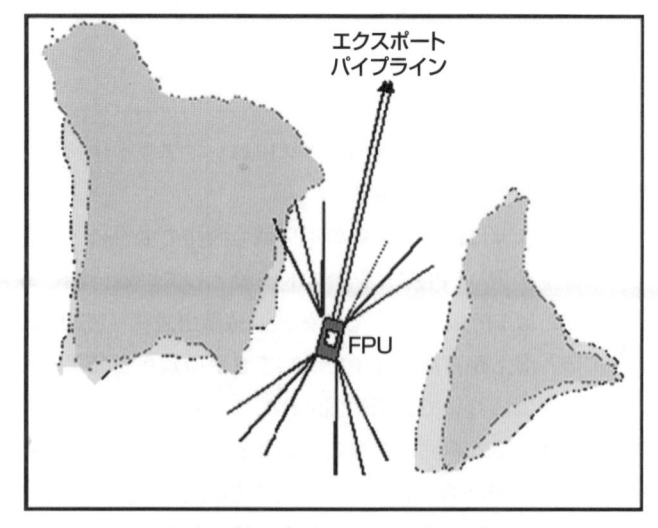

図2-4　浮体式生産設備(FPU)による生産の施設概念図[1]

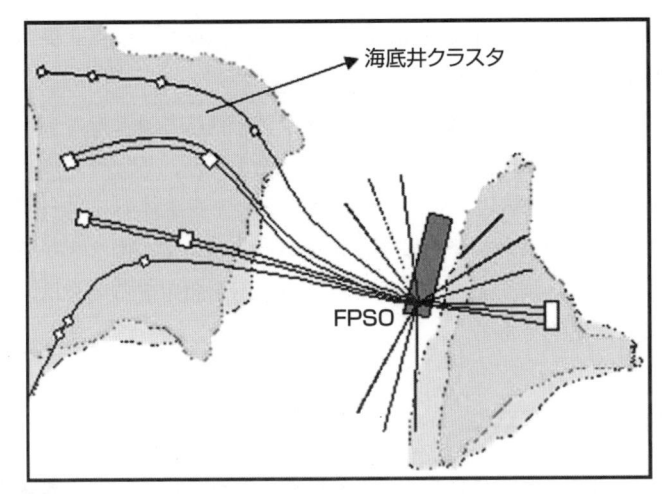

図2-5 浮体式生産貯蔵積出設備（FPSO）による生産の施設概念図[1]

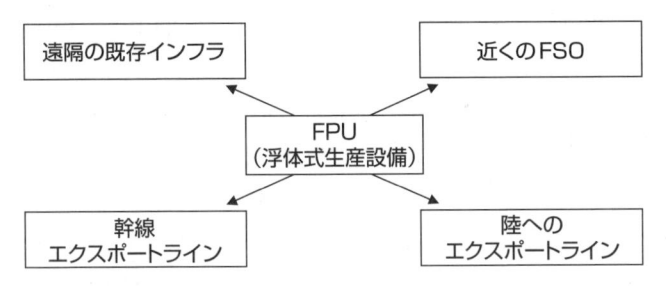

図2-6 FPUからの油・ガスの輸送のモジュール

　FPUによる生産フィールドの概念図を図2-4に示す。FPUは図2-6に示すように油・ガスの輸送において多様な選択肢を有している。通常はバージ型または半潜水型であるが，ミニTLP型浮体が使われることもある。

　FPSOによる生産フィールドの概念図を図2-5に示す。FPSOは通常，主となる施設として船型またはバージ型浮体を使用する。FPSOはタンデム型（直列型）の積み出しを行うためにタレットとウェザーヴェイニングシステム[*1]（weathervaning system）による係留となるか，または離れたブイを用いて積み

[*1] 訳注：外力が最小となる方向に追随して浮体が自動的に回転できる機構。

出しを行う多点式係留（spread mooring）となる。なお，多点式係留でタンデム型積み出しもできなくはない[1]。

海底井クラスタ，ダイレクトアクセス井のいずれにとっても，主に次の3つのライザーとなる。鉛直式トップテンションライザー，スチールカテナリーライザー（SCR），フレキシブルライザーである。生産流体のフローアシュアランスのために特定の設計規格を必要とする場合において，図2-3から図2-5に示したような施設計画や上記のライザー類の使用を想定する場合は，海底仕上げ方式が最も効果的である。

2.3.2　海上坑口方式

海上坑口方式は，海底井クラスタ方式にとってもうひとつの主要な選択肢である。この方式は，海上から海底の坑井に直接アクセスできるものである。

近年の海上坑口方式は，FPDUをハブ施設として，TLP上，SPAR上，時にはコンプライアントパイルドタワー（CPT：compliant piled tower）上に設置される。同方式はバージや深喫水セミサブ（DDF：deep-draft semi-submersible floater）への設置も考えられるが，まだ実施されていない。

FPSOやFPUに関連して，坑口を海面上に設置するための坑口プラットフォーム（WHP：wellhead platform）やFDUのようなプラットフォームにおいて，西アフリカや東南アジアの大水深海域で海上井が利用され始めている。WHPとFPSOの組み合わせ形式は，近い将来メキシコ湾でも見られると思われる。既存の（または計画中の）WHPをハブとする形式は，十分な掘削能力を持つTLPまたは補助船による支援を受けるTLP（ミニTLP）を基本としている。SPAR，バージ，またはDDFも代替形式として選択肢となる。

海上坑井仕上げユニット（DCU：dry completion unit）のためのライザーには，シングルケーシング，デュアルケーシング，コンボライザー（掘削ライザーとしても使われる），またはチュービングライザーなどがあり，場合によってはスプリットツリーを含むことが可能である。

ライザーテンショニングシステム[*2]は，油空圧張力調整装置（hydropneumatic

[*2] 訳注：ライザーに対する浮体式海洋掘削装置の上下動を吸収するとともに，ライザー重量を

tensioner），エアーカン（air can），ロックオフライザー（locked-off riser），またはキングポストテンショニング（king-post tensioning mechanism）などのオプションを提供する。

2.3.3 坑井システムの選定

　海上坑井（dry tree）または海底坑井（wet tree）の選定では，プロジェクトの目的を達成するために経済性，リスク，適用柔軟性などを考慮した詳細な評価が行われた後に，貯留層の性状に最も適合する方法が選定されなければならない。

　オペレータは資本コストや正味現在価値（NPV：net present value）のような決して確定的ではない商業的評価に直面しがちである。油・ガス田の開発可能性を評価する場合，商業的評価はシステム全体のライフサイクルを考えると海底坑井形式を有利としがちであるが，その優位性は海上坑井を圧倒するほどではない。オペレータは，考えうる重要な相違要因の詳細な検討を行った後に坑井方式の選定を行うべきである。

　貯留層の性状に最適なツリーシステムは，経験的かつ技術的な分析のもとに選定されなければならない。選定の基本となる要因を以下に示す。

- 経済的要因：正味現在価値（NPV），内部収益率（IRR），プロジェクトキャッシュフロー，プロジェクトスケジュール，そして可能であれば，設計から資材調達，建造，設置までのEPCI（engineering, procurement, construction and installation）提案書が最も確実な判定基準となる。
- 技術的要因：貯留層の減耗償却計画および方法，地理上の貯留層の位置，オペレーション哲学，計画の成熟度と信頼性，実現可能性，技術的対応性を第一に考慮しなければならない。
- 外的要因：プロジェクトリスク，プロジェクトマネジメント，革新的な思考，オペレータの優先事項，関係する人々の考え方など。

　支えるための張力を与える装置。

2.4 海底タイバックの発展

　海底油・ガス田の開発は，資本支出（**CAPEX**）と運営コスト（**OPEX**）が大きいこと，リスクとリターンを正確に評価することが難しいことから，大規模貯留層でのみ成り立つものと考えられていた。したがって，大きな利益を見込めない貯留層は開発の対象外とされてきた。しかし近年，このような油・ガス層の開発において，サブシータイバックシステムが効果的かつ経済的に使われるようになってきた。オペレータは，貯留層毎に新しい生産施設をつくるよりも既存のプラットフォームの生産能力を活用することにより，全体の資本支出を抑えることができるということに気づき始めた。これにより採算に合わないと考えられてきた小規模の油・ガス層の開発が経済的に行われるようになった。

　一般的に，FPSOや他の固定構造物を使っての開発に比べて，サブシータイバックシステムは初期投資が非常に小さく済むとされている。しかしながら，タイバックが長距離となる場合の経済性は以下に示す要因に左右される。

- 既存の洋上プラットフォームからの距離
- 水深
- 産油・ガス量，貯留層の規模
- 既存施設上で生産流体を分離処理する場合の費用
- スタンドアローンによる生産に対して，タイバックによる場合の潜在的には低い生産性
- 坑井の修復や改修が容易であるがゆえに，プラットフォーム直結の坑井からの潜在的に高い生産性

サブシータイバックのホストは下記のように分類される。

- FPSO（図 2-7）
- 固定式プラットフォームや TLP（図 2-8）
- 陸上施設（図 2-9）

図2-7　サブシータイバックとFPSO [2]

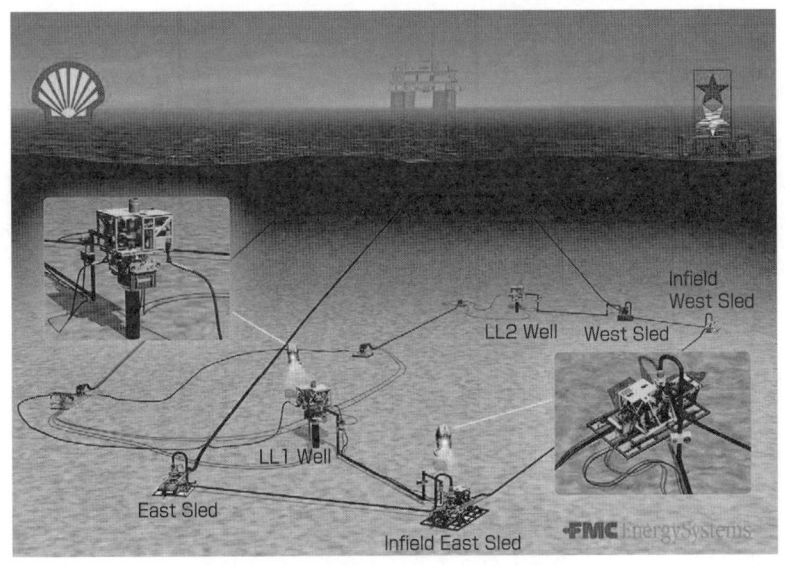

図2-8　サブシータイバックとTLP [2]

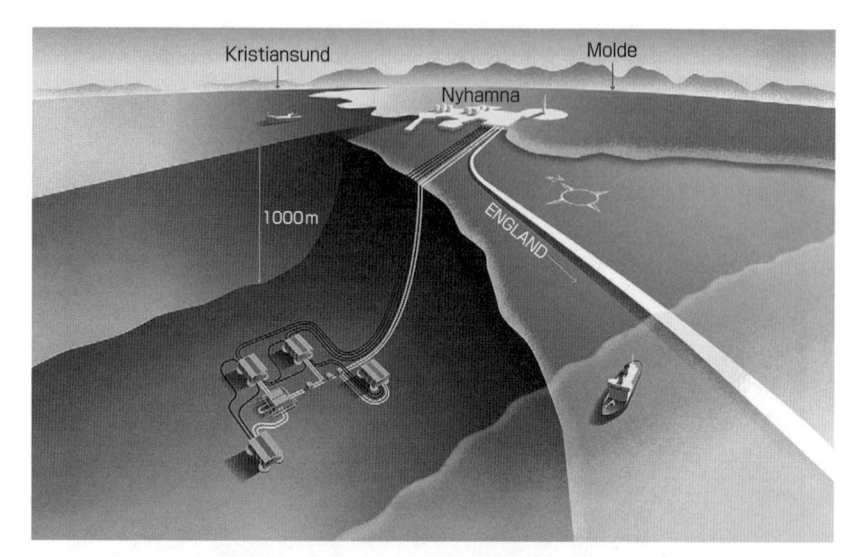

図2-9 サブシータイバックから陸上施設へ [3]

2.4.1 タイバックのフィールドデザイン

　サブシータイバックシステムは，通常，既存の生産プラットフォームに接続する海底坑口装置とフローラインで構成されている．タイバックが長距離に及ぶ場合，生産流体のフローアシュアランス（流路保全）の面から距離が制限される場合がある．これは温度低下によりフローライン内にハイドレートが形成されることにより詰まる現象である．

　フローライン内でのハイドレートの形成を防ぐための既往の方法としては，フローラインの断熱や化学抑制剤の注入がある（第2巻を参照のこと）．化学抑制剤は，タイバックが接続するホストプラットフォームから海底坑口装置へアンビリカルを通して運ばれ，坑口からフローラインへ注入される．アンビリカルは海底坑口装置の操作にも使われる．アンビリカルのコストは通常，非常に大きく，タイバックの長さが30 kmを超える場合に，サブシータイバックの経済性はアンビリカルの過大なコストに大きく影響される．

生産流体のフローアシュアランスの方法としては他に，ホストプラットフォームから遠隔操作可能な海底坑口装置の近傍に小規模のプラットフォームを設置し，その小規模プラットフォームに貯蔵してある化学抑制剤を坑口に接続してある短いアンビリカルを通してフローラインへ注入する方法がある。坑口直上にプラットフォームがある場合，清掃用・水圧試験用ピグランチャー（pig launcher）や坑井計測機械の操作や計測に都合が良い。

　フローラインに多相炭化水素流（multiphase hydrocarbon flow）の発生が考えられる場合，生産流体のフローアシュアランスの面からタイバック長が制限される。近年の技術進歩により，海底面に海底セパレータを設置し，坑井元で生産流体を油，ガス，水に分離する方法が開発されつつある。これにより生産流体のフローアシュアランスを保証する長距離タイバックが可能となる。

　タイバック距離が長い場合，生産流体のフローアシュアランスを目的として移送圧力を上げるために海底昇圧ポンプが必要となる。このようなポンプシステムへも海上施設から電力が供給されなければならない。

　サブシータイバックシステムでは，生産用プラットフォームからピグランチャーをスタートさせてフローラインを巡回することにより，ライン内部のワックスやアスファルテンなどの凝固物質を取り除くデュアルフローラインが

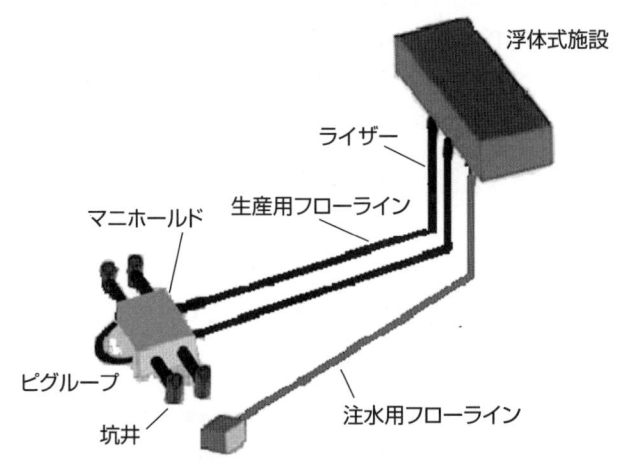

図2-10　タイバックのデュアルフローラインシステム [4]

広く採用されている．図 2-10 にタイバックのデュアルフローラインシステムを示す．

2.4.2 タイバックシステムの選択と技術開発

タイバックの長距離化に対する生産流体のフローアシュアランス向上と多相流を可能にする技術進歩は，将来の油・ガス田開発においてサブシータイバックシステムの使用を推し進めると考えられる．しかし，ここで最適な開発計画を立案するためには次のような要因を考慮する必要がある．

- 経済性：ライフサイクルコストの最小化（CAPEX と OPEX の最小化）
- 安全性：建設および稼働における人命および利害関係者の安全
- 環境性：開発による環境への影響
- 技術革新と技術移転：新しい技術の開発，既往技術やノウハウの伝承
- 生産設備利用の最大化：既存インフラや施設の利活用，耐用年数の長寿命化
- 産油・ガス量，貯留層規模
- 既存施設上で生産流体を分離処理する場合の費用
- 既存洋上施設の処理能力で規定されることとなる，サブシータイバックとスタンドアローンの場合の潜在的に低い産油レート
- 坑井の修復や改修が容易であるがゆえに，プラットフォームの坑井からの潜在的に高い産油レート

貯留層の周辺部にある多くの小規模油田が，海底仕上げ井やサブシータイバックフローラインで既存の洋上生産プラットフォームに接続されることにより開発されている．サブシータイバックは既存洋上施設を有効利用する理想的な方法である．タイバックの長距離化は以下に示すような技術的課題を提起している．

- 経済性を保ちながら長期間高い生産量を維持するためには，貯留層の内部圧力が十分に高くなければならない．油井よりもガス井のほうが長距

離タイバックを採用する場合が多いと考えられる．タイバックの最適距離を決めるためには水力学的研究が必要である．
- 長距離の輸送となる場合，生産流体の温度を一定に保つのは難しく，その温度は周辺の海底水温に近づくこととなる．ハイドレート，アスファルテン・パラフィンの形成・高粘性度化に対する生産流体のフローアシュアランスの問題は，今後技術開発に鋭意取り組まなければならない．ツリーやフローラインの断熱だけで解決される問題ではなく，化学的処理や加熱による解決策も考えられる．
- 長期間の操業停止後，産出物が低温のゼリー状流体となった場合，油井の自然内圧だけでは流動性を確保することはできない．洋上生産プラットフォーム上の高圧ポンプにより水または軽油をパイプラインに注入して，操業停止前に残っていた油井流体を循環させて取り出すか，または坑井のなかに押し戻す必要がある．

サブシータイバックの長距離化は，海底処理技術や海底電力供給技術などの新技術の導入により将来的に広く展開されると考えられる．

2.5　スタンドアローンの展開

スタンドアローンとは，新たなホストプラットフォームの設置による油・ガス田開発である．大水深海域での新たな施設群の設置は，非常に高価なものとなる．新たな開発においても，まずは洋上生産プラットフォーム，パイプライン，坑井などの既存施設の利用を優先的に考えるべきである．代表的なスタンドアローンによる開発フィールドを図 2-11 に示す．

スタンドアローンによる油・ガス田開発の留意事項を以下に示す．

- 坑井のグループ化，坑井の集約，または坑井テンプレートの設置
- フローライン配置の最適化
- 管内清掃（ピギング：pigging）への対応
- 開発初期段階はもちろん，将来的な生産量の増加や油層への加圧に対応できること

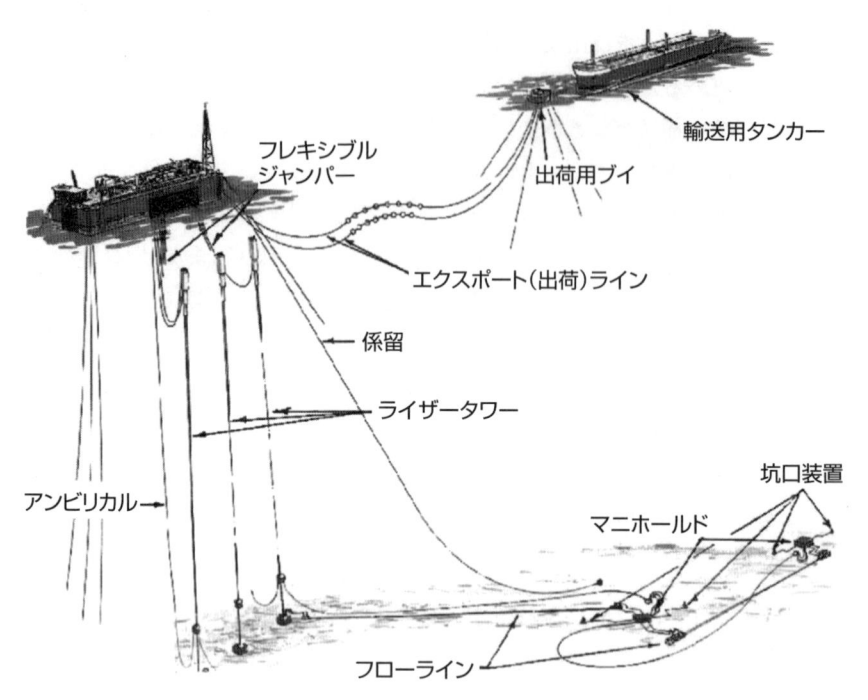

図2-11 スタンドアローンによる開発フィールド（提供：SapuraAcergy社）

　坑井のグルーピングシナリオとその集約場所は貯留層データや掘削によって得られた情報により決定されなければならない。貯留層のマッピングが詳細に行われ、油層モデル（油層シミュレーション）により坑井の数が最終的に設定された後に、坑井のタイプとそれらの位置が決定される。坑井は通常、以下のようなグループに分かれる。

- サテライト井：通常、小規模油田の開発において少数設置され、既存の洋上構造物とタイバックで結ばれる。
- クラスタ井：スタンドアローンによる油田開発で設置される。図2-12に示すように、通常、中央の生産マニホールドを囲むように3〜8本のクリスマスツリーが配置される。
- テンプレート井：テンプレートは坑井の台座となり、テンプレート上に

マニホールドを設置して，テンプレート上に数本の坑井がグループ化される。
- 上記の組み合わせとなる場合もある。

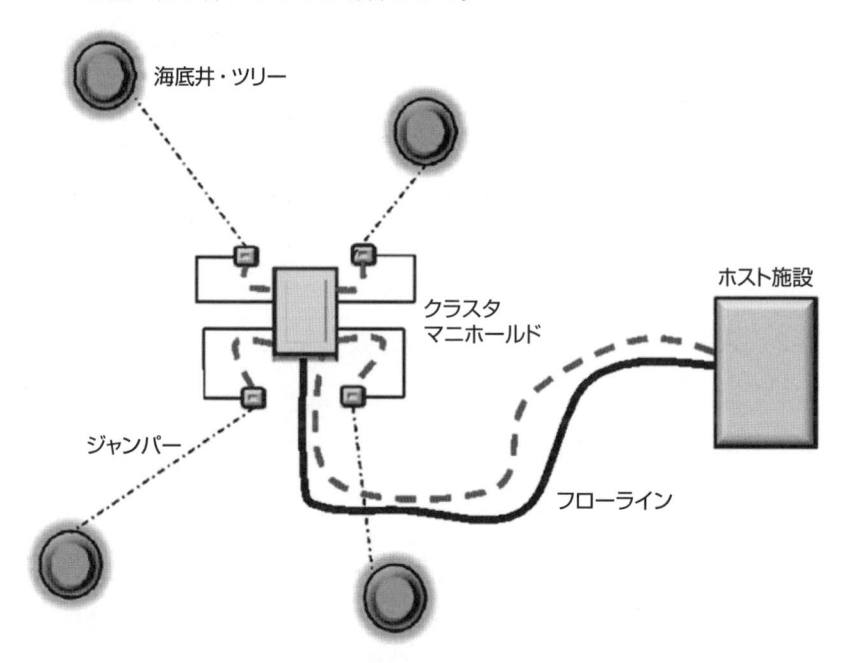

図2-12　クラスタ井の概念図（提供：Technip社）

2.5.1　スタンドアローンシステムとタイバックシステム

　スタンドアローンのコンセプトは，通常，メインとなる構造物が掘削用プラットフォームとしてすでに設置されており，それを引き続き生産用プラットフォームとして使用する考え方である。この構造物は，海底油・ガス生産の安全弁および調整弁的な役割を果たすものである。プラットフォームにはライザー，ヘリコプター離着陸場，小型船舶の係留施設などが備え付けられている。表2-2にタイバックによる開発とスタンドアローンによる開発の特徴をまとめる。

表2-2 タイバックとスタンドアローンの特徴

コンセプト	特徴
タイバック	・既存プラットフォームの空き施設（容量）を利用することから初期投資を抑えることができる ・貯留層周辺部のような小規模油田開発に有効な選択肢である
スタンドアローン	以下の場合に適する。 ・既存の海底構造物がなく，貯留層が大きな場合 ・生産海域から陸域までが長距離の場合 ・諸条件からプラットフォームを設置して新規のスタンドアローンによる油・ガス田開発が適していると考えられる場合

2.5.2 スタンドアローン構造物の分類

スタンドアローン構造物は，油田からの生産物を受け取る主役となるホスト施設である。スタンドアローンの4形式を図2-13に示す。これらは生産物を海底タイバックツリーおよび海上ツリーから受け取るなど，坑口方式も異なっている。また，ホスト施設は，海底タイバックから海岸まで送られてきた生産物を陸域で受け取るために陸上に設置される場合もある。

海底油・ガス田開発で使われるスタンドアローン構造物は大きく固定式プラットフォームと浮体システムの2つに分類される。固定構造物の基部は，海上のデッキ部を支持するために海底地盤上に固定される。浮体システムの場合は，海底生産システムとの連結を維持するためにテンドンまたはワイヤロープで係留される。浮体システムは，水深が300 mから1500 m以深までの場合に採用される。下記にホスト施設の種類と主な特徴を示す。

- 固定式プラットフォーム：海底地盤に直接固定されたコンクリート製基部または鋼製ジャケット上にプラットフォームが取り付けられる。油・ガスの生産にはジャッキアッププラットフォームが使われる場合もある。固定式は通常，水深500 m以浅の海域に設置される。
- TLP（tension leg platform）：海底から鉛直係留された浮体構造物である。レグと呼ばれる緊張ケーブルにより構造物の各コーナーを海底と固

定する．水平方向の動きは許容されるが，鉛直方向の動きは緊張ケーブルにより拘束される．水深 300～1500 m の海域に設置される．海上坑口方式と海底仕上げ方式の採用が可能である．
- SPAR：ひとつの垂直な大口径円筒状の浮体構造物が水面上の上部構造物を固定支持する形式である．水深 1500 m 前後の海域に設置される．
- 半潜水（セミサブ）型プラットフォーム：掘削，海底生産施設の設置，油・ガスの生産に使用される．
- FPSO：石油や天然ガスの生産，貯蔵，積み出しを行う浮体式船型施設である．FPSO はプラットフォームや海底生産システムで産出された石油や天然ガスを受け取り，一時貯蔵したのちに，タンカーに積み出しするかパイプラインで搬出するように設計されている．

図2-13　スタンドアローンシステムのホスト施設

浮体式構造物の波による動揺特性を以下に示す。

- FPSO：大きな水線面積を有していることから波に対して敏感に動揺する。横波に対して表面面積が大きい。復原力はやや小さい。
- セミサブ：復原力が比較的小さく固有周期が長い。渦励振が生じる。喫水が浅いことからピッチングとローリングは発生しやすい。
- SPAR：復原力が比較的小さく固有周期が長い。渦励振が生じる。喫水が深いことからピッチングとローリングは抑制される。
- TLP：緊張ケーブルで海底と固定され，固有周期は短い。海上面積が限られることから動揺周期は短い。

2.6 人工採油法と制約条件

2.6.1 概要

人工採油法は，メキシコ湾の浅水海域で広く使われているが，水深1000フィートが限界である。しかし，多くの大水深油田で生産量を維持し経済性を確保するために，最後には人工採油法が必要とされるだろう。大水深海域で人工採油法を計画することは，オペレーション上困難が多く，また経済性の面からも挑戦的なことである。人工採油法には以下のような種類がある。

- ガスリフト法（GL：gas lift）
- 海底昇圧法（subsea boosting）
- 電動水中ポンプ法（ESP：electrical submersible pumping）

2.6.2 ガスリフト法

海洋石油開発においては，今日まで人工採油法のなかではガスリフト法が最も採用されている。しかしながら，オペレータはより大水深の海域へ進んでいることから，ガスリフト法は適用限界を迎え，電動水中ポンプ法が適用される状況になっている。海底ガスリフト採油システムを図2-14に示す。

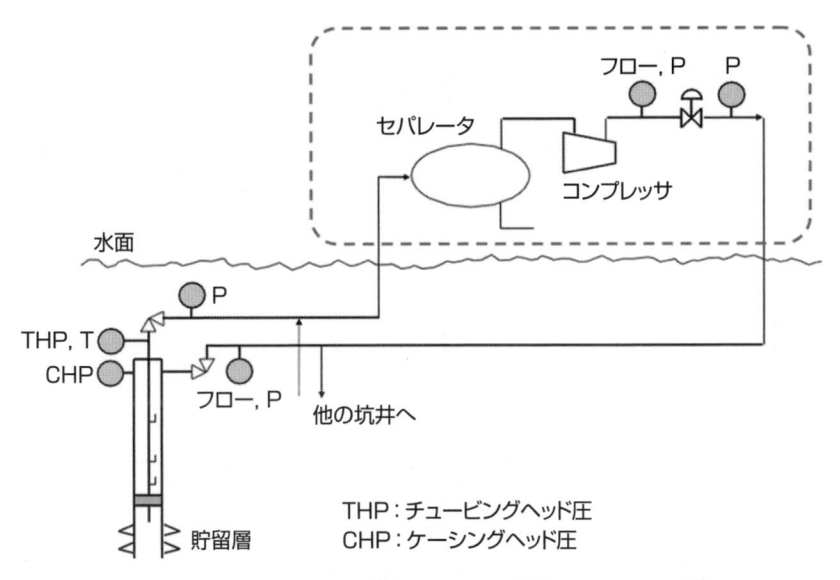

図2-14 　海底ガスリフト採油システム図（提供：Shell E&P社）

ガスリフト法の選定要素を以下に示す。

- 貯留層の水産出量が少ない
- 油・ガス生産における低いガス・油比（GOR：gas oil ratio）
- フローラインのオフセットを長く取ることが可能なこと　など

　海底井でのガスリフト法の設計では，通常のガスリフト法では見られないいくつかの要求事項が発生する。第一に，通常の坑井仕上げよりも海底井処理にかかわるコストが非常に大きくなる。さらに，海面下のガスリフト装置は，その信頼性と長寿命化に特別の注意を払った設計が施されなければならない。第二に，オペレーションバルブポートのサイジングは，坑井の耐用（供用）期間中の生産条件を見込んで設計されなければならない。海底坑井中のガスリフト法のシステムを図2-15に示す。

　ガスリフト法のシステム設計では，2つの主要パラメータであるガスの注入量と注入圧力に注意を払わなければならない。ガス注入量は，油層の各坑井が

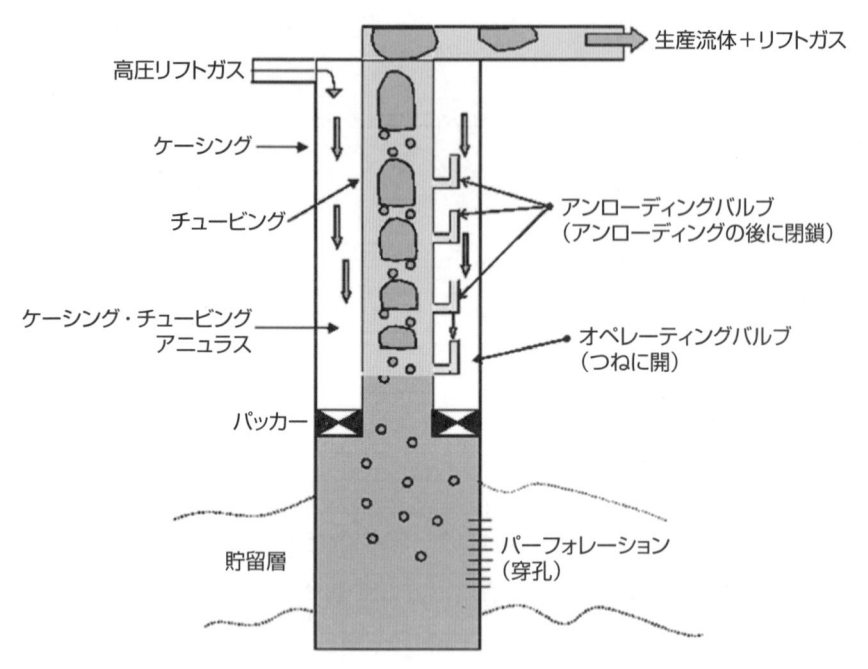

図2-15 海底坑井中のガスリフト法システム図（提供：Curtin University）

必要とする注入量の合計である。生産量は，ガス注入量の関数として可能最大生産量まで増加する。ガス注入圧力は，坑井システム全体の稼働圧力，材料と機材の仕様に影響することから，細心の注意を払って決定されなければならない。

2.6.3 海底昇圧法（subsea pressure boosting）

貯留層のなかには，人工採油法を必要とすることなく，油層からプラットフォームへ生産流体を自噴させるだけの圧力を有している油層が多くある。しかし，長期間の生産により油層圧力が低下した場合，または超大水深の軽質油（light-oil）層や大水深の重質油（heavy-oil）層が静水圧状態であれば，生産流体を海上まで自噴させることは非常に困難である。

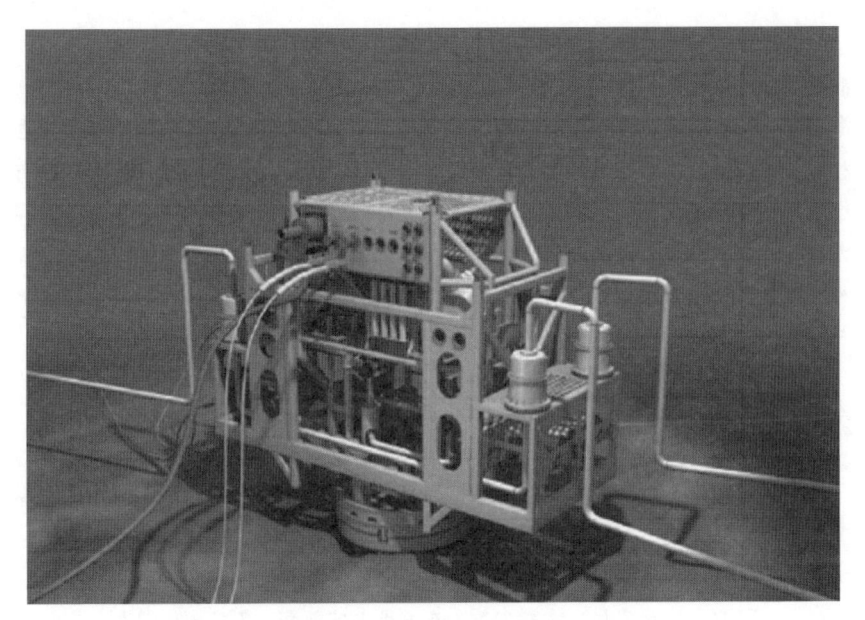

図2-16 海底昇圧ポンプ（提供：Aker Solutions社）

図2-16に示す海底昇圧ポンプは，高い粘性を利用してライザーの水圧ヘッドおよびライザーとフローラインの内圧を下げることにより，坑井の背圧を減少させる方法である。ブースティングのアウトプットと坑井の背圧間の圧力増加は，坑井からの生産流体を増加させるべく作用する。海底昇圧ステーションの構成要素を以下に示す。

- 海底ガスコンプレッサ（subsea gas compressor）：油層圧を維持するために油層へガスを注入する。
- 海底多相流ポンプ（subsea multiphase pump）：生産流体の輸送距離を伸ばすことを目的として，坑口の背圧を下げる。
- 海底湿性ガスコンプレッサ（subsea wet gas compressor）：遠隔の海上ホスト施設または陸上施設へガスを送る。

海底昇圧法は，稼働中に大量の電力を必要とするため，電源を確保しなければならない。

海底昇圧システムは，タイバックの長距離化を可能にすることから，小規模油層，遠隔海域にある油層，貯留層縁端部の油層開発の経済性向上に寄与する。海底セパレーションは，既存の海上生産施設が新たな海底タイバックと連結されることにより，現状では開発経済性が成立しない油層において，経済的障害を除去して開発可能性を向上させることに寄与すると考えられる。また，海底ガスセパレーションは，海底において石油と天然ガスを分離して別々の生産施設へ送り出すことから，海底での低温度に起因する生産流体のフローアシュアランスの問題を解決する手段ともなる。

2.6.4　電動水中ポンプ（ESP）

自噴能力が低下した油井に対しては，坑井内の内圧を高めて生産流体をくみ上げるために採油ポンプを使用する。ESP は，異なる坑井条件においても油井からかなりの量の生産流体をくみ上げることができる効率的かつ経済的な方法である。ESP システムは，大量の電力を必要とするが，ガスの供給が必要なガスリフト法に比べるとシステムとしてはより単純かつ効率的である。

ESP システムのコンポーネントを下記に示す。

- 3 相電気モーター（three phase electric motor）
- シールアセンブリ（seal assembly）
- ロータリーガスセパレータ（rotary gas separator）
- 多段渦巻ポンプ（multi-stage centrifugal pump）
- 電力ケーブル（electrical power cable）
- モーターコントローラ（motor controller）
- 変圧器（transformer）

ESP システムは，サーフェスポンプシステムと異なり，水没することを前提に設計されている。したがって，同システムは坑井のなかと海底地盤面上のどちらでも設置可能である。ESP のモーターは，海底の油井圧力や海水圧にバランス良く対応できる機能を有している。

EPS システムは上記のコンポーネントの他にも管状ジョイント，点検用バル

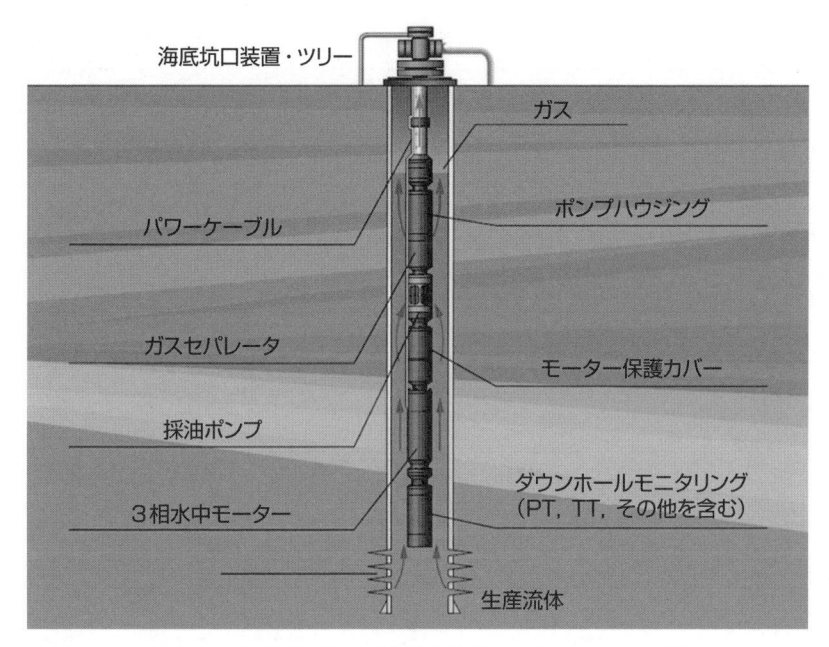

図2-17　坑井内ESPの概略図（提供：Schlumberger社）

ブ，排水弁，油井内圧力温度送信機などを備えている。坑井内ESPの概略図を図2-17に示す。

ESPは主に坑井内流体の性状によって選定される。EPSが適用される主要な3条件を示す。

- 淡水や塩水が豊富な高含水率井
- ガス・油比が高い多相流井
- 高粘性流体井

ポンプによる流動率（揚油量）は，ポンプの回転速度，地層区分数，ESPに作用する動水圧，生産流体の粘性に影響を受ける。これらの要因は，ポンプシステムの上下端間の差圧に影響を与え，これが流動率にも影響を与える。しかし，ポンプには最適流動率があり，効率と耐用年数を最大化するよう設計されている。図2-18にESP製造者が推奨するポンプの性能曲線を示す。

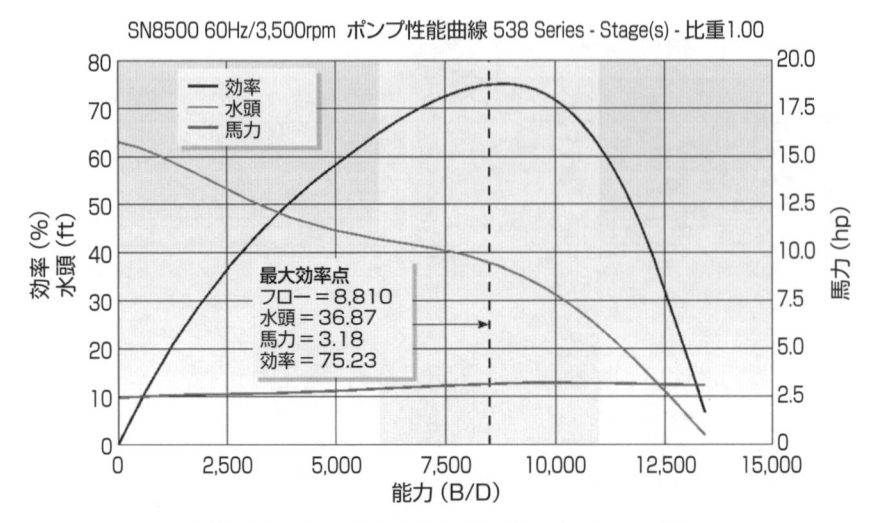

図2-18 ポンプ性能曲線（提供：Schlumberger社）

　ESPのサイジングは，設計坑井仕上げ仕様と流動率によって決定される。これは坑井の生産レートやIPR（inflow performance relationship）に影響を与える。坑底における流体の圧力である坑底圧の変化により生産流体の流況がわかる。

　ESPの諸計算やサイジング決定には，坑井データ，生産データ，坑井流体の条件，電源，想定される諸問題などについてのデータや情報が必要である。ESPシステムの設計計算には以下の項目が含まれる。

- 吸い込み圧力の決定
- 全動水頭の計算
- ポンプタイプの選定
- 荷重限界
- その他諸装置の選択

2.7　サブシー処理

　サブシー処理（SSP：subsea processing）とは，生産流体が洋上プラットフォームまたは陸上施設に到達するまでに施される生産流体のフローアシュアランスのための操作や処理のことである。

　海底処理には下記がある。

- 加圧（boosting）
- 分離（separation）
- 固形物管理（solid management）
- 熱交換（heat exchanging）
- ガス処理（gas treatment）
- ケミカル注入（chemical injection）

　油・ガス田開発における海底処理の利点を以下に示す。

- トップサイドにおける処理とパイプラインに関するCAPEXの低減による全体CAPEXの低減
- 生産量および回収量の増加
- 比較的規模の小さな油田（marginal field）の開発可能性の向上，とくに大水深，超大水深海域で長距離タイバックを必要とする油層
- 既存油田の延命化
- 既存施設に周辺の小規模油田を連結できる
- ハンドリングにおける制約
- フローマネジメントの改善
- 環境に対する影響の低減

　海底昇圧法は，システム全体を強力化する手段である。

　海底分離（subsea separation）は，次のような2相または3相分離が基本である。

- 2相分離機（two-phase separator）は，ガスと油，ガスと水，ガスとコン

デンセートのようなガスと液体の分離に使われる。
- 3相分離機（three-phase separator）は，液相からガスの分離，油から水の分離に使われる。

図2-19に海底昇圧と水除去に必要となる技術や設備の推移を示す。海底昇圧と水除去に必要となる技術や設備はすでに実用に供されているが，3相分離と海底ガス圧縮（subsea gas compression）は実用に向けてさらなる技術開発が必要である。

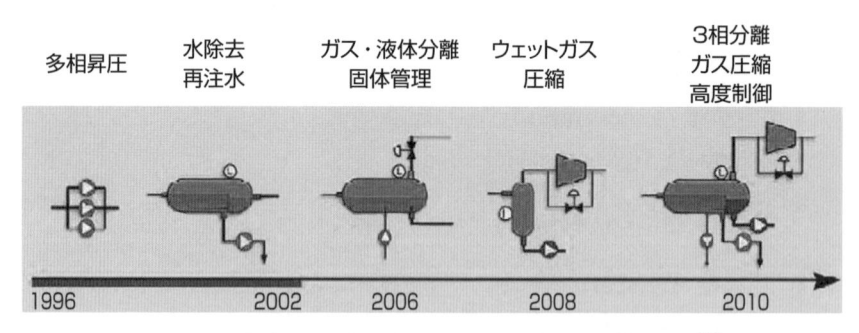

図2-19　海底昇圧と水除去に必要となる技術や設備の推移 [9]

3相分離機は，油，水，ガスの3相からなる原油（crude）の分離に有効である。これに対して，2相分離機は，ガスと油，ガスと水，ガスとコンデンセートの2相分離に使われる。さらに海底分離は，ガスと反応した生産水に起因するハイドレートの形成やパイプ内部の腐食などのリスクを低下させる効用があることを含めて，生産流体のフローアシュアランスに効果がある。

従来の海底ステーションにおける生産流体処理方法に対して，海底において生産流体に対するすべての原油処理工程が行われ，その結果として販売できる程度までの原油を生産できる海底処理法は将来的に有望な技術である。加えてハイドレートの形成や操業コストを低く抑えることができる利点がある。

4タイプの海底処理システムについて，特徴，機材，水分離，砂分離に関して表2-3にそれぞれの特徴を示す。

表2-3 4タイプの海底処理システムの比較[10]

タイプ	特徴	機材	水分離	砂分離
タイプ1	多相混合物の直接処理が可能	多相処理ポンプ	分離不可（他の生産流体と一緒にくみ上げ）	分離不可（他の生産流体と一緒にくみ上げ）
タイプ2	生産流体の部分的な分離処理が可能	セパレータ，多相ポンプ（ウェットガス用コンプレッサの使用も可能）	一部分離し最注入可能	分離不可（液体流と一緒にくみ上げ）
タイプ3	海底において生産流体の完全分離が可能	セパレータ，単相ポンプまたは多相ポンプ（ガス用コンプレッサの使用も可能）	ほぼ分離し再注入可能	分離可能
タイプ4	パイプライン輸送できるまでの油と天然ガスの処理が可能	多段セパレータ，流体処理（単相流ポンプとコンプレッサ）	完全分離し再注入可能	分離可能

2.8 テンプレート，坑井群システム，デイジーチェーン

　海底生産機材は，油田の条件やオペレータの操業への考え方に基づいて，複合的に構成することが可能である。

　油・ガス田開発計画者は，最適な油井配置計画を立てるために，全体開発計画の早い段階から油層専門家や掘削技術者と綿密な打ち合わせを行う必要がある。油層のマッピングと開発モデルができて初めて，最適な坑井の数，形式，位置を決定することができる。坑井の配置は，油井をグループ化してひとつのクラスタ（群）とすることにより経済性を高めることを念頭に，油層から生産流体を良好に回収するためにバランス良く計画されなければならない。加えて，大偏距坑井（extended reach well）やその他の選択肢についても考慮する必要がある。さらに，貯留層の条件が許すのであれば，水平坑井仕上げやその他の作井技術を考慮して坑井数を抑えると共に生産効率の高い坑井も検討すべきである。もちろん経済性との兼ね合いが重要である。

2.8.1 サテライト採収井システム

サテライト採収井（採収井）は，プラットフォームからの坑井とは別の単独の海底井である。図 2-20 にタイバックシステムの採収井を示す。採収井は，多くの坑井を必要としない規模の小さな油層に適用される。通常，採収井はそれぞれ離れており，採収井からの生産流体は単独のフローラインによって，数個の採収井の中央付近に位置する海底マニホールドか生産用プラットフォームまで運ばれる。施設の配置は複数案の検討評価を経て決定されなければならない。この検討においては，水力学的計算，詳細なコスト分析（フローライン，アンビリカル，設置などの諸コスト），生産流体のフローアシュアランスが評価対象となる。

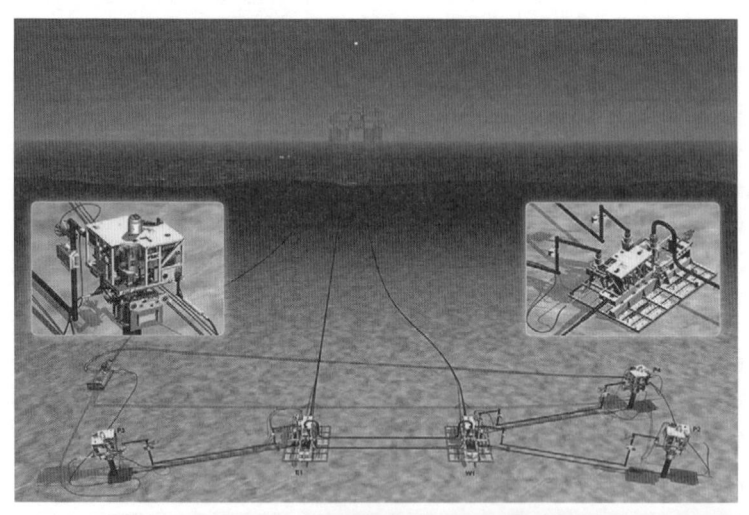

図2-20 タイバックシステムの採収井（satellite well）[2]

2.8.2 テンプレート，坑井群システム

複数の海底坑井を集積してグループ化できる場合，同数の坑井を広く分散させるよりも開発コストを低く抑えることが可能である。坑井のグループ化に

は，採収井がグループ化されるクラスタ井と，テンプレート構造に従属する形で坑井が接近して配置されるテンプレート井がある．図 2-21 にマニホールドとクラスタ井の配置を示す．

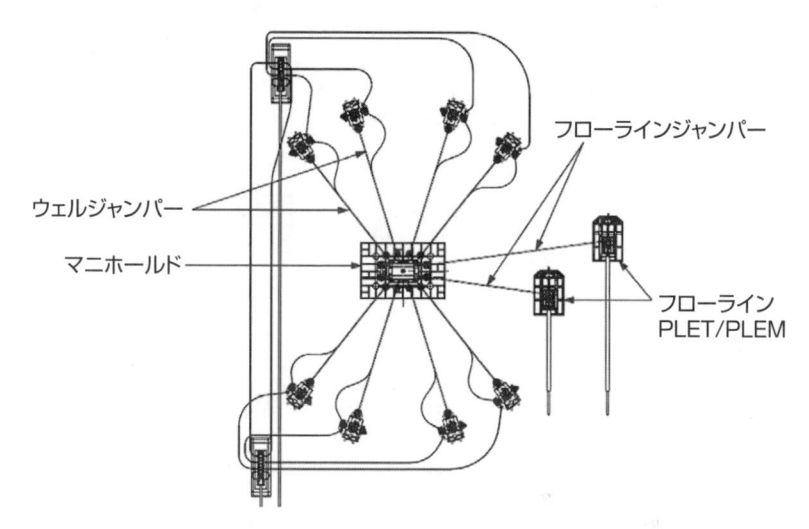

図2-21　マニホールドとクラスタ井の配置 [2]

2.8.2.1　クラスタ採収井（clustered satellite well）

　海底採収井をクラスタ井とすることは，採収井を広く分散させるよりも，フローラインやアンビリカルの数を低減できることからコストを低く抑えることが可能となる．数個の採収井が互いに近接している場合，それらの坑井からの生産物を集積して単独のフローラインで生産プラットフォームまで送り出すために，坑井のそばにマニホールドを設置することができる．また，クラスタ井と生産プラットフォームの間に単独のアンビリカルやアンビリカル終端アセンブリ（UTA：umbilical termination assembly）を設置することができる．図 2-22 に 8 基のクラスタ採収井，2 基の海底マニホールドとアンビリカルまたは UTA の配置概念図を示す．

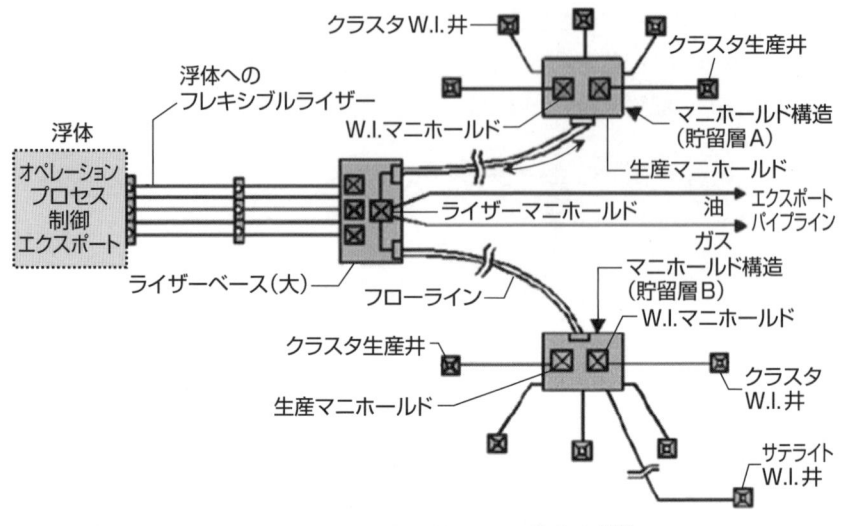

図2-22 クラスタ採収井システム概念図[11]

クラスタ採収井の場合，坑井は各々数 m から数十 m 離れて配置される。一方，ひとつの油井に掘削リグを配置するという考えに影響されて，坑井間の距離を大きくすることがある。採収井の間隔を正確にコントロールすることは容易なことではないため，パイプ類やアンビリカルの配置はさまざまな空間条件に順応できるよう検討されなければならない。

2.8.2.2　生産井テンプレート

テンプレートは，開発井の掘削および生産機器材のガイドとなる海底面に設置される台座である。また，マニホールド，ライザー，坑口，掘削および仕上げ装置，パイプラインの引き込みと接続機器など，さまざまな機器材を支持する骨組み構造の役割も果たす。テンプレートは，坑口の温度膨張による荷重やパイプラインに作用する荷重などに耐えるように設計されている。坑井からの生産物もテンプレートを経由して洋上浮体生産システム，プラットフォーム，さらには陸上や遠隔の施設へ輸送される。

生産井テンプレートは，その上にマニホールドが設置され，生産流体の集積

と輸送をサポートする。開発井はテンプレートを通して掘削されるのではなく，テンプレートの近辺で掘削される。

クラスタ井もテンプレートによって支持される。テンプレートは，油井をグループ化して集積的に設置するために溶接構造となっており，海底の一か所に数本の坑井を束ねるものである。貯留層の条件を別にすれば，テンプレートに集約される坑井の数は，テンプレートを設置するための工事用船舶の能力とテンプレート自体のサイズによって制限される。小規模テンプレートは，通常，掘削リグによって設置される。大規模テンプレートの設置には，重機リフトや高度操縦性を備えた特殊設置船が必要となる。

生産井テンプレートは，クラスタ採収井と比較して次のような優位性を有している。

- 生産井の位置決めが正確であり，テンプレート内でマニホールドパイプとバルブが合体されている。
- パイプとジャンパーが洋上で設置される前に加工され性能確認されることから，設置時間を短縮でき，かつ経済的となる。

2.8.3 デイジーチェーン

デイジーチェーン（daisy chain）は，フローラインによって坑井を数珠つなぎにするものである。フローラインは海底ジャンパーによって坑井に接続されるが，もし可能であれば直接坑井のフローベースに接続される。図 2-23 にデイジーチェーンを介したフローラインと坑井の接続形態を示す。デイジーチェーンレイアウトは，もし周辺油層に採収井がある場合はクラスタマニホールドレイアウトとの経済性比較に基づいて決定される。

デイジーチェーンを設置した代表的な油層フィールドは，メキシコ湾の Canyon Express フィールドである。このプロジェクトでは 3 つの大水深貯留層に海底坑井が 10 井設置された。Canyon Station プラットフォームから，第 1 フィールドで 1 本のフローラインが 2 つの坑井をつなぎ，第 2 フィールドで 2 つの坑井，そして海底ジャンパーにより第 3 フィールドへつながれた。一方，

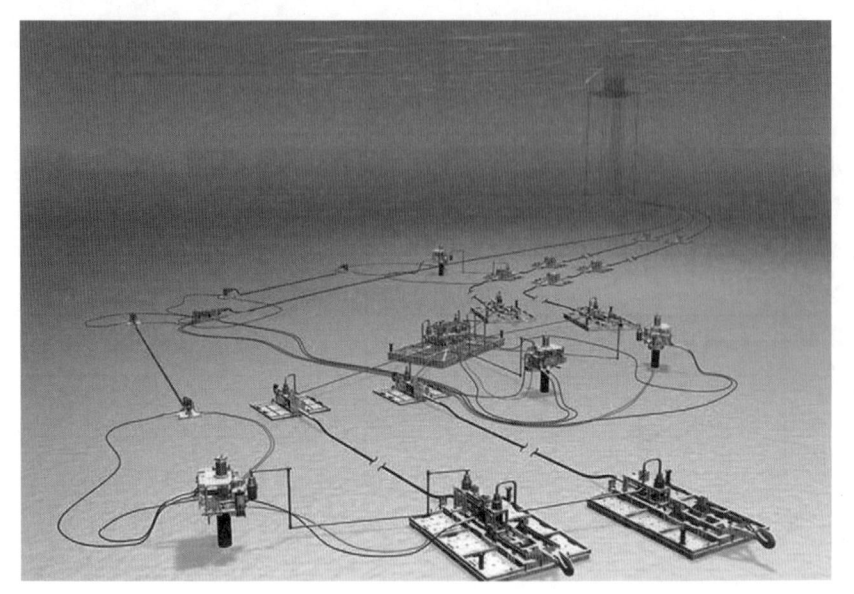

図2-23 デイジーチェーンを介したフローラインと坑井の接続形態 [2]

　第3フィールドで別のフローラインが2つの坑井をつなぎ，第2フィールドで2つの坑井，そして第1フィールドで2つの坑井をつなぎ，最後にタイバックによりプラットフォームに連結された。この2系列フローラインがデイジーチェーンピギィループ（daisy chain piggy loop）を形成している。

　Canyon Express におけるデイジーチェーンによるアプローチは，すでに使用中であったフローラインと装置類を利用したばかりでなく，プロジェクトの初期段階において行われたコンセプト検討により，クラスタマニホールド方式を採用する場合と比較して初期投資を抑えることができた。

　デイジーチェーンを使う計画では次のような項目が考慮されなければならない。

- それぞれの坑井にインラインスレッド（inline sled）が設置されることにより，クリスマスツリーはジャンパーによってフローラインに接続される。

- 坑井間の生産流体量を正確に把握するために多相流計が設置される。
- 生産流体のフローアシュアランスに関する分析が，デイジーチェーンフローラインの生産流体を正確に把握するために重要である。
- それぞれの坑井とクリスマスツリーにチョーク（choke）が必要である。
- フローラインに形成されるワックスを適時取り除くためには，往復のピギングが有効である。

2.9 海底油・ガス田開発アセスメント

　海底油・ガス田開発における各種資機材の配置計画は，既往プロジェクトにより積み上げられたデータや資料，およびプロジェクトに関係する多分野のチーム間のブレインストーミングやディスカッションを経て，それらの検討に基づいて決定されなければならない。計画を立案する上で最も重要な要素を以下に示すが，これらに限られるものではない[4]。

- エンジニアリングと設計
- コストと工程
- 坑井の配置と坑井仕上げの複雑性
- 開発フィールド拡張への柔軟性，適応性
- 海底に設置する機材の建設および製作・製造の容易性
- 計画途上・稼働途中での修復・改良に対する許容性（容易，中程度，困難など）
- リグの移動性（環境条件の激変によるオフセット）
- 資機材の設置と試運転，たとえば，設置と試運転の容易性，設置順序に対する柔軟性
- フィールド全体計画の信頼性とリスク
- ROVのアクセスの容易性

　すべてのプロジェクト参加チームからのインプットが，上記の計画立案要素を充実させ，完成度を高める上で必要である。通常，海底タイバック，海底スタンドアローン，海底デイジーチェーンなど，ほぼすべてのタイプのフィール

ドレイアウトが適用可能である。しかし，その選択において最も支配的な要因は，レイアウト案の信頼性，リスクマネジメント，経済収支である。

大水深油・ガス田開発において，人工的に生産流体の採油性を高める場合（人工採油法）の検討事項を以下に示す。

- リフトガス，電動ポンプ（ESP，多相流ポンプ），水中ポンプ（hydraulic submersible pump）などの有効性評価
- リストガスを使って生産流体のくみ上げ増強を行う場合の位置（ライザーベース，海底マニホールド，ダウンホール）の決定
- 電動ポンプを設置する場合の最適位置（坑井中へのESP，海底マニホールドまたはライザーベースへの多相流ポンプ）の決定
- ライザーに水中ポンプを設置する場合の最適形態（オープンループ，クローズドループ）の決定

図 2-24 に大水深油・ガス田開発の概念図を示す。また，次項に油・ガス田開発のための計算・分析例を示す。

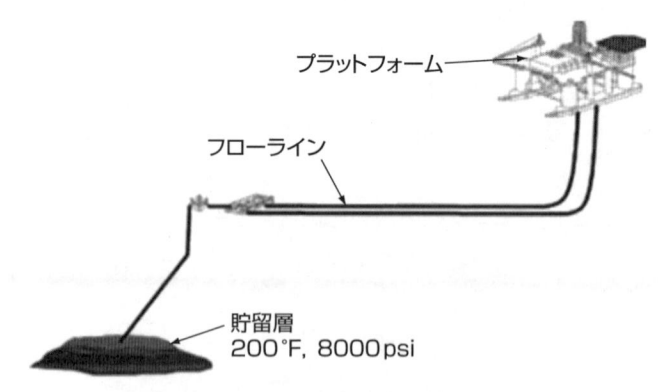

図 2-24　大水深油・ガス田開発の概念図 [12]

2.9.1 基本データ

表 2-4 に油・ガス田開発の計算・分析例のための諸元を示す。

表2-4 油・ガス田開発の計算・分析例のための諸元

場所	項目	諸数値
貯留層 (reservoir)	圧力	8000 psi
	温度	200°F
	坑井 PI	20 bpd/psi
	水圧入による貯留層圧の維持	
	鉛直深度（TVD）	11,000 ft（マッドラインから）
	チュービングサイズ	5.5 inch OD（0.36 inch WT）
	キックオフ地点	2,000 ft（マッドラインの下）
	キックオフ角度	45°
	チュービングの粗度	0.0018"
	坑内の U 値	2.0 Btu/(ft^{2}hr°F)
サブシー開発 (subsea development)	水深	8000 ft
	海底仕上げ，デュアルフローライン，1 フローライン当たり 3 井	
	海底マニホールドからトップサイドまでのタイバック距離（フローライン＋ライザー）	25,000 ft
	スチールカテナリーライザー，パイプ・イン・パイプ方式（推定 U 値によってライザーとフローライン両方）	0.2 Btu/(ft^{2}hr°F)
	海底地形は平坦と仮定	
	典型的な環境条件（海水温と気温を含む）を使用	
	ライザーとフローラインの粗度	0.0018 inch
	ライザーとフローラインの公称サイズ	10 および 12 inch

貯留層の流入性能（inflow performance relation）は下記の Fetkovick の式により得られる。

$$Q(P_{wf} \cdot P_R) = \text{AOFP}(P_R) \cdot \left[1 - \left(\frac{P_{wf}}{P_R}\right)^2\right]^n$$

ここで

$$\text{AOFP}(P_R) = \left(\frac{P_R^2}{\text{bar}^2 \cdot e^C}\right)^n \cdot \frac{\text{Sm}^3}{\text{day}}$$

下記条件における流入性能のための生産指数（productivity index）は次式で得られる。

- スロープ係数：$n = 0.82$
- インターセプト係数：$C = 0.35$
- 坑内流圧：325 bar
- 貯留層圧：350 bar

油層の増加水に関する流入性能修正は行われない。

$$\text{PI}(P_{wf} \cdot P_R) = \left|\frac{d}{dp_{wf}} Q(P_{wf} \cdot P_R)\right|$$

$$\text{PI}(325\,\text{bar},\ 350\,\text{bar}) = 69.271 \cdot \frac{\text{Sm}^3}{\text{day} \times \text{bar}}$$

2.9.2　ウォーターカットプロファイル

油層から吸い上げられた坑井流体からの水の分離は図 2-25 のように表される。油層内圧の増加のために水を注入する場合と比較して，末期油層の場合の生産流体内の水の増加は非常に緩慢である。ウォーターカットプロファイル（water-cut profile）は貯留層からの累積生産流体量の関数として示される。

油層から 3000 万 m³ の水が吸い上げられた場合，図 2-25 より水分除去率（water-cut）は 99 % となる。その場合のトップサイドへの最終生産油量は次式で表される。

$$\frac{1}{B_{oil}} \int_{0 \times \text{m}^3}^{30 \times \text{Mm}^3} (1 - \text{Water-Cut}(N_p)\,dN_p) = 11.69\,\text{Mm}^3$$

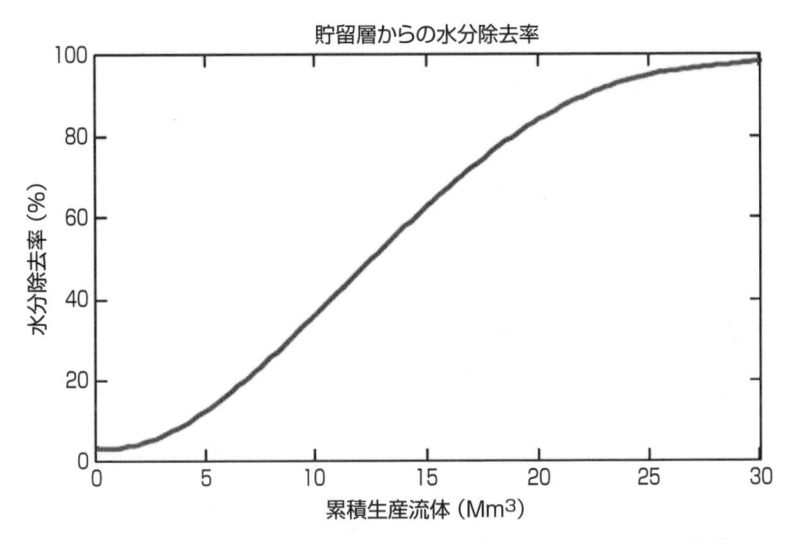

図2-25 貯留層から吸い上げられた生産流体からの水の分離量曲線 [12]

2.9.3 プロセスシミュレーション

プロセスシミュレーション（process simulation）を HYSYS プロセスシミュレータで行った。パイプセグメント内の圧力低下の計算には OLGAS 相関を適用した。モデルを図 2-26 に示す。図は油層から 500 万 m^3 の生産流体が吸い上げられた場合のライザーベースに設置された多相流ポンプをシミュレートしている。

生産流体の評価法を確立するために，多くの条件が異なる油層においてシミュレーションが繰り返し実施された。

油層からまとまった規模の量を生産する時間は，流体産出量を積分することにより求められる。水深 1000 m の坑口に設置された多相流ポンプの生産物積分値と経過時間の関係は図 2-26 に示されている。

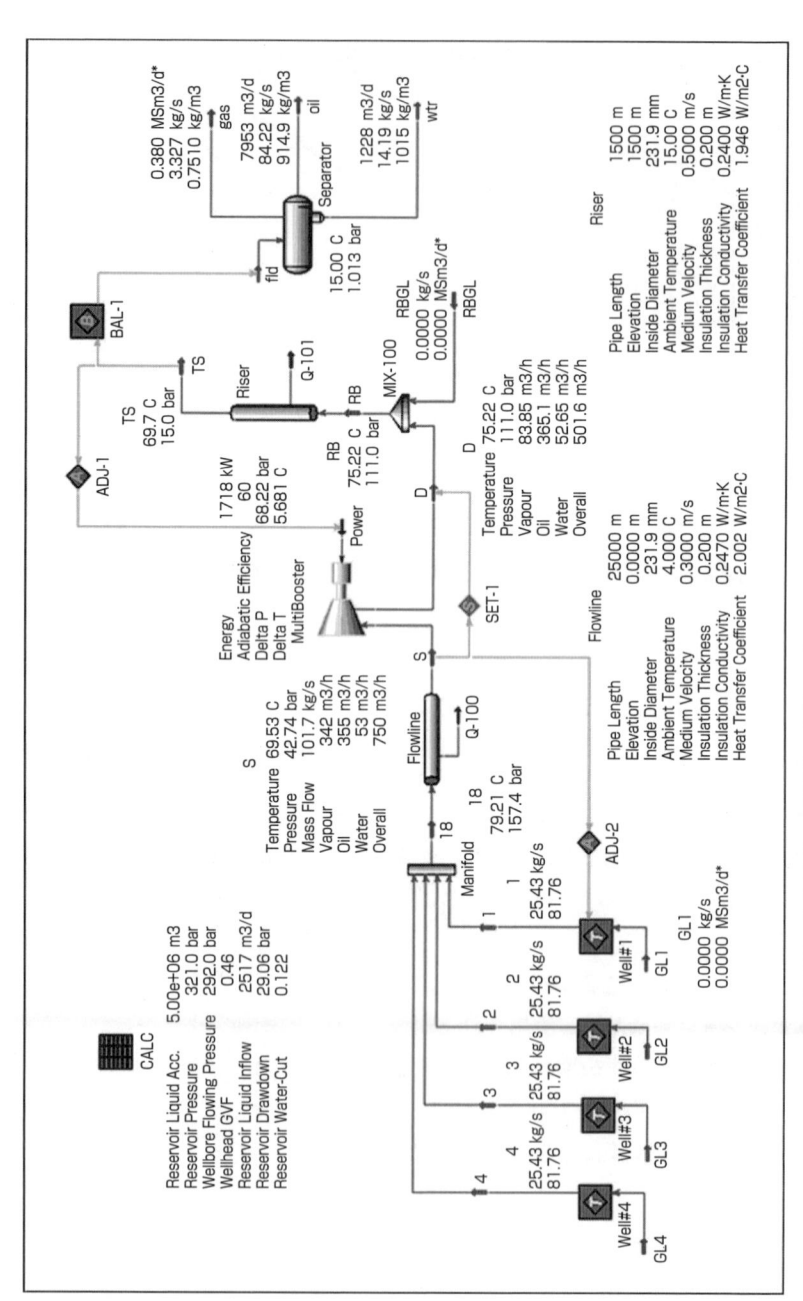

図2-26 生産流体の評価法のためのプロセスシミュレーションモデル図[12]

参考文献

[1] C. Claire, L. Frank, Design Challenges of Deepwater Dry Tree Riser Systems for Different Vessel Types, ISOPE Conference, Cupertino, 2003.
[2] M. Faulk, FMC ManTIS (Manifolds & Tie-in Systems), SUT Subsea Awareness Course, Houston, 2008.
[3] R. Eriksen, et al., Performance Evaluation of Ormen Lange Subsea Compression Concepts, Offshore, May 2006.
[4] CITEPH, Long Tie-Back Development, Saipem, 2008.
[5] R. Sturgis, Floating Production System Review, SUT Subsea Awareness Course, Houston, 2008.
[6] Y. Tang, R. Blais, Z. Schmidt, Transient Dynamic Characteristics of Gas-lift unloading Process, SPE 38814, 1997.
[7] DEEPSTAR, The State of Art of Subsea Processing, Part A, Stress Engineering Services (2003).
[8] P. Lawson, I. Martinez, K. Shirley, Improving Deepwater Production through Subsea ESP Booster Systems, inDepth, The Baker Hughes Technology Magazine, vol.13 (No 1) (2004).
[9] G. Mogseth, M. Stinessen, Subsea Processing as Field Development Enabler, FMC, Kongsberg Subsea, Deep Offshore Technology Conference and Exhibition, New Orleans, 2004.
[10] S.L. Scott, D. Devegowda, A.M. Martin, Assessment of Subsea Production & Well Systems, Department of Petroleum Engineering, Texas A&M University, Project 424 of MMS, 2004.
[11] International Standards Organization, Petroleum and Natural Gas Industries-Design and Operation of the Subsea Production Systems, Part 1: General Requirements and Recommendations, ISO 13628-1, 2005.
[12] O. Jahnsen, G. Homstvedt, G.I. Olsen, Deepwater Multiphase Pumping System, DOT International Conference & Exhibition, Parc Chanot, France, 2003.

第3章
サブシー分配システム(SDS)

3.1 はじめに

サブシー分配システム（SDS：subsea distribution system）は，トップサイド（洋上）との通信によりサブシー機器を制御するアンビリカルとそれに連なる構造物のような製品群から構成される。本章では，海底油・ガス生産設備で現在使用されている SDS の主要な構成機器について述べ，システムに対する設計上および機能上の要件を明らかにする。

本章で議論するシステムは，以下の機能を果たすように設計する。

- 油圧の分配
- 圧入ケミカルの分配
- 電力の分配
- 情報伝送用信号の分配

3.1.1 システムアーキテクチャ

SDS は，通常，以下の主要な構成機器を含む。ただし，これらに限定されるものではない。

- トップサイド側アンビリカル終端アセンブリ（TUTA：topside umbilical termination assembly）
- サブシーアキュムレータモジュール（SAM：subsea accumulator module）

- 海底側アンビリカル終端アセンブリ（SUTA：subsea umbilical termination assembly）（以下を含む）
    - アンビリカル終端ヘッド（UTH：umbilical termination head）
    - 油圧分配モジュール（HDM：hydraulic distribution module）
    - 電気分配モジュール（EDM：electrical distribution module）
    - フライングリード
- サブシー分配アセンブリ（SDA：subsea distribution assembly）
- 油圧用フライングリード（HFL：hydraulic flying lead）
- 電気用フライングリード（EFL：electrical flying lead）
- 多重クイックコネクタ（MQC：multiple quick connector）
- 油圧カプラ
- 電気コネクタ
- ロジックキャップ

図 3-1 は，主要構造の関係を説明するものである。

海底側アンビリカル終端アセンブリ（SUTA）の主な構成機器は，機器付きの多重クイックコネクタ（MQC）プレート，鋼製架台，吊り具，マッドマット，ロジックキャップ，長期保管用カバー，現場組立式のケーブルアセンブリおよび電気コネクタである。

サブシー分配アセンブリ（SDA）の主な構成機器は，油圧分配モジュール（HDM）および電気分配モジュール（EDM）である。HDM は，機器付き MQC プレート，鋼製架台，吊り用パッドアイ，マッドマット，ロジックキャップ，長期保管用カバーで構成される。EDM は，バルクヘッド電気コネクタおよびケーブルから構成される。また EDM には，変圧器モジュールが組み込まれることもある。

油圧用フライングリード（HFL）の主な構成機器は，保持構造と鋼製チューブを有する 2 式（両端）の外部 MQC プレートである。電気用フライングリード（EFL）の主な構成機器は，2 式（両端）の電気コネクタといくつかのケーブルである。

第3章 サブシー分配システム (SDS)

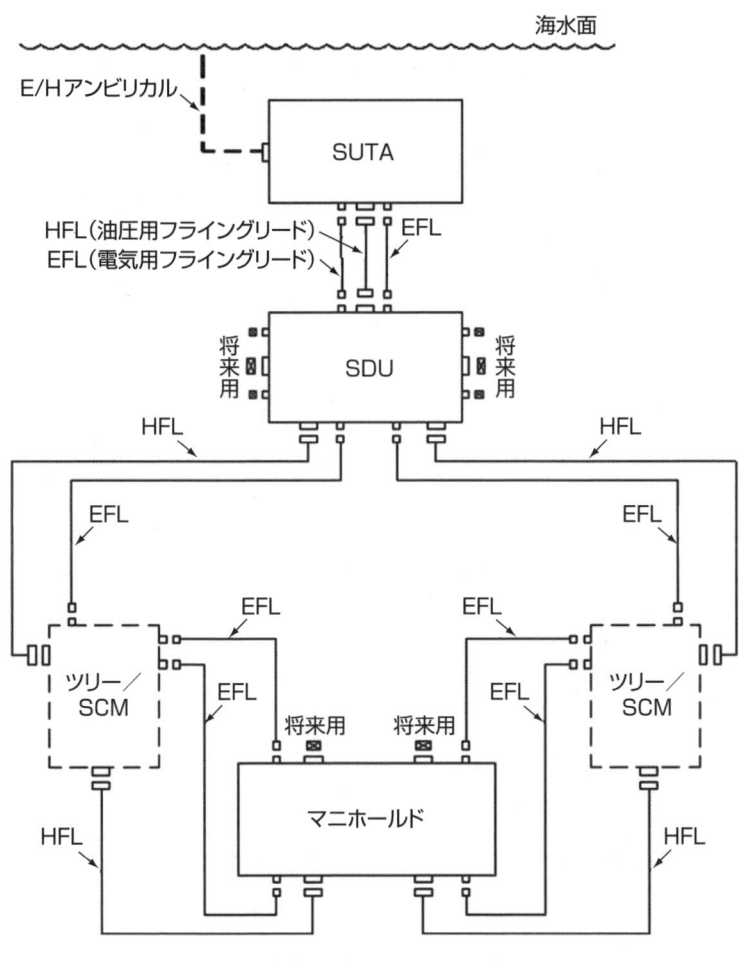

図3-1 サブシー分配システムのブロック図

3.2 設計パラメータ

3.2.1 油圧システム

油圧システムの設計では，以下の主なパラメータを決定する必要がある．

- タンク容量
- 油圧システムの減圧状態からの起動時間
- 最小・最大プロセス圧力におけるプロセスバルブの開閉応答時間
- プロセスバルブを開いた後の油圧回復に必要な時間
- サブシーツリーを開く場合（チョークバルブ操作は考慮しない）のように，バルブを開くためのシーケンスに必要な時間
- 開状態の制御・プロセスバルブについて，他の制御・プロセスバルブの操作（連動制御バルブの連動解除，プロセスバルブの部分的閉鎖など）で生じる圧力変動に対する安定性
- 油圧供給ラインおよびそれにつながる油圧制御バルブをベントして海上で緊急シャットダウンを行う場合のように，共通の閉指令発令時にプロセスバルブを閉とするときの応答時間
- アンビリカルの供給油圧をベントするための時間
- 海底の蓄圧機能故障がプロセスバルブの安全な操作および閉鎖に及ぼす影響
- システムが許容できる制御用作動油の単位時間当たりの漏えい量の範囲
- 複数のチョークバルブを同時に開閉するときのシステム応答時間

3.2.2　電力システムおよび信号伝送

システムの電力需要の分析によって，以下の主なパラメータを決定する必要がある．

- 最小・最大電力負荷時のサブシー電子モジュール（SEM：subsea electronic module）の電圧
- サブシー電力分配ライン上のサブシー制御モジュール（SCM：subsea control module）の数量が最少と最多の場合の各 SEM の電圧
- アンビリカルの設計長が最小と最大の場合の SEM の電圧
- アンビリカルの空中・水中絶縁時における各ケーブルパラメータでの SEM の電圧

- サブシーで必要となる電力の最小・最大値
- 最大電流負荷
- SCM 電圧に対するトップサイド電力ユニットの力率

SCM とマスターコントロールステーション（MCS：master control station）のモデムについての最小仕様を決定するために，通信に関する分析が行われる．

- モデムの送信レベル
- モデムの受信感度
- モデムのソースインピーダンスと負荷インピーダンス

3.3　SDS 構成機器の設計要求

3.3.1　トップサイド側アンビリカル終端アセンブリ（TUTA）

図 3-2 に示す TUTA（topside umbilical termination assembly）は，トップサイド（洋上）の制御用機器と主アンビリカルシステムとの接続点である．この完全に密封されたユニットには，適切な油圧とケミカル供給のための配管，圧力計，マニホールドブロックおよびブリードバルブに加えて，電力・信号伝送用ケーブルの電気分岐箱も組み込まれている．

TUTA は，通常，洋上のホストにアンビリカルを引き込む J チューブの近くに設置されるであろう．TUTA には，基本的に，ステンレス製キャビネット内に設置した電気機器用収納容器も含まれる．このキャビネットは施錠可能であり，設置場所に応じて防水，防塵，防爆などの認証を受けたものである．さらに加えて，TUTA 内のバルブは，可燃物取り扱い設備に要求される耐火規格に準拠したものである．

アンビリカルのトップサイド側の終端ユニットは，アンビリカルを吊り下げることができる強度を有するように設計される．また終端ユニットには，アンビリカルを洋上のホストのガイドチューブを通して終端支持部まで引き上げるためのブルノーズ[*1] が含まれる．チューブやケーブルの束の間が海水で満たさ

[*1] 訳注：アンビリカルを洋上のプラットフォームに引き上げるため，アンビリカル端部に取り

図3-2 トップサイドアンビリカル終端アセンブリ (TUTA) [1]

れる形式のアンビリカルでは，電線やチューブの端部を個別にシールし，開放型ブルノーズを使用して差し支えない。

アンビリカル引き上げ作業中の作動油流出と海水浸入を防ぐため，チューブは個別にシールしなければならない。電線は，絶縁体の被覆層に沿って海水が浸入しないように末端をシールしなければならない。

もしアンビリカルを一時的に海底に置くことを想定するのであれば，回収時に内圧を逃がす手段を検討する。

基本的に，Jチューブのシールは，使用寿命内で100年最大波に耐え差圧

付ける機器。牡牛の鼻輪をイメージさせるような形状。

シール性能を維持できるようにする。Jチューブのベルマウスと海底との調整可能な距離についても，プロジェクトで設定した設計仕様に準じる。

3.3.2 海底側アンビリカル終端アセンブリ（SUTA）

図 3-3 の SUTA（subsea umbilical termination assembly）は，アンビリカルの海底側の接続点であり，油圧やケミカルを各サブシー機器に分配する基点となる。SUTA は，油圧用フライングリード（HFL）を経由してサブシーツリーに接続される。

SUTA は，通常，以下から構成される。

- アンビリカル終端ヘッド（UTH）
- UTH と油圧分配モジュール（HDM）を接続するフライングリード
- HDM（使用可能な場合）
- スタブ*2 およびヒンジ機構を有するマッドマット基部アセンブリ
- HFL を接続する MQC プレート

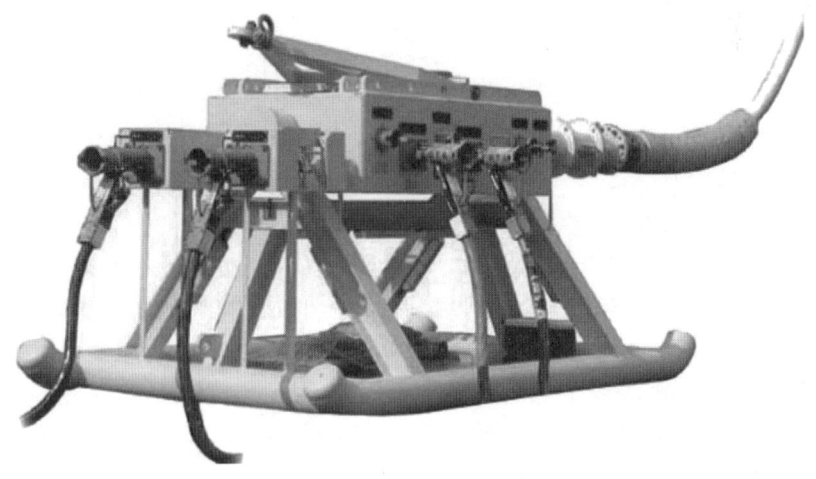

図3-3 海底側アンビリカル終端アセンブリ（SUTA）（提供：OCEANEERING社）

---

*2 訳注：水中へ突出したホースやケーブルの差し込み口。

使用するSUTAの種類はフィールドアーキテクチャの検討により決定し，詳細設計を通してさらに明確にする。

SUTAの設計では，以下の柔軟性を考慮する。

- 追加のアンビリカルのための接続部の装備
- 内部配管の故障時に使用する予備ヘッダーの装備
- 弾力的な設置を可能とする設計のデモンストレーション
- 回収と再構成のオプション
- 任意のアンビリカルの任意のツリーへのフライングリードを使用した接続替え

SUTAの設置は，掘削リグによる補助の有無によらず可能である。上下方向の移動だけでは設置できない場合には水平方向の位置を調整する必要があるため，マッドマットには外部から水平力を加えて海底での位置を調整するための取り付け部を設ける。

SUTAの外形寸法は，製造場所から最終目的地まで陸上輸送が可能なサイズとする。

アンビリカルは，UTHが恒久的な終端となる。

フィールド内での最初の端部となるSUTAはより小型のユニットであり，その目的は油圧・ケミカルライン用の電気ラインを接続することである。

HFLは，SUTAとサブシーツリーおよびマニホールドとの間で油圧・ケミカルラインを接続するために使用される。

EFLは，アンビリカル終端アセンブリ（UTA）からマニホールド上およびサブシーツリー上のSCMまで，電力・通信ラインを接続するために使用される。

UTH，HDM，EDMは，それぞれ個別にUTAのマッドマットから取り外して回収可能である。

それぞれの4芯線（4本の導線を有するアンビリカルケーブル）は，UTHの電気コネクタに接続される。

EFLは，これらのUTHのコネクタとEDMのコネクタとを接続し，UTHからEDMへの電力と信号の経路となる。電力と信号は，EDMからサブシーツリーおよび生産マニホールドへ分配される。

UTHとHDMとの間の油圧・ケミカルの相互接続は，2本のフライングリードで行われる。

3.3.3 アンビリカル終端ヘッド（UTH）

図3-4に示すUTH（umbilical termination head）は，構造フレーム，ヒンジ式スタブ，MQCプレート，スーパー2相ステンレス製配管，ROVによる接続や取り外しが可能なバルクヘッド電気コネクタで構成される。アンビリカルサービスは，サブシー生産用機器への分配用MQCプレートおよび電気コネクタへの経路となる。

SUTAはサブシー油圧用アンビリカルの終端となり，アンビリカル終端部を取り付けるためのフランジ接続部がある。そのアンビリカルは，スーパー2相ステンレス製チューブで構成される。

UTHおよびHDMのすべての配管は，MQCプレート内の油圧カプラに溶接される。油圧カプラと配管との溶接箇所は，最小となるようにされている。溶接方法はソケット溶接よりも突き合わせ溶接が好まれる。配管および溶接箇

図3-4　アンビリカル終端ヘッド（UTH）[2]

所の全体が開口部に位置するように設計される。また，すきま腐食が起こりやすい設計は避けられる。

SUTAとアンビリカルとを接続する終端フランジの強度設計では，以下の荷重が考慮される。

- SUTA は，スタブおよびヒンジ式スティンガーとともに設置されるため，フランジは設置時に加わる荷重だけでなく，SUTA の重量も支持できなければならない。
- 設置後に，SUTA をマッドマット，スタブ，ヒンジ式ファンネルから吊り上げる必要があるかもしれない。SUTA を吊り上げて海上に回収するため，フランジは「支持されていない」アンビリカルの 1.5 倍の重量を支持できなければならない。

UTH の設計で最低限準拠すべき要件を以下に示す。

- UTH は，最低でも 9 本の鋼製配管と 2 本の 4 芯電線の終端を有するように設計する。
- 構造フレームは，MQC プレートとバルクヘッド電気コネクタの取り付け位置となるだけでなく，アンビリカルとその終端部を堅固に固定し支持するように設計する。
- フレームにヒンジ式スタブを取り付け，UTH とマッドマット構造との接続点とする。
- UTH フレームのサイズは，運搬および海中への降下が容易にできるように最小化する。
- UTH は，大部分のアンビリカル投入用シュートを通る大きさにする。また，大部分の船のアンビリカルハンドリングシステムで，海中に投入した UTH を操り移動させることができるようにする。
- 回収用パッドアイは，UTH とアンビリカルの回収時の最大荷重を受けることができるように設計する。
- UTH は，アンビリカルスプリットバレル（アンビリカル製造会社から提供されたもの）と結合されるが，UTH はアンビリカルの片端または両

端で敷設船のアンビリカル用リールに取り付けられるように設計する。
- 損傷した構成部品の修理のためアンビリカルを回収しなければならなくなることを避けるため，UTH では配管接続部などの損傷しやすい箇所をできるだけ減らす。

3.3.4 サブシー分配アセンブリ（SDA）

図 3-5 の SDA（subsea distribution assembly）は，供給油圧，供給電力，信号，圧入するケミカルをサブシー設備へ分配する。サブシー設備としては，サブシーテンプレート（さまざまな機器を載せる鋼製フレーム），周辺の油井群，周辺の油井への分配用機器が挙げられる。SDA は，SUTA を介してサブシーアンビリカルと接続される。

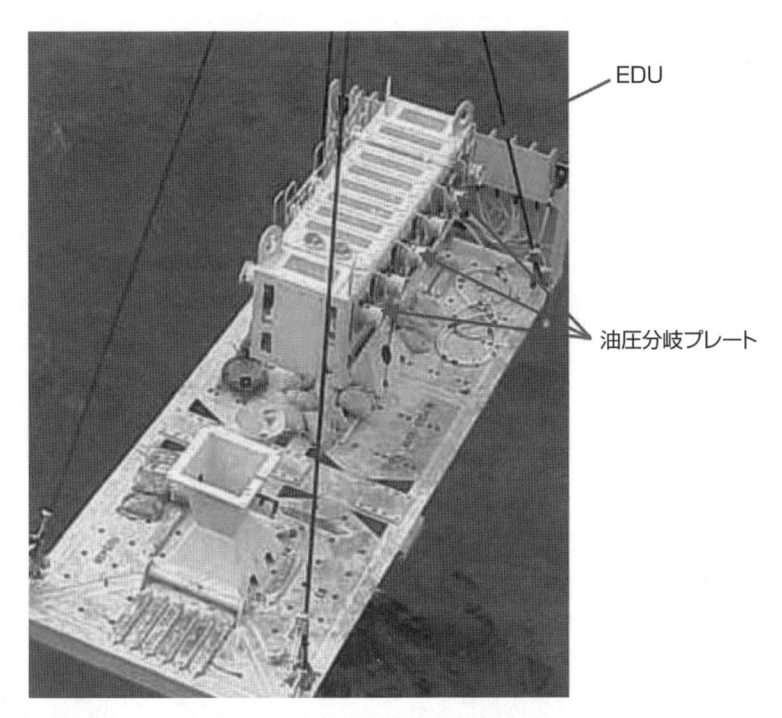

図3-5 サブシー分配アセンブリ (SDA)（提供：TotalFinaElf社）

3.3.4.1 構造

SDA のフレームは，サブシー機器用の塗装を施された炭素鋼で製作される。フレームは，サブシー生産構成の設置場所から吊り上げられるように，またはそこに降下できるように設計される。あるいは SDA は，マッドマット，簡易の保護フレームまたは単一パイル上に設置される。

3.3.4.2 アンビリカルとのインターフェース

SUTA は，鉛直または水平スタブとヒンジ式またはクランプ式接続により SDA と接続できる。あるいは，ROV 用またはダイバー用コネクタを用いて，海底面の引き込み位置またはマニホールド構造物の引き込み位置で，電気ジャンパーと油圧ジャンパーにより接続することもできる。もしフィールド配置上必要であれば，ジャンパーは，ウィークリンクである離脱コネクタを通る経路とすることができる。

3.3.4.3 SCM とのインターフェース

SDA からサブシー制御モジュール搭載ベース（SCMMB）へのジャンパーは，ROV を使用して接続する。

3.3.4.4 電気分配

電気分配用機器は，通常，絶縁油を充填して均圧構造とし，表面処理を施した炭素鋼の筐体に格納する。この筐体は，電気分配ユニット（EDU）と呼ばれている（非均圧式でレジンを充填した分岐箱が使用されることもあるが，充填後の保守整備が不可能であり，設定水深での使用に適するようにカプセル化した構成要素が必要となる。たとえば，電流制限デバイスを大気圧の容器内に収めることが設計で要求されるかもしれない）。EDU の入出力には，フランジに据え付けた電気制御の環境型コネクタを使用する。

コネクタは，通電中に偶発的に外れた場合でも，導体が海水から保護される構成となっている。

絶縁油を充填した筐体の内側にある電気コネクタからのケーブル端は，制御システムアーキテクチャおよびシステム冗長性の要求に沿うように分配して結

線される。

　損傷防止のための要件は，サブシーケーブルの損傷により操業停止となる可能性のある生産井の数やシステム設計に依存する。3 種類の電気的保護機器として，ヒューズ，ブレーカ，サーマルリレーが使用される。

　アンビリカルへの電源投入時に突入電流が生じる場合，それに対応するためにはヒューズでは不十分であり，スローブローヒューズが必要となる。スローブローヒューズを使用した場合は，分配システムの故障部遮断においては，分配出力の空きポートで発生した過負荷以外は有効ではなくなる。通常，ヒューズが切れるより先に，電源装置が故障を検知し遮断する。

　海底に設置する EDU にブレーカが使用されることもあるが，ブレーカをリセットする機構のために O リングを用いて EDU の筐体を貫通する必要があり，その部分が潜在的な故障箇所となりうるため，そのようなブレーカは一般的ではない。

　熱でリセットするデバイスは半導体素子であり，それに関して要求される技術のために，すべての製造業者のものが使用可能であるわけではない。

3.3.4.5　油圧およびケミカル分配

　油圧は，構造周辺からの入力接続部から分配出力部への配管により分配される。スタブ接続部と配管は，通常，SUS 316 製である。配管端部は，健全性を確保するためすべて溶接される。配管は，通常，製作場所で取り付けられるが，サブシー制御システムは健全性を高める必要があるため，配管はフラッシングと洗浄を行う必要がある。

　ケミカル圧入システムは，通常のオペレーションでは，一般に大流量が必要であり，海底の低温環境で粘度も高くなる。このため，より大口径の配管が一般に使用され，これについても健全性を維持するため溶接される。

　多重スタブプレートの油圧接続部には，接続時に位置調整ができるように多少のガタを設ける。また配管は，樹脂製のインサートを有するクランプを用いて構造に固定されることも多い。これにより配管と接続部を，電気防食なしで絶縁することとなる。システムの急速な腐食を防ぐため，これらを主構造の電気防食システムへ電気的に接合させることが重要である。

分配用配管のために検討される他の素材は，ケミカル圧入システムのための炭素鋼であるが，より珍しい素材としては，2相ステンレスやスーパー2相ステンレスがある。

それぞれの部分の確実で正確な接続のため，スタブプレート[*3]ではガイドピンが使用される。単一の接続では，異なるサイズのクイックカップリング，または適切な位置あわせのためのキーを有することもあるであろう。

3.3.4.6　ROV による接続作業

SDU への ROV でのアクセスは，注意深く検討する必要がある。ROV による接続作業のためのドッキングステーションは必須ではないが，ドッキングによりいくつかの作業は容易になる。フィールド調査の結果，海底の流速が速く流向も変わりやすいということであれば，ROV のドッキングが必要となる。

ROV でコネクタを一時固定場所から取り上げて SDU に接続しなければならない複数坑井の場合は，ROV が他のフライングリードと絡まないようにしなければならない。ROV が絡まると，フライングリードが損傷することにもなる。あるいは ROV を自由にするためにフライングリードを切断することが必要になるかもしれない。

接続位置を視認しやすいように明瞭な目印を付けることは，視界の悪い海底で ROV の操縦者が，意図する位置に ROV を向けて，確実に正しく接続するために重要である。

3.3.5　油圧分配マニホールドまたはモジュール（HDM）

HDM（hydraulic distribution manifold/module）は，作動油（低圧および高圧）とケミカルを，サブシーツリー，生産用マニホールド，将来の拡張用機器に分配する。図 3-6 に示す HDM は，アンビリカル終端アセンブリのマッドマット（UTA-MM）上のフレームにあり，複数の機器付き MQC プレートを備えている。

[*3] 訳注：複数のスタブをプレートに固定配置したもの。

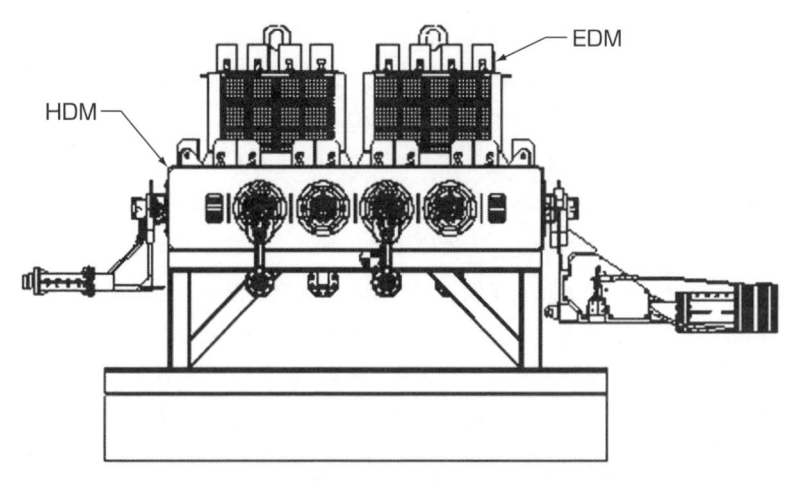

図3-6 油圧分配ユニット（EDMおよびHDM）

油圧分配は，以下に依存する。

- バルブ操作機能の数
- アクチュエータのサイズ
- システム稼働中にバルブを操作する頻度
- バルブ，サブシーツリー，マニホールドの配置

サブシーアキュムレータモジュール（SAM）での蓄圧によるエネルギーは，システムの各バルブの開閉状態に影響を与えずに，迅速にバルブを開くシーケンスを実施するために必要となる。アキュムレータへの蓄圧は，洋上よりアンビリカルを経由した油圧供給により行う。

　HDMは，使用寿命の間，ロジックキャップを替えることで，海底に設置した状態でも油圧サービスやケミカルサービスの再構成ができる。

　アンビリカルラインが故障した場合や，既存フィールドまたは拡張した場所での稼働性や必要となるケミカルに変化があった場合に，アンビリカルサービスを再構成できるように，各HDMはすべての機器付きMQCプレートと接続された予備ラインを有する。

ロジックキャップでは対応できない油圧ラインの遮断やその他の機能のために，ROVで操作するバルブが使用される。また，再構成が弾力的にできるように，予備のマニホールドがHDMに組み込まれる。

各構成部品の圧力試験は，設計圧力の少なくとも1.5倍の圧力で実施する。

サブシー分配システムに使用するすべての部品および構成要素は，基本的に組み立て前もしくは組み立て中に洗浄する。

サブシー油圧システムは，予期しない海水や異物の混入にも耐えられるように余裕をもって設計する。また，そのような混入物が蓄積しないように設計する必要がある。その構成品には，作動油に固形物が混入しても動作するものを使用し，流量が小さく異物混入に弱い部品（方向制御弁のパイロットラインなど）はフィルタで保護する。そうでなければストレーナを使用する必要がある。ロジックキャップやクロスオーバーキャップは，故障したアンビリカルラインを予備ラインにつなぎ替えるために使用される。

3.3.6 電気分配マニホールドまたはモジュール（EDM）

電力・信号伝送ライン上のコネクタ数は最少とし，予備ケーブルのモジュールへの敷設ルートは，できるだけメインケーブルとは異なる経路とする。

ケーブルは絶縁油を充填した自己均圧ホースに入れ，導体はケーブル被覆と均圧ホースにより海水から二重に保護する。ケーブル被覆と均圧ホースは単体でも海水中で使用可能なものとする。

アンビリカル端部からサブシー制御モジュール（SCM）への種々の電気分配用配線やジャンパーケーブルは，ROVで交換できる。故障したケーブルの回収は必ずしも必要ではない。

電気分配システムの故障時には，ROVによる再構成により，一組のシステム上のいくつかのSEMを再稼働できるようにする必要がある。

ひとつの電気ラインから複数のSEMへ供給されるのであれば，分配および絶縁ユニットを別々の回収可能なモジュール内に設置できる。

電気分配用配線や電気ジャンパーの接続は，ROVによって簡易なツールを用いて実施することで，リグや船の使用時間を最少化できる。

ケーブルアセンブリは，絶縁油内に浸入した海水が自重により端部から排出されるように設計し設置しなければならない。

EDM（electrical distribution manifold / module）の設計時に考慮する内容を以下に示す。

- 各 UTA は一式の EDM を有するように構成される。
- EDM には，UTH から多数のサブシーアセンブリへ 4 芯のアンビリカル 2 本で電力および信号を分配する機能を持たせる。
- 設置および回収作業中に，分配用ハーネスのフライングリード端部を一時的に置いておく固定場所を 4 か所設ける。それらは，ROV 取り付けの汎用保護キャップで長期間保護する。
- EDM には，それ以上の一時固定場所を設けない。追加の一時固定場所が必要な場合は，別の固定用フレームアセンブリを設置する。
- 出力用の電気コネクタ（レセプタクル）を 8 個設置し，各コネクタは ROV 取り付けの汎用保護キャップで保護する。
- EDM は，洋上に回収可能な構造物に配置した油漬けのスプリッターハーネスで構成される。スプリッターハーネスの多重出力は，ROV による接続が可能なバルクヘッド搭載型電気プラグコネクタを終端とする。そのプラグコネクタはソケット接触子を有するものとする。
- 入力側の終端は UTH に接続するが，ハーネスの終端部は，ソケット接触子を有する ROV 接続用プラグコネクタとする。
- 先の図 3-6 に示したとおり，EDM は，ツリーやマニホールドへの供給用 EFL と拡張用 EFL を固定アンビリカルへ接続する。
- 電力および信号は，ソケットコネクタ側からピンコネクタ側に供給される。

3.3.7　多重クイックコネクタ（MQC）

MQC（multiple quick connector）プレートには，油圧用フライングリード内にあるチューブ数に応じた適切な数の油圧カプラが取り付けられている。使用

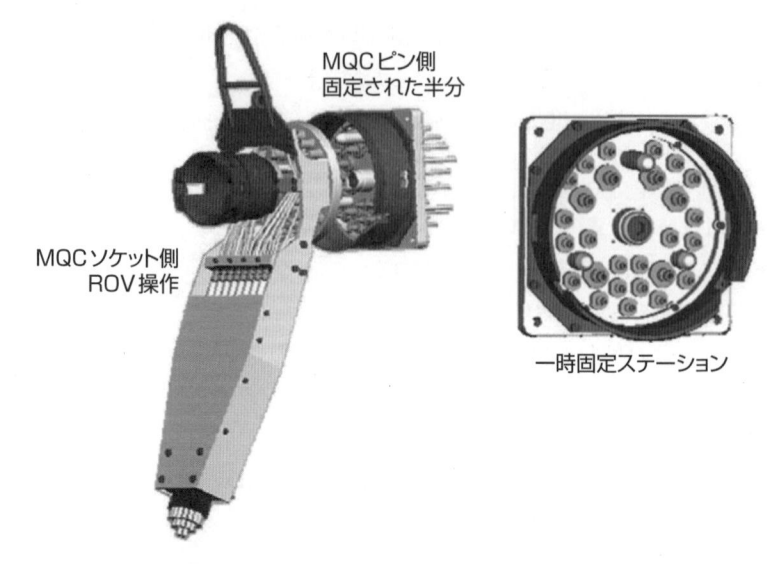

図3-7 MQCアセンブリ（提供：UNITECH社）

しないポートには，すべて閉塞用カプラを取り付ける。各チューブとカプラのポートの割り当ては，ツリーの仕様に合わせる必要がある。図3-7にMQCアセンブリを示す。

　MQCは，すべての油圧カプラに設計圧および試験圧が作用しても耐えられるようにする。また，油圧カプラは外圧が内圧より高いことにより，ポートなどが開いて外部に漏えいする可能性も考慮する。

　MQCプレートは，SUTA格納機器，ツリー，マニホールドなどの内部に配置し，設置作業中の損傷から保護する。MQCプレートの取り付け位置は，ROVによる作業が容易な位置とし，MQCの接続および取り外し時にMQC同士が障害にならないようにする。

　MQCプレートには，耐圧性能のある保護カバーが付属する。これは，機器を海底に設置してからフライングリードを接続するまでに期間がある場合に必要となるかもしれないものであり，その接続前にROVで取り外す。

　MQCプレートは，フライングリードへ接続するためにROVによる作業を可能とする付属物を有している。この接続作業に使用するROV用の標準ツー

ルや特殊ツールは，すべて指定しなければならない．さらに，着脱作業時にROVに要求される以下のトルクについても指定する．

- 始動トルク
- 回転トルク
- 圧力が加わった状態の油圧カプラに嵌合するために必要な最大トルク
- 油圧カプラを取り外すための最小トルク，または海底の環境圧力下で，さらに配管に内圧がある状態およびない状態で取り外すためのトルク
- オーバーライド機構を嵌合させるために必要な最大トルク

　MQCについては，ROVを使用して外部プレートを機器付きのMQCプレートに挿入する際に，外部プレートの方向と位置ずれをROVで確認するための手段が提供されるように設計される．

　ROVを使用して機器付きプレートから外部プレートを取り外すことができない場合に使用する緊急用のツールも，十分準備しておく必要がある．また，MQCプレートが適切に位置合わせされていない場合にはMQCプレートが嵌合されないように設計されている．機器付きプレートが適切に位置合わせされるまで，油圧カプラは嵌合されない．ROVによる取り付け作業時に許容される回転方向，軸方向，半径方向のすべての位置ずれは，インターフェース情報として必ず記録される．

　プレート接続時の位置決めは付属の機構で行い，ねじ部を嚙み合わせることによる位置調整は避ける．また，ねじ部が正しく嚙み合って接続されていることを確認できるようにする．

　MQCプレートは，ROVによる点検の際に視認できる識別用の番号を持つ．

　またMQCプレートは，ROVによる点検のための開口部を有する．これらの開口部は，設置作業が適切に行われたことを確認し，また操業中には漏えいを点検する手段として，MQCプレートがきちんと嵌合されていることを点検するために用いられるであろう．

3.3.8 油圧用フライングリードおよびカプラ

図 3-8 に示す油圧用フライングリード (HFL) は，SUTA もしくは SDA からサブシーツリーへ，油圧およびケミカルサービスを供給する。HFL は，チューブの束，鋼製ブラケットアセンブリヘッド，MQC プレートという主要な 3 要素で構成される。チューブの束の両端には MQC プレートが取り付けられており，HFL をツリーもしくは UTA に接続するためにこれらの MQC プレートが使用される。また，HFL には輸送や設置の際に使用するパッドアイが取り付けられている。

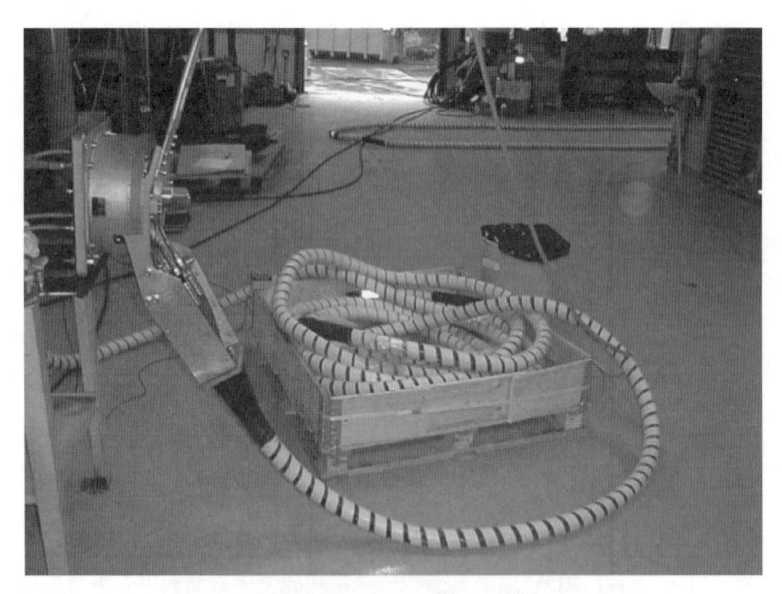

図3-8 HFLアセンブリ (提供：UNITECH社)

3.3.8.1 構造

チューブは，表面の保護とねじれ防止ため，束にして被覆される。

チューブの終端は，MQC アセンブリおよび油圧カプラと溶接し，非破壊検査が行われる。終端部のアセンブリは，構造的に健全であり，輸送，設置，稼

働中のすべての荷重に十分に耐えられる。

3.3.8.2 接続プレート

油圧用フライングリードは，使用する油圧カプラの数に合わせて設計したMQCプレートを取り付けて提供される。チューブと油圧カプラの割り当ては，UTAとツリーの割り当てと一致する必要がある。

すべてのカプラとHFLは，使用圧力の1.5倍の試験圧力に耐えられるように設計し，製造時の工場試験（FAT：fabrication assemble testing）では実際に試験圧力をかけて異常がないことを確認する。

また，すべてのMQCとカプラは，内圧より外圧が高いために，ポートなどが開いて漏えいする可能性も考慮して設計する。

すべてのシールは，使用するケミカル，メタノール，制御用作動油に適合するものを使用する。

油圧カプラは，未接続状態で低圧（1 psi = 6895 Pa）においても高圧（使用時最大圧力）においても漏えいしないことが要求される。

HFLのMQCプレートは，UTA，ツリー，マニホールドの機器付きMQCプレートに接続するために，ROVで作業可能となる付属物を有している。海底での接続は，両側もしくは片側のみに圧力がかかった状態で実施する。また取り外しは，圧力がすべてにかかっていない状態で実施する。終端の設置もしくは取り外しの際は，特殊なツールは必要ない。

油圧カプラは，その性能が認定されたものでなければならず，粗い位置合わせの後の最も悪い角度においても故障しないで着脱可能でなければならない。またMQCは，内圧がゼロからシステム作動圧力までの範囲で，外圧が最大静水圧となった場合に，陸上で50回，設計水深で30回繰り返し着脱しても，シール交換せずに漏えいのないことが要求される。

MQCの設計では，以下の位置ずれの可能性があることを考慮する必要がある。

- 軸半径方向：各方向に1.5 inch（38.1 mm）
- 傾斜角度：3°まで

- 回転角度：5° まで

　MQC プレートは，緊急離脱用デバイスを装備している。また，MQC プレートが適切に位置合わせされていない場合には MQC プレートが嵌合されないように設計されている。機器付きプレートが適切に位置合わせされるまで，油圧カプラは嵌合されない。緊急離脱機構は，使用水深で分離するために必要となる力が与えられるものである。

　MQC プレートは，ROV による点検のために視認性を確保する必要がある。MQC プレートが完全に嵌合して設置が適切に行われたことを視認できるようにしなければならない。また，操業中の漏えいの点検ができるようにしなければならない。

3.3.8.3　設置

　HFL のすべての流路について，最大使用圧力の 1.5 倍での圧力試験が行われる。

　HFL は，設計水深の海底に設置した状態で，ROV により視認可能である。

　HFL アセンブリの設計には，沖合での設置方法を組み入れる。またその設計では，HFL を海中で ROV により吊り上げて設置できるようにすることを組み入れる。空中および海中での重量（チューブは空の状態および内部が満たされた状態），必要な浮力体と浮量を明確にしなければならない。

　運搬，設置，回収のための方法と恒久的な浮力供給方法を明示しなければならない。沖合での試験および確認手順と長期保管手順を提供しなければならない。すべての組立図，部品リスト，ROV による操作および設置のためのインターフェース図面も提供しなければならない。

　HFL には，運搬のため ROV バケット（API-17F Class 4 規格もしくは ISO 13628-8[3]）が供給される。

　輸送・設置中に HFL 内に封入する必要のある液体を明確にしなければならない。保管用の液体は，使用するケミカルおよび作動油に適合するものでなければならない。輸送中は，HFL 両端の MQC に保護用キャップを取り付ける。

　端部の最大許容引張荷重と HFL アセンブリの最小曲げ半径を明示しなけれ

第 3 章　サブシー分配システム（SDS）　91

ばならない。

HFL には，海中での設計使用寿命の間，ROV で識別できるような明瞭で恒久的なマーキングを施す。

3.3.8.4　油圧カプラ

大水深で使用する油圧カプラは，海水が作動油に混入しないように，水圧に対してシールできる強いバネが必要であり，また接続時には低い押しつけ力のみで油圧カプラを接続できるように設計する必要がある。図 3-9 および図 3-10 に，ソケット側およびピン側の油圧カプラの構造をそれぞれ示す。

カプラは，小さな力で接続することができ，そのシールは，冗長性のある二

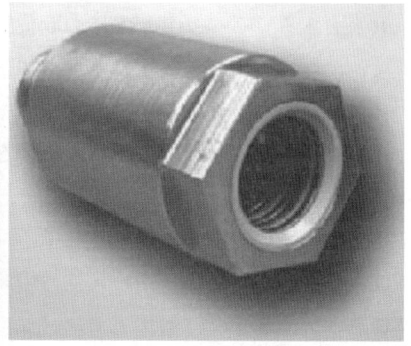

図3-9　ソケット側油圧カプラ（提供：SUBSEA COMPONENTS社）

図3-10　ピン側油圧カプラ（提供：SUBSEA COMPONENTS社）

重の弾性シールもしくは弾性シールとメタルシールの組み合わせである。

　大水深で使用する場合は，完全均圧型カップリングが好ましい。これらはかなり新しい概念であるが，単一のカプラにおいて，さらにカプラ4個を使用した油圧回路でも使用できる。単一のカプラでは，ポペット両面に作用する圧力のバランスをとるように弾性シールと流路を設けている。この圧力バランスにより，カプラを外す際にポペットを閉じるバネの力が補助される。設計では，油圧カプラの接続および取り外しの際に，シアシールとなるようにメタルシールと弾性シールを組み合わせた配置を用いる。

　どちらの設計においても，流路は径方向であるため分離する方向の合力成分は発生しないことを利用している。

　油圧カプラでは，油圧の適切な応答時間を得るために十分な流路を持つことが重要である。ポペットが中心の開位置から油圧で動いて一方のシール面を塞がないように，ポペットがバランスする。

　ソケット側カプラは，通常，油圧ジャンパースタブプレートに取り付けるため，必要があれば回収してシール交換をすることができる。ソケット側カプラのプレートへの取り付けは，製造上の誤差を許容するために，プレートに対して浮いた状態となるように組み立てる。

　コネクタの反対側は，ホース端へのねじ込みカプラ，もしくは鋼管であればねじ込みシールまたは溶接アセンブリでなければならない。

　JIC（Joint Industry Conference）規格のホース終端は，標準的な熱可塑性のホースの軸芯チューブにかしめる方式であるが，ホースが使用時につぶれないように，ホース内に海水比重とほぼ等しい液体で充填された状態が維持できる場合のみに適用できる。

　圧潰しない代替品としては，コアチューブ内側をらせん状の柔軟な金属成形品で補強した高耐圧潰性（HCR：high collapse resistance）ホースを使用しなければならない。内側の柔軟なコアは，海水による外圧に耐え，ホースコアが圧潰しないように設計されている。HCRホース端へのカプラの取り付けでは，溶接構造の接続とは異なる方式が必要である。カプラ内部の金属成形部をホースのらせん層の内側に挿入し，熱可塑性ライナーの外側からかしめてシールする。

スタブプレートが密集している場合は，すべてのホースを 90° 回転させて向き合わせてホースクランプやケーブルクランプに入れることは難しくなる。クランプに入れるため直角コネクタが使用される。また，ホースの取り付けを可能とし，極端な曲げやねじれを防ぐために，コネクタに段差をつけることも必要になるかもしれない。

油圧カプラの基本的な設計要件は，ISO 13628-6[3] および ISO 13628-4[4] に準拠する必要がある。しかし，サブシー生産制御モジュール，分岐プレートアセンブリ，フライングリードコネクタなどのように，用途別に特殊な要件がある。異なる種類の油圧カプラとしては，①ポペット付きカプラ，②ポペットなしカプラ，③ピン型ブランクカプラ（使用しないポートを閉塞するためのカプラ），④ソケット型ブランク油圧カプラがある。これらのカプラに限られるものではないが，油圧カプラに関する要件を以下に示す。

- カプラには，ひとつのアセンブリ内に多数のカプラコネクタの着脱およびロック機構を有する機器付きおよび外部 MQC プレートが含まれる。
- 油圧カプラシステムは，油圧用フライングリードにあるシールが交換可能となるように構成する。
- 油圧システムの設計では，カプラに作用するウォーターハンマ，高圧パルス，振動を考慮する。これらには，油圧システムだけではなく，たとえばチョークなどの外部要因も含める。
- 大きい繰り返し荷重が作用すると考えられる接続箇所は，たとえば突き合わせ溶接の適用などによって関連するリスクを軽減するために，設計および製造方法をレビューする必要がある。
- 降下および接続作業中に，外部流体の混入を最少化するように設計する。
- カプラは，周囲が濁った状況でも，信頼性の高い水中接続を繰り返してできるように設計する。
- カプラのシールについては，漏れ止め溶接以外のシール構造ならば，外部環境へのシールを最低でも二重化する。
- 同一機器内のすべての油圧ラインとケミカルラインの設計定格圧力は同じ値とする。

- すべての油圧ラインとケミカルラインの清浄度等級は，NAS 1638-64 Class 6[5]（または等価の規格として ISO 4406 Code 15/12[6]）とする。
- MQC の嵌入や位置ずれにより，最大トルクおよび最大曲げモーメントが接続したカプラに作用する場合でも，きちんとシールがなされて使用可能なようにカプラを設計する。
- カプラでは，メタルシールとバックアップのエラストマーシールを使用する。エラストマーシールは，使用する流体に適合するものを使用する。
- 油圧カプラの未接続時および使用時に機器を保護するため，また付着した海洋生物の成長や石灰分の蓄積を防ぐために，カプラには必要な保護機器を設ける。
- すべての油圧ラインおよび低流量のケミカルラインには，ポペット付きカプラを使用する。
- フルボアで高流量のケミカル圧入ライン（メタノール供給ラインやアニュラスベントラインなど）には，圧力損失を低減し，ポペットの自動開閉に起因する異物発生をなくすために，ポペットなしカプラを使用する。
- 予備のアンビリカルチューブには，ポペット付きカプラを使用する。
- 洋上に回収する際に，ポペット回路内の残圧（システムからの切り離し後の作動圧またはヘッド圧の残圧）を抜く手段を検討しなければならない。
- 接続前に生じる配管スケールの発生については，とくに考慮が必要である。

3.3.9 電気用フライングリードおよびコネクタ

電気用フライングリード（EFL）は，電気分配ユニット（EDU）とツリーのサブシー制御モジュール（SCM）間を接続する。図 3-11 に示すように，各 SCM と EDU は，独立した 2 本の EFL で接続し，通信回路の電力に冗長性を持たせる。

図3-11　EFLアセンブリ（提供：FMC Technologies社）

3.3.9.1　製造

EFL アセンブリは，1 対の電線を熱可塑性ホース内に封入し，その両端にコネクタをはんだ付けした構成である。アセンブリは，絶縁油で満たした均圧式の封入容器を構成しており，その内部には，すべての電線と ROV 接続コネクタへの接続部が入る。

3.3.9.2　構造

EFL 内の電線は，1 本の連続したものとし，最低でも 16 AWG とする。ツイストペアであることが望ましい。

電線の定格電圧および定格電流に関して，電気解析の結果に基づき，全体の回路性能を著しく低下させることのないように電線のサイズを決定する。

電線は，コネクタのピンにはんだ付けし，適合する材質のブーツシールにより保護する。コネクタのピンアサインは，システム要件に整合させる。

サブシー用として特別に選定し，チタンもしくは相当材の継手を取り付けたホース（耐圧性が低くてもよい）を，使用する素材の適合性を確認して，フライングリードの両端の電気コネクタへ接続する。

　ホース内の電線の長さは，ホースもしくは継手が損傷するまで引っ張られて伸びても問題ない長さとする。ホースが伸びても，電線とコネクタのはんだ付け部分に引張力が発生しないようにする。

　ホースの長さは 300 ft（91 m）以下とし，継ぎ合わせや継手を使用した連結をしていない連続したものとする。継ぎ合わせや継手の使用は，個々の案件ごとに承認が必要である。

　ホースには絶縁オイル（ダウコーニング-200）を封入する。

　ホース，ブーツシール，電線被膜の素材は，絶縁油や海水との適合性を確認する。

　電線被覆は，単一パスの押し出し加工とし，海水へ直接さらされても問題ないものとする。

　すべての電線は，水中での絶縁試験を実施し，ボイドやピンホールがないことを確認する。

　コネクタは，ROV による作業を容易にするために適切なマーキングを施し，位置決めキーなどを設けて，確実に正しい位置関係で接続されるようにする。

　電気コネクタは，その性能が認定されたものでなければならず，粗い位置合わせの後の最も悪い角度においても問題なく着脱可能でなければならない。また，ソケット側コネクタに通電した状態で 100 回の着脱を繰り返しても，ピンやソケットに損傷の兆候がなく，海水を遮断する性能を保持できなければならない。

3.3.9.3　設置

　電気用フライングリード（EFL）のコネクタには，輸送用の保護カバーが付属している。すべてのアセンブリで，EFL の両端には識別用のタグを付ける。タグは，陸上や洋上での厳しいハンドリングや設置作業時に外れることがなく，海底に設置後は ROV で視認できるようにしなければならない。

　ホースの色は，オレンジ色や黄色など，海中で ROV が視認できる色にする。

EFL の ROV ハンドルや底部プラスチックスリーブも，ROV で容易に視認し識別できるように，標準や規定に従ってカラフルに塗装する．それらの識別用のマークは，システムの稼働期間を通して視認可能なものにする．

すべての EFL アセンブリには，設置前に絶縁油を封入して少し高めの圧力（10 psi = 69000 Pa）とする．

海底に設置した EFL には，使用しない場合は保護用のコネクタを取り付ける．これらの EFL は，電気用 UTA アセンブリ，またはツリー，もしくは専用に設置した仮置きスタンド上での一時固定位置に仮置きする．

3.3.9.4 電気コネクタ

電気コネクタについての基本的な要件を以下に示す．

- 電気コネクタは，サブシー生産制御システムの各構成機器への低電圧電力供給および信号伝送のために用いられる電気ケーブルの終端である．
- 電気コネクタは，最新版の ISO 13628-4[4] および ISO 13628-6[3] に規定されたすべての要求事項を最低限満足させる．
- 直列に接続するコネクタ数は最少となるようにする．冗長性のための経路は，主経路と異なるルートとなるようにする．また，コネクタの導体の電気的ストレスを最小にするために，使用電圧は実用的な範囲で低くするように考慮しなければならない．
- コネクタは，Siemens TRONIC もしくは Teledyne ODI を使用する．
- 電気コネクタは，ROV により海中での接続・取り外しが可能であるものとする．また ROV による接続・取り外し作業で作用する通常の荷重および偶発的な荷重を考慮して設計・製造する．
- コネクタの種類が，ケーブルエンド用かバルクヘッド用かを確認することが重要である．
- クリスマスツリーにはピンコネクタを取り付け，フライングリードにはソケットコネクタを取り付ける．
- 未接続のピンコネクタが曝露中には確実に通電されることがないようにコネクタを構成する．また，電気分配システムの設計では，通常の保守

整備において通電中のコネクタの取り外しが必要ないようにする。可能であれば故障モードでの作業中または回収中においても取り外しが必要ないようにする。
- コネクタには，使用中に外れることを防ぐため，また石灰分の蓄積や付着した海洋生物の成長を防ぐために必要な機器を備える。
- 光ファイバーラインの光コネクタには，長期保護用のキャップを取り付ける。

3.3.10 ロジックキャップ

　油圧やケミカルの分配用機器には，ロジックキャップ（図 3-12 参照）として知られる専用の MQC プレートが含まれる。ロジックキャップにより，外部 MQC プレートを ROV で交換することで油圧やケミカルの供給先を変更できる。また，機器故障時やシステム要件の変更時に，油圧とケミカルサービスの分配先の修正を弾力的に行うことができる。

　ロジックキャップは，スタブプレート搭載の油圧カプラから構成される。この油圧カプラは，HFL チュービングに接続され，また用途に適するように配管接続される。

　ロジックキャップは，以下の最小要件に適合させる。

- 直接的なサービスまたはマニホールドを通したサービスのために，可能な場合はつねにバルブの代わりとして使用される。
- 耐用年数は 15 年。
- 最大定格圧力は 5000 psi（34.5 MPa）。
- 二重化した低圧供給ライン（たとえば LP1, LP2）は，可能ならばフレームのそれぞれ異なる側に取り付けた異なるロジックキャップを経由する。
- 高圧供給ラインは，ロジックキャップを経由しなければならない。
- 二重化した高圧供給ライン（たとえば HP1, HP2）は，低圧の場合と同様に，フレームのそれぞれ異なる側に取り付けた異なるロジックキャッ

プを経由し，また対応する低圧ラインと同じロジックキャップを使用する（つまり HP1 と LP1 は，可能であれば同じロジックキャップを経由する）。

- すべてのケミカルラインおよびアニュラスベントラインには，ロジックキャップを経由して分配される。
- ケミカルラインの拡張用の専用配管は，ロジックキャップを経由する必要はない。
- ロジックキャップの構成では，ツリー間のクロスフローはできない。
- ロジックキャップは，ROV による設置および回収が可能である。作業用に ROV 用のハンドレールが設けられている。
- すべての機能は，互換性向上と必要なツール類の最少化のために，業界で標準的に使われている設計に準拠する。
- ロジックキャップは，以下の優先順位で使用する。
    - 油圧サービス
    - メタノール（または他のハイドレート対策用ケミカル）分配
    - 腐食抑制剤
    - アスファルテンの分解・抑制剤
    - プロジェクトチームで設定したその他のケミカル

図3-12 一般的な遠隔接続のロジックキャップ（提供：TotalFinaElf社）

3.3.11 サブシーアキュムレータモジュール (SAM)

図 3-13 に示す SAM (subsea accumulator module) は, サブシー機器の油圧制御において, 他のバルブが操作されている場合でも, サブシーシステムにつねに適切な圧力の油圧を供給できるように, 作動油を蓄圧しているサブシーユニットである.

SAM は, ツリーやマニホールドのサブシー制御システムの油圧特性を改善するために用いる. 基本的に, システム供給圧力が最低となっても, 油圧バルブの作動応答時間とシステムの油圧回復時間が改善されるであろう.

図3-13 サブシーアキュムレータモジュール[7]

3.3.11.1 概要

ホスト（洋上）から離れた場所にあるいくつかのツリーを操作することが要求される場合，トップサイドの油圧ユニット（HPU）からサブシー機器へ油圧を供給するには，とくにアンビリカルのホース径が小さい場合には，かなりの時間が必要であろう。アンビリカル経由では圧力をすぐには回復させることができないため，サブシーツリーでバルブを開いたときに，圧力が低下することとなりうる。

もし圧力が低下するならば，ツリーの他の開いていたバルブが，圧力が回復する前に閉じ始める。

圧力低下が過大であれば，サブシー制御モジュール（SCM）のパイロットバルブが「ドロップアウト状態」（閉じた状態）となり，その後に圧力がアンビリカル経由で回復するかどうかにかかわらず，ツリーのひとつまたはそれ以上のバルブが閉じてしまうであろう。

海底で適切な水準の圧力を維持するためには，ある程度のローカルアキュムレータが必要となるであろう。SCM自体に搭載された個々のアキュムレータで対応することもできるが，通常は複数のアキュムレータボトルを備えた専用スキッドを設置する。このスキッドを，サブシーアキュムレータモジュールまたはSAMと呼んでいる。

SAMは，バルブ操作に必要な圧力を維持するため，低圧の場合は十分な容量を持たせる。さらに，洋上からの作動油供給が停止した場合でも，ある程度の予備油圧を供給し，いくつかのバルブ操作ができる蓄圧量を有するようにする。必要となるスキッドのサイズと蓄圧量はトレードオフの関係となるが，これらはシステムの仕様に対して製造者が実施する油圧解析を通して検討される。解析の結果，高圧での蓄圧も必要となることが示される場合もある。

大水深に適用する場合には，アキュムレータの窒素ガスのプリチャージ圧が増加するため，蓄圧効率が低下し，より多くのアキュムレータボトルが必要となるであろう。

3.3.11.2 構成部品

　SAM は，主としてアキュムレータを格納している単純なスキッドである。それでも，全体システムの一部として設計，製造，試験を行わなければならない。アキュムレータのプリチャージは定期的に再充填が必要になるかもしれないため，保守整備のために回収できるように設計する必要があるだろう。

　またその設計では，洗浄や試験のために，フィルタやブロックまたはベントバルブを組み込むこともあるだろう。

　図 3-14 に SAM のブロック図を示す。SAM は，通常，単独のスキッドであり，SDU またはサブシー制御モジュールへの配管に搭載ベースを経由して接続される。SAM の設置および回収方法は，サブシー制御モジュールの場合と類似している。整備のため SAM を回収するために，マニホールドやテンプレート配管（油圧分配用配管は硬管）へ ROV 操作のブロックバルブ，ベントバルブ，バイパスバルブが組み込まれることもある。バイパスバルブを設けることにより SAM の交換作業中も生産は継続できるが，先に概説したとおり，油圧が低下する危険性があるため，ツリーのバルブは操作してはならない。

　ブロックまたはベントバルブを使用しない場合は，油圧システムの圧力を保持する自己シール式の油圧クイックカプラのシールを信頼して，SAM を搭載ベースから引き上げて切り離し，回収する。

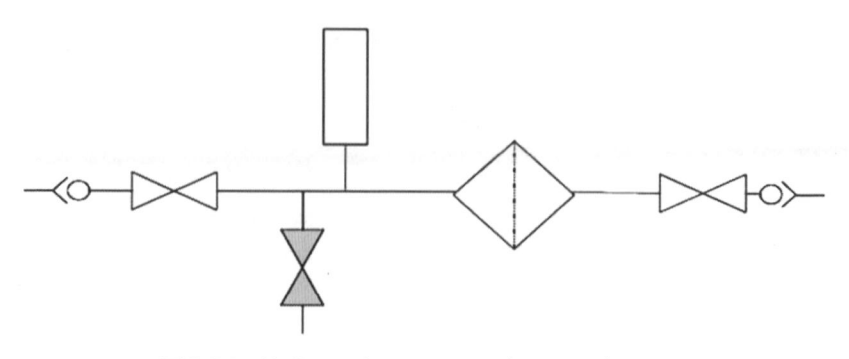

図3-14　サブシーアキュムレータモジュールのブロック図

SAM の設置は難しい．なぜならば，SAM はサブシーアキュムレータモジュール嵌合ブロック（SAMMB：subsea accumulator module mating block）に接合するが，油圧カプラの閉じたポペットに作用している閉鎖力に対抗して接合しなければならないため，大きな力が必要となるからである．とくに大水深に適用する場合は，均圧式の油圧クイックカプラを使用して接合に必要な力を軽減することが重要である．

大水深で SAM を降下して SAMMB に設置する場合は，専用の降下用ツールが必要となる．

参考文献

[1] P. Collins, Subsea Production Control Umbilicals, SUT Subsea Awareness Course, Houston, 2008.
[2] T. Horn, G. Eriksen, W. Bakke, Troll Pilot – Definition, Implementation and Experience, OTC 14004, Houston, 2002.
[3] International Standards Organization, Petroleum and Natural Gas Industries – Design and Operation of Subsea Production Systems – Part 8: Remotely Operated Vehicle (ROV) Interfaces on Subsea Production Systems, ISO 13628-8/API 17F, 2002.
[4] International Standards Organization, Petroleum and Natural Gas Industries – Design and Operation of Subsea Production Systems – Part 4: Subsea Wellhead and Tree Equipment, ISO 13628-4, 1999
[5] National Aerospace Standard, Cleanliness Requirements of Parts Used in Hydraulic Systems, NAS 1638-64, Class 6, 2001.
[6] International Standards Organization, Hydraulic Fluid Power – Fluids – Method for Coding the Level of Contamination by Solid Particles, ISO 4406, 1999.
[7] Deep Down Company, Subsea Accumulator Module, [http://www.deepdowncorp.com/deepdown/products/sams].

第4章

海底調査，測位および基礎

4.1 はじめに

　海底地盤の検討は，海底調査，測位，土質調査，基礎に関することを含み，海底フィールド開発の主要な活動のひとつである。本章では，海底地盤に関する最小限の機能的および技術的要件について述べる。これらのガイドラインは，サブシーエンジニアの判断を助ける一般的な参考情報として用いることができる。

　計画されるフィールド開発の一部として，フィールド開発に関する詳細な地球物理調査および地盤工学調査，ならびにその調査結果に基づく土質調査が実施される。調査の目的は，海底フィールドエリアやフローライン構築物を選定する際に，潜在的な人為的災害，自然災害，技術的制約を明確にすること，生態系への潜在的な影響を評価すること，海底および海底下の状況を確定することである。

　本章では次のトピックスについて簡単に説明する。

- 鉛直方向の海底断面図と等高線図の策定，ならびに海底の特徴，とくに露出した岩石や岩礁の確認。
- 精密な測深，すべての障害物の位置確認，またパイプラインの敷設とスパニングおよび安定性を含む選定した海底フィールドエリアの開発に影響を及ぼしうるその他の要因の明確化。
- 海底下浅部の地質を明確にするため，選定した海底フィールドとパイプ

ラインルートについての地球物理調査の実施。
- 選定した海底フィールドエリアの地盤，陸上および沖合パイプラインに沿った地盤，プラットフォーム位置での地盤について，それらの特徴と機械的特性を正確に評価するための地盤試料採取とその試料の実験室での試験。
- 調査範囲内にある稼働中および予備の既設サブシー機器（たとえば，マニホールド，ジャンパー，サブシーツリー）およびパイプラインやケーブルの位置確認。
- 海底フィールド開発で一般的に用いられる海底基礎の設計形式の決定。

4.2 海底調査

海底調査は，海底フィールド開発に関して，海底各点の地球上の位置または3次元空間での位置，ならびに各点間の距離および角度を正しく決めるために科学的手法を用いる技術として説明される。

4.2.1 海底調査の要件

地球物理調査および地盤工学調査では，特定のプロジェクトに潜在する地質学上の制約を明らかにするために，海底および海底下の状況が評価される。

4.2.1.1 選定された海底フィールドおよび各パイプラインルートのための調査パターン

基本的な調査は海底フィールド開発全般を対象とし，海底フィールド内のパイプライン，移動式オフショア掘削ユニット（MODU：mobile offshore drilling unit）の痕跡，パイプライン端部マニホールド（PLEM：pipeline end manifold），マニホールド，クリスマスツリー，アンビリカルなどを含む。

パイプラインルート調査を行う通路の公称幅は，通常，最大 328 ft（100 m）の測線間隔で 1640 ft（500 m）幅である。パイプラインルートをすべて調査できるのであれば，別のシナリオを提案することも可能である。

4.2.1.2 地盤工学的検討

地盤工学的検討は，溝掘りの設計と機器選定を適切に行うためのデータ策定のために必要である。また，硬質地盤，岩礁，浅瀬，人工の瓦礫の可能性を明確にすることも重要である。

土質の電磁気特性も重要であり，マニホールドや PLEM などのサブシー機器の犠牲電極に対する鉄成分の潜在的影響を評価する必要がある。グラブサンプラーによる試料採取やコーン貫入試験（CPT : cone penetration test）は，地球物理調査のレビューから決定した場所で実施する。試験データをもとに，海底フィールド開発エリアの海底の土質特性が確定される。コア試料のひとつに特性の大きな変化がある場合には，状況変化の範囲を特定するために，追加のコア試料が採取されるであろう。ピエゾコーン貫入試験（PCPT : piezocone penetration test）は，MODU および PLEM の位置や FSO のアンカー位置で実施しなければならない。

地盤工学調査用の重力式コアラー，ピストン式コアラーまたは振動式コアラーによる試料は，PLEM，アンビリカル，パイプライン端部ターミネーション（PLET : pipeline end termination）などのようなサブシー機器の位置で，海底下 5〜10 m の深さまで採取する。試料は，収集した標本の強度や分類特性を決定するのに合わせた実験室での試験計画に適したものでなければならない。船上では，1 m 間隔でのすべての試料の断片（層）を，手で分類して記載する。また密度計測用の試料も採取する。少なくとも各層につき 1 試料を適切に梱包し，分類試験，ふるい分析，非圧密非排水（UU : unconsolidated, undrained）三軸圧縮試験のため陸上実験室に送付しなければならない。コアの粘土質の部分の粘着力は，船上の携帯ベーン試験器と携帯貫入試験器によって，また陸上実験室の一軸圧縮試験によって測定されるであろう。試料の最小径は一般に 2.75 inch（70 mm）である。

4.2.1.3 調査船

調査用に提案される船舶（図 4-1 参照）は，適用されるすべての規則や規格に準拠しなければならない。また，高い安全規格に従い，国際法規および各国の法規に準拠しなければならない。海上支援は，調査およびコアリングの作業

図4-1　調査船[1]

に対応できるものでなければならない。

提供される調査船は，次の能力をあわせ持たなければならない。

- 最低でも2〜3週間の航続能力。
- 最大波高2.5〜3.5mの海況下での作業。
- 3〜10ノットの速度での調査。
- 必要な通信装置と航法装置の提供。
- 最低限必要な調査機器の提供：マルチビーム音響測深機，高精度測深機，サイドスキャンソナー，サブボトムプロファイラ，グラブサンプラー，CPT，ピストン式・振動式コアリング機器，ディファレンシャルGPS（差分補正を独立して行う二重システム）。
- 地球物理機器およびコアリング機器の安全な設置，回収，ハンドリングが可能な巻き上げ機の提供。
- すべての地球物理調査機器を相互の影響がなく同時に稼働させる適切なAC電源の供給。

- 提案された調査作業の実施に必要なすべての人員の宿泊設備。
- 最低 2 名の代表者の宿泊設備。
- 事務スペースと作業場所の提供。これらの場所には，船内で作成される図面をレビューし，またノートパソコンやプリンタを設置できる十分な大きさのテーブルまたは机を備える。
- 無線，携帯電話，FAX 機器を有すること。これらの機器はモデム接続が可能でなければならない。
- 船舶は，作業の進捗状況を日々報告するための衛星もしくは携帯電話設備を保有しなければならない。ただし，これらのシステムでの通信が，航海システムや地球物理システムに対して干渉を引き起こしてはならない。
- 指定した船舶が作業実施エリアの一般的な基準に準じていること，もしくは承認されたとおりであることを確実にするために，その動員時に安全監査を実施する。調査作業（深海曳航体やコアリング）に使用するすべての吊り具については，有効な耐荷重証明書を提出する。調査作業中は，ヘルメット，安全靴，保護メガネを含む保護具を着用しなければならない。

4.2.1.4 調査支援用機器

調査船は，必要な調査機器の運用のために，通常，A フレームと動揺吸収装置の付いた海上クレーンを装備している。ウインチは，要求される水深での試料採取用機器や試験用機器のハンドリングに使用する。ハンマー式サンプリングやチゼリング[*1] で行うように，ウインチは必要があれば自由落下のオプションを有する。しかし，安全な機器展開のために，ウインチ速度は完全に制御できなければならない。地盤工学の試料採取用機器および試験用機器は遠隔で操作する。ツールは遠隔で誘導し，安全な方法で甲板上での上げ下ろしを行う。また，調査船は日常的な実験作業を実施できる実験室用設備と機器を備えている。

[*1] 訳注：たがね（チゼル）の形をした刃先により破砕すること。

地盤の掘削を行う船舶は，次の機器を有していなければならない．

- 完全遠隔操作の試料採取用機器および試験用機器
- ムーンプールで使用するパイプセントラライザー
- パイプを接続する際に使用するパイプスタブガイド

4.2.1.5　ジャイロコンパス

　ジャイロコンパスは，図 4-2 に示すように，ジャイロスコープに類似している．ジャイロコンパスは，地球の自転軸を利用して，電動で高速回転するコマと摩擦力を用いて真北を見つけ出すコンパスである．ジャイロコンパスは船舶で広く使用されており，磁気コンパスと比較して主に 2 つの利点を持つ．

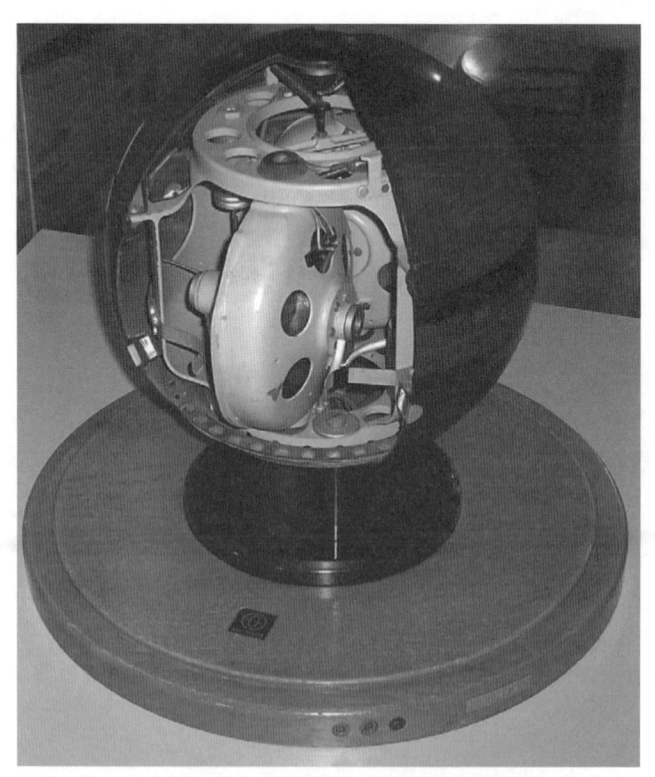

図4-2　アンシュッツ式ジャイロコンパスのカットモデル[2]

- 磁北ではなく，地球の回転軸方向である真北が得られる。
- 船体の鋼材などによって発生する外部磁場の影響をほとんど受けない。

ジャイロコンパスは一定の誤差を生じやすい。これらには，航行速度や緯度の急変により，ジャイロが補正される前に偏差が引き起こされることによる急拡大する誤差が含まれる[3]。現代のほとんどの船では，GPSや他の航行支援機器のデータをジャイロコンパスに入力し，小型コンピュータで補正できるようになっている。あるいはその他の方法として，3軸直交の光ファイバージャイロもしくはリングレーザージャイロを用いる方法があり，これらは機械部品に依存せず，代わりに光路差により角速度を検出する原理を用いるため，誤差が除去される[4]。

専用の調査用ジャイロが船舶に設置され，航法用コンピュータと接続される。稼働中には，船が桟橋に停泊している間にジャイロコンパスの較正が行われる。

4.2.1.6　航法用コンピュータおよびソフトウェア

航法用コンピュータおよびそのソフトウェアにより，次のことを行うことができる。

- 接続されたすべての航海データとセンサデータを同時に取得する。
- すべての地球物理データ取得用機器のデータレコーダを同期させる。
- 操舵装置の画面に，船舶と曳航体の位置，提案されたパイプラインルート，予定している測線を表示する。
- 測深および測位情報とともに，関連するすべての定常的調査のデータを記載した定型の印刷出力と表紙を作成する。

4.2.1.7　人員

調査船の通常の乗組員のほかに，安全で効率的な調査および地盤工学的作業を実施するための追加の有資格者が必要かもしれない。作業者の疲労が原因で作業が中断することがなく，調査作業期間内にすべてのデータをきちんと解釈し報告書が作成されるように，適切な数の人員を乗船させなければならない。

有資格者は，調査中にデータを解釈し，収集された情報に基づきルートの勧告や変更を行う。この地球物理データの解釈は，海底パイプラインルートの解析についての経験のある有資格の海洋土木地質学者もしくは地球物理学者が実施しなければならない。

4.2.2 海底調査用機器の要件

主な調査船では，本項の仕様を満足する調査機器が使用される。船舶は，高い安全規格に従い，国際法規および各国の法規に準拠しなければならない。また，海上支援は調査およびコアリングの作業に対応可能であろう。すべての調査システムは，最小の干渉で同時に作動させることができる。

4.2.2.1 マルチビーム音響測深機（MBES）

図 4-3 に示す MBES（multibeam echo sounder）もしくはスワス（帯状）音響測深機は，提案されたパイプラインルートに沿った調査範囲において，水深と海底勾配で得られる等深線の調査を高精度に行う手段である。データ取得については，処理した層の 95％ において，最低でも 4 点の有効な水深位置が含まれるように，十分なデータ密度としなければならない。

次の事項は，海底調査機器に必要とされるものである。

- 機器の仕様
- システムの船舶システムとの統合方法
- 洋上の測位システム
- 較正方法
- データの後処理方法
- とくにスワスのオーバーラップに関連して，データ収集中および収集後のデータ品質管理

スワス測深システムは，スワス幅全体にわたる干渉データを提供する。あるいは，干渉データが提供されないスワス部分を明確に識別し，その部分のデータを使用しないようにする。

図4-3　MBES稼働中の様子[5]

　隣接するスワスは，精度確認のために容認できるデータが提供されるように，50％がオーバーラップするように配列する。スワス測深におけるオーバーラップ領域では，潮汐の影響補正後のデータの違いは水深の±0.5％以下である。測線の間隔は，隣接するスワスのデータ相関を容易にするため，隣接するスワス間に十分なオーバーラップ（50％）があるように，水深に応じて調整する。
　潮位計の設置もしくはその海域にある既設の潮位計からの実データ取得を検討する必要がある。参照できる既知の高さの水準基標が近くにない場合は，少なくとも1朔望月の間は潮位計を設置しなければならない。

4.2.2.2　サイドスキャンソナー

　サイドスキャンソナーは，広範囲の海底地形イメージを効率よく作成するために使用するソナーシステムに分類される。このツールは，航海用海図作成および水中物体や海底構造の探知と識別を含めて，多様な目的のための海底地形図作成のために使用される。サイドスキャンソナーによるイメージは，海底

フィールド開発での海底機器の輸送や海底への設置において，危険となる可能性のある瓦礫やその他の海底障害物を探知するためにも使用されることが多い。さらに，海底のパイプラインやケーブルの状態もサイドスキャンソナーを用いて調べることができる。サイドスキャンデータは，測深機およびサブボトムプロファイラのデータとともに取得されることが多く，これによって海底の浅部構造をおぼろげに検知できる。

高精度な2周波サイドスキャンソナーシステムにより，調査ルートに沿った海底の情報，たとえばアンカーや底引き網の痕跡，巨礫，瓦礫，海底堆積物の変化，そして水平寸法が 1.64 ft（0.5 m）を超える海底の物体についての情報を取得することができる。サイドスキャンソナーシステムは，調査する水深に対応するデュアルチャンネル曳航体で構成され，追跡システムを備えている。その機器は，特定の領域を完全にカバーするデータを得るために使用され，測線間隔，最適な解像度，100％のデータのオーバーラップに見合う規模で用いられる。

船速と曳航体の海底からの高度は，調査エリアを完全にカバーできるように調整する。曳航高度は，最大でもレンジ設定の 15％ とする。レコーダの設定は，最適なデータ品質となるよう連続的に監視する。調査中に識別されるすべての反射データの船上での解釈は，サイドスキャンソナーのデータ解釈について適切な経験を有する海洋物理学者によって実施される。

4.2.3　サブボトムプロファイラ

サブボトムプロファイラについては，利用できる各送信周波数で最大の出力および反復率を用いて 30 分間の曳航状態での試験が行われる。

稼働中は，適切に較正されたハイドロフォンを使用して，トランスデューサあるいは音源から送信されたパルスが鮮明で反復性のよい波形であることをモニターする。モニターしたパルスは，船上で，データ保存機能と承認用コピー作成機能のあるオシロスコープに表示しなければならない。パルスは製造業者の仕様に準拠するものとし，最終報告書には印刷した波形を添付しなければならない。

静的および動的なパルス試験は，3.28 ft（1 m）の曳航深度で遠方場の波形を生成する音源信号の安定性と反復性を証明するために実施されるかもしれない．

- パルスはピーク間で 1 bar-m 以上
- パルス幅は 3 ms を超えない
- 帯域は少なくとも 60～750 Hz（−6 dB）
- 1 次波の 2 次バブル波に対する割合 > 10 : 1

4.2.3.1 高解像度サブボトムプロファイラ

高解像度サブボトムプロファイラシステムは，表層 10 m の堆積物の高解像度データを得るために使用される．使用周波数とその他のパラメータは，海底下 5 m 以内のデータが最適となるように調整する．鉛直分解能は 1 m 未満であることが必要である．

デュアルチャンネルのチャープ（さえずり）式サブボトムプロファイラは，0.15～0.5 m の選択可能なパルス幅と 2～10 kW の選択可能な送信出力で，3.5～10 kHz のレンジで作動させることができる．システムは 10 Hz までの送信反復率の能力を持つ．送信周波数，パルス幅，出力パワー，受信周波数，帯域幅，時変ゲイン（TVG : time varying gain）は調整可能である．サブボトムプロファイラを使用する場合は，ヒーブコンペンセータが必要である．

システムは，同じ追跡システムを使用するサイドスキャンソナーと一緒に並べるか，船体に搭載または船側に搭載して船の航海用アンテナを参照することもあるだろう．船上でのサブボトムプロファイラの記録データの解釈は，そのようなデータの解釈について適切な経験を有する地球物理学者によって実施される．

4.2.3.2 低解像度サブボトムプロファイラ

一般的な用語「ミニエアガン」は，エンジニアリングやジオハザードの評価に必要な中解像度のデータを提供するように，ウォーターカラム内で十分な帯域幅および高周波の個別の音響パルスを発生させるために，爆発的に開放され

る高圧空気を用いる利用可能なハードウェア全般である。

　システムは1秒の反復率で安定した短時間の音響パルスを発信することができる。ハイドロフォンは，100～2000Hzの帯域幅の全体にわたって一定の平坦な周波数応答を有しており，有効長が32.8ft（10m）を超えない範囲で直線上に分散させた最低でも20要素で構成される。

4.2.4　磁力計

　磁力計は，その近傍の磁界の方向と強さの測定のために使用する科学的計測器である。岩石の異なる性質と，惑星の磁気圏および太陽からの帯電粒子の相互作用とによって地球磁場が変化するので，磁気は測定位置によって変化する。

　磁力計は，鉱床による磁場の変化を計測できるため，鉄の鉱床を見つけ出すための地球物理調査に使用される。また，難破船や他の埋没物もしくは水中に沈んだ物体を見つけるためにも使用される。

　曳航式の磁力計（セシウム磁力計，オーバーハウザー型磁力計もしくは技術的に同等なもの）は，海底上方の安定した位置で曳航できるセンサヘッドを有している。センサヘッドは，0.1m以内に合わせた3成分海洋磁気傾度計を備えており，3次元の勾配ベクトルを測定できる。曳航位置は，船体の磁気の影響を最小化するため，船体後方へ十分に離した位置としなければならない。

　通常の作業では，海底から5mを超えない高さでセンサを曳航する。重要な取得データが見られる場合は，そのようなデータが取得されたところを横切って追加のプロファイルが必要となるかもしれない。このような状況では，異常部の形状や振幅が最も鮮明になるように，その場所を横切って磁力計をゆっくりと漂わさなければならない。

　磁力計は，0.01ナノテスラの感度で24000～72000ガンマの磁場強度の範囲をカバーする。サンプリングレートは0.1秒まで可能である。機器には深度計とモーションセンサが組み込まれ，曳航体の追跡装置とあわせて作動する。調査進行中に船上で実施する取得データの解釈は，磁力計データの解釈に関して適切な経験を有する地球物理学者が実施しなければならない。

4.2.5　コアおよびボトムサンプラー

　重力式コアラー，ピストン式コアラーもしくは振動式コアラーは，内径70 mmのコアバレルと透明プラスチックライナーを組み込み，舷側または船舶のAフレームから展開される。もしくはクレーンで操作される。バレル（円筒状の容器）の長さは5〜10 mのオプションがある。

　PonarタイプやVan Veenタイプのグラブサンプラーが使用可能である。これらは手動で取り扱い可能である。双方のシステムは，最大予測水深より135％深い水深で使用可能である。すべてのコア採取地点では，目標深さ5〜10 mまでのコア試料を取得するために，コア採取を3回まで実施する。採取に3回失敗した場合は，そのサイトは放棄する。

4.2.6　測位システム

4.2.6.1　沖合洋上測位

　洋上測位には，ディファレンシャルGPS（DGPS：differential positioning system）が使用される。DGPSは24時間体制で連続的に使用可能である。差分補正情報は，通信衛星と地上の無線リンクから提供される。いずれの場合にも複数の基準局が必要である。電離層の活動に関係する問題を回避するために，2周波DGPSが必要である。

　2式のDGPSを使用し，海底地形データとあわせて記録される2式の測位データを比較しつつ連続的に使用する（地球物理調査船のみ）。2式のシステムは，異なる基準局，受信機，演算装置を使用する。システムの測位精度は，5秒以内の更新頻度で±3.0 m以内とすることができる。

　地球物理調査作業では，受信器により，品質管理（QC：quality control）パラメータが一体型ディスプレイまたは遠隔モニター上でオペレータに対して表示される。表示されるQCパラメータには次の項目が含まれる。

- 測位解
- 疑似距離残差
- 誤差楕円

- 捕捉している衛星ビークル（SV：satellite vehicle）の方位と高度
- 測位解の精度低下率（DOP：dilution of position）の図
- 衛星の ID と衛星配置図
- 基準局および比較位置

調査海域近くのプラットフォーム，埠頭または桟橋でのトランジットフィックスは，DGPS が正しくセットアップされ正常に動作することを確認するために行われる。トランジットフィックスは時計周り，反時計周りの両方を実施する。

4.2.6.2 水中測位

超短基線（USBL：ultra-short baseline）追跡システムは，曳航式や遠隔操作・自律航行のビークルの位置や配置の追跡，または地盤工学上の試料採取位置の決定のために沖合調査船に搭載される。

測位システムは，オンラインの航法用コンピュータと接続する。すべての位置追跡システムは，完全なバックアップの自律システムを含む 100％ の冗長性（船体固定の USBL は，高精度のポータブルシステムを予備とすることもある）を備える。さらに，オペレーションの継続が保証されるように，測位システムの各計測器について，メーカー予備部品一式を継続的に保有する。

動揺吸収装置を備えたシステムは，船体の回転中心近くに設置する。そのシステムは，既知の水深範囲と曳航・オフセット位置において最適性能となるように，固定側と追跡側の双方のトランスデューサを組み込むことができる。

船体搭載のトランスデューサは，スラスタ，機械設備の雑音，伝送経路にある気泡，他の音響信号による外乱を最小化する位置に設置する。さらに，ROV または AUV に搭載したトランスポンダやレスポンダについては，環境雑音の影響を低減する適切な配置と遮音が必要となるであろう。

相互干渉なしに調査作業を実施できるように，異なるコードと周波数に設定した十分な数のトランスポンダやレスポンダが使用される。システムは，スラントレンジの 1％ 未満の精度を達成しなければならない。

4.3　海底計量学と測位

計量学は，国際度量衡局（IBWM：International Bureau of Weights and Measures）において，「科学技術のあらゆる分野において，あらゆるレベルの不確かさでの実験的および理論的な決定を包含する測定の科学」と定義されている[6]。本章では，サブシー測位システムについて述べる。本システムは，洋上および海中機器の正確で信頼性のある絶対位置を提供するために，主調査用コンピュータと統合されている。

4.3.1　トランスデューサ

トランスデューサは，波，運動，信号，励起，振動のひとつの種類を他に変換するデバイスである。トランスデューサは必要に応じて船上に設置する。すべての音響トランスデューサの位置と固定参照点を参照するそれらの座標系に関する計画が作成される。高品質のモーションセンサ（モーションリファレンスユニット）はトランスデューサの動きを補正するために使用される。

4.3.2　較正

較正は，計測器で示される値と標準値の関係を設定するために，計測器の計測値と計測標準値を比較する工程である。すべての予備機を含めて測位システムの較正は，各機器を確実に正常に動作させるために実施する。作業現場での較正は作業開始前と終了後に実施する。作業期間の長さに応じて，追加の較正が必要になることもある。次の一般的な手順と要件が，較正工程中に取り入れられる。

- ケーブルやプリント回路基板を含めて，較正されていない機器は測位に使用しない。
- 各較正のセットアップは，少なくとも 20 分間は継続しなければならない。結果として生ずるデータは処理と報告のために記録する。
- 較正結果は，機器の設定についての関連情報を含めて，審査と承認のた

めに提出する．報告書には各計測結果の最小値，最大値，平均値，標準偏差と作業時の推奨値を記載する．疑わしい数値や異常または明らかに誤っている測定値は，目立つようにして報告書で説明する．結果をさらに吟味した後で，いずれかの機器の健全性に疑いがある場合は，調査開始前に，故障機器を同じように較正した機器と交換する．

- 測位装置の修理や基板交換が必要な場合，またその作業で位置情報が変わる場合は，再較正を実施する．

4.3.3 ウォーターカラムパラメータ

ウォーターカラムは，海面から海底堆積物までの水の概念的な円柱である．音響測位において海水中の正確な音速を適用することは，その精度に対して重要である．音速は，水温，塩分濃度，密度の関数である．これらの3要素は周期的に，またランダムに変わるため，音速の変化を定期的に測定することが必要である．

海水中の音響伝搬速度を決定するために，塩分濃度，水温，水深のプロファイラを使用する．算出した音速値もしくはプロファイルを適切な音響システムに入力する．すべての手順を適切に実施することで，結果が正しく適用される．

4.3.3.1　現場作業手順

音速値またはプロファイルデータは，調査開始時およびその後に得られる．ウォーターカラム内を下る間および上る間に，適切な水深または水深間隔で観測を行う．音速が ± 3 m/sec 以内で一致する共通水深での値とともに，音速プロファイルを決定する．満足しない場合は観測を繰り返す必要がある．海底レベルでの音速は ± 1.5 m/sec 以内で決定する．これらの値を測定・記録し，音速が算出される．

4.3.3.2 較正

水温・塩分濃度・水深プローブには，工業規格の標準温度計に対して検査され，さらに検定された食塩水で試験されたことを証明する較正証書が付けられる。また，歪みゲージ式圧力センサの証書も提供される。

4.3.4 LBL（長基線）音響

長基線（LBL：long baseline）音響航法は，レンジ航法またはレンジ音響航法とも呼ばれ，船舶，曳航されるセンサまたは移動目標から，海底もしくは構造物に設置した位置が既知の3本以上のトランスポンダまでの広いレンジにわたって正確な位置を提供する。一組のトランスポンダを結ぶ線はベースライン（基線）と呼ばれる。ベースラインの長さは，水深，海底地形，使用する音響信号の周波数帯域によって変わり，5000 m より長い場合から100 m より短い場合まで，さまざまである。LBL方式は，水深によらず正確なローカル制御と高い位置再現性をもたらす。3か所以上のレンジ測定結果によりレンジに冗長性があるため，それぞれの位置の精度を評価することも可能である。これらの要因が，とくに設置位置をモニタリングする場合に，この方式の使用が大きく増えている基本的な理由である。

LBLのキャリブレーション（較正）と性能は，「高度な」トランスポンダを使用することで大きく改善される。このトランスポンダでは，ベースラインをトランスポンダ間で直接計測し，計算や表示のためのデータを音響通信で洋上機器に送信することでトランスポンダアレイのキャリブレーションを行う。この方法では，一般に伝搬経路の変化の小さい海底近傍で計測することで，従来のLBL方式に存在する音線の曲がりの誤差を低減することができる。さらに，伝搬状況を監視するための環境センサも設けることができる。

4.3.4.1 現場作業手順

このシステムは，LBLオペレーションについての専門的基準と製造業者の推奨事項に対して文書で証明された経験を有する人員によって操作される。海底のローカル音響アレイは，少なくとも6基のLBLトランスポンダを有する

ネットワークで構成される。UHF（極超短波，ultra-high-frequency）アレイは，正確な設置のために最高仕様となる設置作業で用いられる。

システムには次のものが含まれる。

- LBL トランスポンダへの呼びかけのためのプログラミング可能な音響ナビゲータ（PAN：programmable acoustic navigator）ユニット
- トランスポンダ
- 船体に設置するトランスデューサ
- 必要なすべてのケーブルと予備部品

すべての機器は，オンラインのコンピュータに接続される。オンラインのコンピュータシステムは，他の計算タスクを低下させることなく LBL データを処理することができる。ソフトウェアのルーチンは，すべての LBL の効率的かつ正確な測位を可能にし，とくに LBL システムを用いた調査で発生した問題についても処理する。船体側の LBL トランスデューサは，堅固に据え付ける。中波（MF：medium frequency）システムで必要となる使用周波数は，一般に 19～36 kHz である。極超短波システムで必要となる使用周波数は，一般に 50～110 kHz である。各位置に対して最低でもトランスポンダ 5 基との距離計測は常時可能である。

4.3.4.2　MF または UHF LBL トランスポンダ

最新の LBL トランスポンダは，最低限の要件として次を有する（データはそれぞれ MF ／ UHF について記載）。

- トランスデューサのビーム形状：半球状／半球状
- 周波数範囲：19～36 kHz ／ 50～110 kHz
- 音響感度（1 μPa に対して）：90 dB ／ 90～125 dB
- 音響出力（1 m で 1 μPa に対して）：192 dB ／ 190 dB
- パルス幅：4 ms ／ 1 ms
- タイミング分解能：1.6 μs ／ 8.14 μs
- 稼働水深：プロジェクトの要求による

少なくとも各アレイで2基のトランスポンダには，水深，温度，導電率のオプションを含む。MFトランスポンダには，ユニット底面にある切り離し機構に1.5～2mのロープ（腐食を避けるためナイロン製が望ましい）を使用して錘（80kg以上）を取り付ける。浮力体には合成発泡体のカラーを使用する。

UHFアレイの構成には，たとえば海底から2.0～2.5mの高さのバスケットなどのトランスポンダを堅固に固定するフレームを含む。設置は海底の深さによって異なる手順で実施する。設置後の状態はROVで視覚的に検査する。コンクリート製基準ブロックもしくは他のMFアレイのトランスポンダ用スタンドが必要になるかもしれない。

4.3.5 音響SBLおよびUSBL

4.3.5.1 SBL（短基線）

短基線（SBL：short baseline）音響測位方式[7]は，水中ビークルやダイバーを追跡するために用いる水中音響測位方式を大きく3つに分類したうちのひとつである。他の2種は，USBLとLBL方式である。SBL方式では，USBL方式と同様に，トランスポンダや機器を海底に設置する必要がなく，したがって錨泊中または航行中のボートや船から水中目標を追跡するのに適している。しかし，固定精度のUSBL方式と異なり，SBL測位精度はトランスデューサの設置間隔によって改善することができる[8]。したがって，より大型の船舶や桟橋からのオペレーションのようにスペース的に許される場合は，SBL方式では高精度の調査作業に適したシステムを構築して，海底に設置するLBL方式と同等の精度と位置のロバスト性を達成できる。トランスデューサ間隔が制限される（つまりベースラインが短い）より小型の船舶でのオペレーションの場合は，SBL方式の精度は低下する。

4.3.5.2 USBL

完全なUSBL（ultra-short baseline）システムは，船体下のポールに設置したトランシーバと，海底や曳航体またはROVに取り付けたトランスポンダやレスポンダで構成される。コンピュータもしくは「トップサイドユニット」は，

トランシーバで計測したレンジと方位から位置を算出するために用いられる。

音響パルスはトランシーバによって送信され，海底のトランスポンダが検知して，それぞれ固有の音響パルスで応答する。戻りのパルスは船搭載のトランシーバで検出される。最初の音響信号が送信されてから応答を検知するまでの時間が USBL システムで測定され，レンジに変換される。

海底位置を算出するために，USBL システムではトランシーバから海底ビーコンまでのレンジと角度が算出される。角度はトランスデューサアレイを含むトランシーバによって測定される。トランシーバヘッドは，通常，10 cm 以下のベースラインで区切られた 3 個以上のトランスデューサを含む。このトランスデューサアレイ内で海底トランスポンダへの角度を算出するために，位相差法と呼ばれる方法が使われる。

4.3.5.3　概要

SBL システムは，従来の海底設置のトランスポンダで構成した長いベースラインを，洋上の船体にある基準点間で構成したベースラインに置き換えたものである。3 ないし 4 か所の基準点はハイドロフォンによって示される。これらのハイドロフォンは，通常 10～50 m 離れており，中央制御ユニットに接続される。

海底位置または移動目標は，SBL のハイドロフォンで受信する信号を発信する音響ビーコンによって示される。複数のトランスポンダアレイとそれらのキャリブレーションが不要となるので，LBL よりも便利である。しかし測位精度は LBL 方式よりも低く，水深が大きい場合やビーコンとの水平距離が長い場合は精度が低下する。船首方位の誤差やロールおよびピッチの誤差のような他の要因が，正確な測定のために重要となる。

USBL では，音響信号の到着角を水平面および垂直面の両方で測定するために，船体に複数設置した SBL のハイドロフォンは，位相比較技術を使用した 1 基の複合ハイドロフォンに置き換えられる。したがって，船体への相対的なレンジと方位を測定することによって，単一ビーコンの位置が決定されるかもしれない。しかしより簡便に設置するには，USBL トランスデューサのていねいな調整と較正が必要である。

4.3.5.4　現場作業手順

追跡装置と最新世代の固定ナロービームトランスデューサを使用する USBL システムが使用可能である。また，高精度音響測位（HIPAP：high-precision acoustic positioning）システムもしくは類似システムが使用可能である。海面下の測位システムは，トランスポンダとレスポンダの正確で信頼性のある絶対座標を提供するために，オンラインコンピュータシステムと統合される。

洋上測位システムと統合するために，完全に動作する USBL システムをオンラインコンピュータに接続できるように，必要機器がすべて供給される。また，本項で記載するオペレーション上の要件も満足する必要がある。機器の導入には製造業者が要求する内容に準拠する必要があり，また，次の要求事項に関してはとくに注意が必要である。

- システム確認は現場作業開始前 12 か月以内に実施する。審査のために書類が提出されなければならない。
- 音響測位システムの設置およびキャリブレーションでは，スラントレンジの 1％ 未満の精度となるようにしなければならない。
- 船体の USBL トランスデューサは，スラスタや機械設備の雑音，伝送経路または他の音響送信器での気泡による外乱を最小化する位置に据え付けなければならない。
- USBL 機器は，単独システムとして使用できるように，専用のコンピュータとディスプレイが提供される。
- 垂直基準ユニット（VRU：vertical reference unit）は，USBL 製造業者の推奨に基づき製作し，推奨されるように設置する。
- システムは，少なくとも 9 基のトランスポンダおよびレスポンダまたはそのいずれかの測位が可能である。

4.3.5.5　USBL システムのキャリブレーション

USBL と VRU の較正および試験は，製造業者の最新手順に従って実施しなければならない。もし，USBL システムの主要機器を交換する必要がある場合は，システムのすべての導入時検査と較正を実施する必要がある。

USBL では，音響信号の到着角を水平面および垂直面の両方で測定するために，SBL の船体に複数設置したハイドロフォンは，位相比較技術を使用した1基の複合ハイドロフォンに置き換えられる。したがって，船体への相対的なレンジと方位を測定することによって，単一ビーコンの位置が決定されるかもしれない。

しかしより簡便に設置するには，USBL トランスデューサのていねいな調整と較正が必要である。コンパスを参照することが必要であり，また方向の計測には船体のロールおよびピッチを補正しなければならない。LBL 方式と異なり，測位データの精度を評価するための情報の冗長性はない。

4.4 海底土質調査

海底の土質調査は，提案された海底構造物の基礎部の設計に用いることを目的として，海底フィールド開発エリア周辺の地盤および岩石の物理的性質に関する情報を得るために，地盤工学エンジニアもしくは土木地質学者によって実施される。土質調査には，通常，開発エリアの海底面および海底面下の探査が含まれる。場合によっては，開発エリアのデータを得るために地球物理学的手法が用いられる。海底面下の探査には，通常，土の採取と回収した試料の実験室での試験が含まれる。海底面の探査としては，地質図作成，地球物理学的手法，写真測量が含まれる。もしくは簡易的には専門のダイバーがサイトの物理的状態を観察するために潜水することで海底面探査が可能である。

海底面下の土質状況に関する情報を得るためには，いくつかの探査方法が必要になる。海底面下の土の観察と試料の採取，そして土や岩石の物性を決定する方法には，テストピット，トレンチ調査（とくに断層と地すべり面の位置特定），ボーリング調査，原位置試験などがある。

4.4.1 沖合土質調査用機器の要件

土質調査の一般的な要件は次のとおり。

- 海底下の最低 120 m までの掘削，試料採取，孔内試験。

- 関連する海底の原位置試験の実施。たとえば地盤状況により最大 10 m までのコーン貫入試験（CPT：cone penetration test）。
- 実際の試料採取とその後の取り扱いは，堆積物の攪乱が最小限になるようにして実施する。試料採取器と試料用チューブは，実際の堆積物の状況と堆積物データの使用目的による要件を反映して選定する。したがって，異なるタイプの機器が必要となる。
- 電気的に接続可能なすべての機器は，フィールドでの予測される水圧に耐えるように設計する。
- 機器の使用実績を記録して利用できるようにする。また，堆積物パラメータの評価のための測定結果解釈について，定常的作業とその手順を文書化して利用できるようにする。

試料採取の詳細について，機器の確認事項には以下が含まれる。

- すべての試料採取用機器および試験用機器の幾何学形状，空中重量，水中重量
- 海底機器について，舷側，船尾もしくは場合によってはムーンプールを通したハンドリング
- 必要となるクレーンや A フレームの吊り上げ荷重とアームの長さ
- クレーンおよび A フレームの容量，水深，堆積物の種類，貫入深度などに関する制限
- 展開前のピエゾコーン貫入試験（PCPT：piezocone penetration test）のゼロ点設定
- 試験において，全センサの各試験前後のゼロ値の記録

すべてのコーンの較正証書は，作業の開始前に提示される。作業が確実に完了するように，十分な予備の較正済みコーンチップを用意しなければならない。

4.4.1.1　海底コア採取用機器

使用するコア採取用機器は実績のあるタイプとし，類似の作業で良好な作業が行われたという文書化された履歴を有していなければならない。海底コア採取器は，それを洋上まで引き上げる際の海水浸入と試料流出を防ぐため，チューブの頂部に逆止弁が取り付けられている。貫入時と回収時の双方で計測が行われ記録される。

コア採取器の主な作業上の要件は次のとおり。

- コア採取器は，海底で使用可能である。
- コア採取器は，ウォーターカラム中ではトランスポンダを使用して継続的に監視する。

4.4.1.2　ピエゾコーン貫入試験

ピエゾコーン貫入試験（PCPT）の主な作業上の要件を以下に示す。

- PCP 用機器は，海底で使用可能である。
- すべてのコーンは電気式であり，貫入中に，コーン端の抵抗，スリーブの摩擦，間隙水圧力を深度とあわせて連続的に記録する。
- PCP 用装備は，ウォーターカラム中ではトランスポンダを使用して連続的に監視する。
- 海底下への通常の貫入量は，地盤状況によるが 5 m までである。
- PCPT 作業では，地盤にプッシュロッドを貫入する前に，次のデータを海底の 1 m 上から記録する：水頭，貫入プローブの抵抗，側面摩擦，間隙水圧。
- ペネトロメーターは，プッシュロッドが完全に鉛直に貫入するように配置する。

PCPT の典型的な構成を図 4-4 に示す。

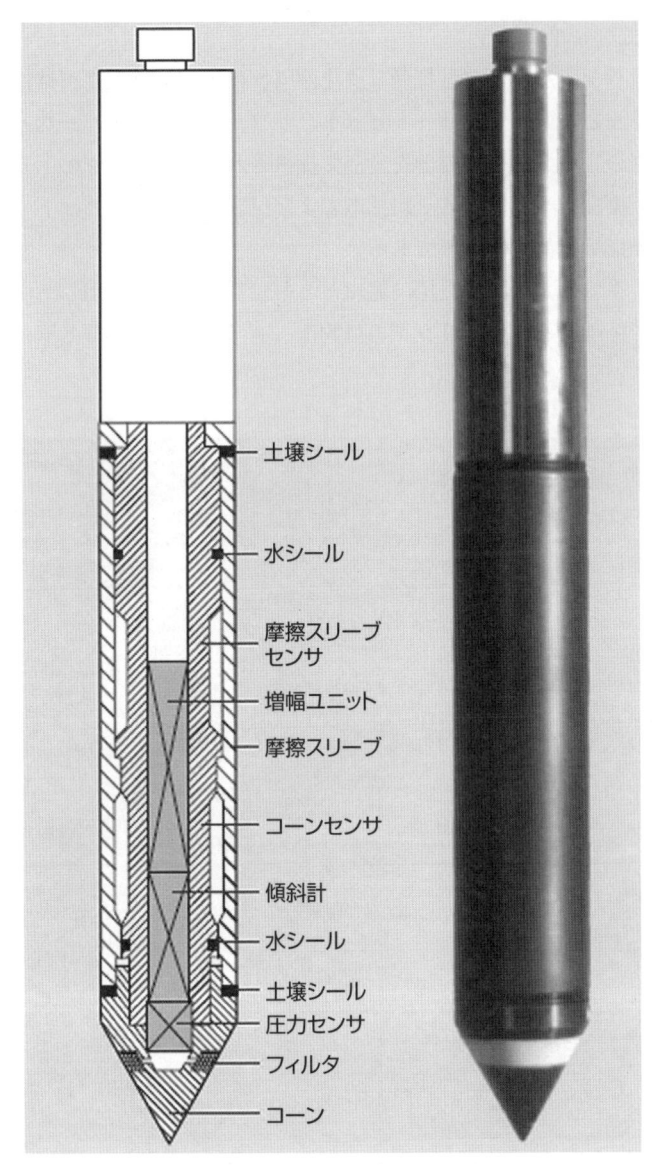

第 4 章　海底調査，測位および基礎　　129

土壌シール
水シール
摩擦スリーブセンサ
増幅ユニット
摩擦スリーブ
コーンセンサ
傾斜計
水シール
土壌シール
圧力センサ
フィルタ
コーン

図4-4　ピエゾコーン貫入試験[9]

4.4.1.3　掘削リグ

　一般的なジャッキアップ型掘削リグを図4-5に示す。掘削リグは，ドリルパイプ，ドリルビット，インサートビット，サブ，クロスオーバーなどのドリルストリングのすべての構成機器を含めて提供される。掘削リグのドリルストリングでは，掘削中や孔内での試料採取および試験中にドリルビットの運動を最小化する動揺吸収能力が重要である。

　ボーリングでは，用意した掘削泥水とともに回転装置を使用して海底から目標深度まで掘削する。ボーリングの目的は，高品質試料の取得と原位置試験の実施である。

図4-5　ジャッキアップ型掘削リグ

4.4.1.4 孔内機器

ドリルストリングを通した孔内作業モード中に，試料採取と試験を実施するための機器は，以下の調査に関連するものである．

- PCPT
- 押し込み式サンプリング
- ピストン式サンプリング
- ハンマー式サンプリング

潤沢な量のコーンと試料用チューブを利用できるようにしなければならない．押し込み式サンプリングは，地盤状況に応じて，薄肉または厚肉の試料用チューブを用いて実施する．孔内機器の主たる作業上の要件は，最大水深と最大掘削深度で使用されるということである．

4.4.1.5 実験室用機器

船舶は，沖合での土質試験のための十分な機器を有する実験室として機能する部屋またはコンテナを備え，24時間操業のための人員を提供する．ライナーの切断，試料の密封と蝋引きなどのためのすべての必要な機器や消耗品は，陸上実験室への試料輸送用の箱も含めて，入念に準備する必要がある．

洋上の実験室はプロジェクトの性質に応じて変化する．実験室で標準的に実施される次のような試験のための機器が必要である．

- 試料の押し出し
- 試料の記載
- かさ比重
- 比重
- 含水量
- 粘性土の剪断強度

4.4.2 海底調査機器の接続

4.4.2.1 音速測定

地球物理調査用や海底地形調査用の計測器を較正するために，海中での正確な音速を確認する必要があるときには，必ず音速プロファイルを記録する。海中の音速は認知された数式で計算できる。

すべての機器は，製造業者の仕様に準拠し，製造業者の発行した説明書に従って使用する。速度プローブとウインチシステムは，調査する水深で効率的に作動させることが可能である。データは，海底への降下時と洋上への回収時に記録される。

計測器は，動員前12か月以内に国立標準局で規定した基準で較正する。較正証書は調査手順とともに含まれていなければならない。

4.4.2.2 堆積物の取り扱いと保管についての要件

堆積物試料は，マーキング，取り扱い，輸送を注意深く行う。コア採取器からの試料は1m長に切断する。その後，コア試料は，振動と衝撃を最小になるようにした低温だが凍結しない場所で保管する。密封した円筒容器または蝋引きした試料は，次の内容を記した明瞭なラベルを付ける。

- トップ（Top）（海底に最も近い部分）
- ボトム（Bottom）
- 「上方向」表示（上向き矢印）
- コアの採取場所，採取試行回数，日付，会社のプロジェクト番号
- セクション番号と頂部および底部の深度
- コアの長さ（m）

識別用ラベルは頂部フタの内側に付ける。

密封しマーキングした試料用円筒容器または蝋引き試料は，輸送に適した箱に収納する。可能であれば，コアバレルは鉛直状態で保管する。過大な振動を発生する大型エンジンや発電機に隣接した部屋での保管は避ける。

堆積物試料を密封した箱は，取り扱い注意の表示をして陸上実験室へ輸送する。箱の取り扱い中に，堆積物試料への打撃や衝撃荷重を防ぐために特別な予防措置をとる。

堆積物は0℃以下の温度にさらしてはならない。試料を陸上実験室へ空輸するかトラック輸送するかは，それぞれの場合で決めなければならない。

各円筒容器および蝋引き試料は登録し，取り出しが容易なように保管する。

現地調査の完了時には，各試料の採取記録を用意する。採取記録には以下の情報を含める。

- プロジェクト番号
- サイト領域
- 掘削孔またはコア番号
- 試料番号
- 水深
- 採取日
- 採取器の型式
- 試料用チューブの直径
- コア試料の長さ
- 堆積層への貫入量
- コアキャッチャー材質

コア試料が船上で押し出されたものか，もしくはチューブまたはライナー内に密封されたままか，いずれにしても堆積物の種類の簡単なメモを，コアキャッチャー内やライナー端部の内容物に基づいて作成しなければならない。

4.4.2.3 船上実験室での試験

コアは1m以下の長さで各セクションに切断する。切断やその他の作業でコアの攪乱がないようにする。1mの試料の各端部で，以下による試験を実施する。

- 携帯ペネトロメーター

- 携帯ベーン
- 電動小型ベーン

Ponar 社製あるいは Van Veen 社製グラブサンプラーで採取した堆積物試料は，コアとともに輸送するため，記載，密封，梱包を行う。電動小型ベーンによる計測は，土が攪乱されていないコア中央部付近の箱型試料で実施する。

4.4.2.4 コアの準備

密封する前に堆積物の種類を目視により分類する。携帯ペネトロメーターとベーン剪断試験は，各コアセクションの頂部および底部で実施する。その後，すべてのコアはラベル付けし，試料用チューブを空気層が最小になるように切断し，水分の損失を防ぐために密封して，縦置きで保管する。ラベルには最低限以下の情報を含める。

- 会社名
- プロジェクト名
- コア採取位置の参照番号
- 日付
- 水深
- コアの頂部および底部の明確な表示（たとえば上下で異なる色のフタを使用する，もしくはコアに「Top」「Bottom」の印を付ける）
- 適切な保管方向を示すための「UP」マーク

4.4.2.5 陸上実験室での分析

土の種類や位置に応じて必要があれば，コア試料採取後できるだけすぐに，フィールドで密封した攪乱していないコア試料について，地盤工学実験室で以下の試験を行う。

- 試料の外観
- ふるい分析
- 非圧密非排水（UU：un-consolidated, undrained）3軸試験（粘性土）

- 小型ベーン試験（粘性土）
- 分類試験（アッターベルグ限界，水分含有量，単位水中重量）
- 炭酸塩含有量
- 鉄含有量
- 熱特性
- 有機物含有量
- 比重計

陸上実験室での試験内容は，試験開始前に承認を受ける。

4.4.2.6 沿岸での地盤工学調査

沿岸エリアで地盤工学調査を実施するために，自己昇降式ジャッキアップを利用する。もしくは，代わりに水深 2 m から 20 m までで掘削作業ができる錨で固定したバージを利用する。

これまでに述べた認証，健全性，安全で効率的な作業のための一般的要件が適用される。加えて，沿岸部の環境への影響を低減する容認された衛生条件やふん尿排出条件が保証される。

地盤工学用掘削ユニットの作業支援のため，小型ボートによる作業は以下のガイドラインに準拠しなければならない。

- 小型ボートには，予備燃料，基本的な工具キット，重要なエンジン予備部品，レーダー反射器，携帯ラジオ，携帯電話，飲料水，救急箱，救難信号や発光信号（防水コンテナに保管）を装備する。
- 小型ボートは，本船の船員もしくは小型ボートの特別な操船研修を受けた人員のみが操船する。

4.5 海底基礎

基礎は，荷重を地面に伝達する構造物である。基礎は，浅海基礎と深海基礎の2つのカテゴリに分けられる。海底生産用構造物は，パイル，マッドマットまたは直接海底によって支持されるであろう。またそれは，これらの3つの構

造の組み合わせによって支持されることもあるだろう。表 4-1 は，基礎の一般的な選定マトリックスを示す。

表4-1 基礎の選定マトリックス

地表	船	基礎と設置用船舶の種類	
		掘削リグ	パイプ敷設船または建設用船
土壌条件	固い	—	マッドマット
	中間	サクションパイル	マッドマットかサクションパイル
	柔らかい	サクションパイル	サクションパイル

4.5.1 パイルまたはスカートによって支持される構造物

パイルで支持される構造物の基礎パイルは，圧縮，引っ張り，水平荷重，そして場合によっては剪断力にも対応するように設計しなければならない。

構造物はパイルまたはスカートへ適切に接続される（図 4-6 参照）。これは，機構部品によって，またはパイルとスリーブの間のアニュラスにグラウトを注入することによって行うことができる。

図4-6 サクションパイル (http://www.offshore-technology.com/)

4.5.2 海底によって支持される構造物

海底によって支持される構造物の基礎は，問題となる荷重に対して鉛直方向および水平方向の十分な支持容量を有するように設計される。

海底状況によっては，高い接触応力が現れるかもしれない。これについては設計で検討しなければならない。必要となる海底での安定性と荷重分散を達成するため，基部下へのグラウト注入が必要かもしれない。

4.5.3 パイルおよびプレートアンカーの設計と設置

4.5.3.1 基本検討

サクションパイルとプレートアンカーの地盤工学的容量の評価技術は，いまだ開発中である。したがって明確で詳細な推奨事項は，ここでは与えることはできない。代わりに，いくつかの特定の点について検討しなければならないことを示すために，一般的な説明を用いる。また参考となる事項を提供する。設計者は，それらに対して入手できるすべての研究の進歩を利用することが奨励される。この領域での研究が完了した後に，より具体的な推奨事項が出されることが期待される。

4.5.4 サクションパイルの地盤工学的容量

4.5.4.1 基本検討

サクションパイルのアンカーは，荷重の種類に依存するさまざまなメカニズムによって，鉛直方向の浮き上がり荷重に抵抗する。

- 荒天による荷重
    - 外部表面摩擦
    - パイル先端部での逆方向の先端支持（REB：reverse end bearing）
    - アンカーの水中重量
- 長期間の環状流による荷重
    - 長期間の事象によるゆっくりとした周期的な影響を適切に低減する

- 外部表面摩擦
  - 逆方向の先端支持の低減された値
  - アンカーの水中重量
- 初期張力による荷重
  - 外部表面摩擦
  - 内部表面摩擦または内部砂泥重量の小さいほう
  - アンカーの水中重量
- 次のメカニズムにより水平荷重に抵抗するサクションパイル
  - 受動的および能動的な地盤抵抗
  - パイルの壁側の外部表面摩擦（適切な方法で）
  - パイル先端の剪断

　アンカーの地盤工学的容量は，下部境界の土質強度特性に基づかなければならない。これは，現場での土質調査および解釈から得られる。設置に関してアンカーが妥当かどうかについては，上部境界の土質強度特性に基づかなければならない。

　これらの土質強度特性は，水平方向と鉛直方向のアンカー荷重の関係を変化させるかもしれないので，地盤内での係留ライン形状のアンカー荷重への影響を考慮しなければならない。たとえば，地盤内での係留ラインの逆カテナリーは，係留ラインの角度をアンカー部でより急勾配とするかもしれない。急勾配の角度は，水平方向のアンカー荷重を低減するという結果になりうるが，鉛直方向のアンカー荷重は増加する。最悪の場合のアンカー荷重を確実に設定するために，上下境界と下部境界の両方で逆カテナリーを調べなければならない。

　軸方向の安全率については，パイルは主として引張荷重を受けること，したがって圧縮荷重を受けるパイルよりも高くなるという事実を考慮に入れる。もし地盤のセットアップ，これはパイル設置後からの時間の関数であるが，このセットアップがアンカーパイルに大きな荷重が加わる前に完了しないならば，他のパイル支持の基礎システムと同様に，計算される極限地盤軸抵抗は，低減されなければならない。

パイルの側面方向損傷モードは鉛直方向損傷ほど破局的ではないため，パイルの側面方向の容量に対しては低安全率が推奨されている。鉛直方向および側面方向のパイル容量について異なる安全率を使用することは，移動式係留のような単純梁円柱解析では正しいかもしれない。しかしより複雑な方法論では，鉛直方向と側面方向のパイル抵抗は区別されない。次の公式は，後者の立場での合成した安全率を提供するために提案される。

$$\text{FOS}_{combined} = \sqrt{(\text{FOS}_{lateral} \cos\theta)^2 + (\text{FOS}_{axial} \sin\theta)^2} \tag{4.1}$$

ここで

$\text{FOS}_{combined}$：合成した安全率（FOS：factor of safety）
$\text{FOS}_{lateral}$：側面方向の安全率
FOS_{axial}：軸方向の安全率
θ：係留ラインのパイルへの取り付け点での水平からの角度

4.5.4.2 解析方法

恒久的な係留のためのサクションパイルの設計では，パイルと隣接する地盤の極限平衡法または有限要素法による解析のような先進的な解析技術を用いることが推奨される。たとえば，合成容量は極限平衡法で計算されるかもしれない。その手法では，円形領域は幅が直径に等しい同じ面積の長方形に変換され，横からの剪断要素による3次元影響を有する。

移動式係留について API RP 2A[11] に記載されている荷重-変位変換曲線（つまり P–y, T–z, Q–z）を使用した単純梁円柱解析は，もし適切に修正されるならば妥当であると考えられる。

メキシコ湾のように，熱帯性の強烈な暴風が移動式係留またはアンカリングシステムの容量を超過するかもしれない領域において，サクションパイルの設計では，アンカー抜けの機会を減らすようなアンカー故障モードを考慮しなければならない。たとえば，地盤崩壊中にアンカーは傾斜しないが，鉛直向きで水平に「掘り起こす」ように，係留ラインのアンカー点をサクションアンカーに位置付けることができる。

4.5.5 プレートアンカーの地盤工学的容量

4.5.5.1 基本検討

極限把駐力は，極限引き抜き力（UPC：ultimate pull-out capacity）として定義されることが多い。これは，プレートアンカーについて崩壊モードに到達したアンカー周りの地盤の荷重である。水平方向の動きで沈むアンカーでは，側面方向に過大に引きずられたときに極限把駐力に到達する。UPCでは，プレートアンカーの抵抗がさらに増加することなく，もしくは抵抗が減少し始めるときのアンカー荷重の通常の方向に，プレートアンカーが土のなかを動き始める。プレートアンカーの極限引き抜き力は，アンカー爪部での土質の非排水剪断強度，爪の計画面積，爪の形状，支持力係数，貫入深度の関数である。プレートアンカーの極限引き抜き力を解析する際に，地盤崩壊モードによる地盤の攪乱を検討しなければならない。このモードは，一般に攪乱係数または容量低減係数の形で説明される。支持力係数と攪乱係数は，信頼できる試験データ，研究，およびそのようなアンカーに関する参考文献に基づかなければならない。プレートアンカーの貫入は，深部崩壊モードを生じるために，土質の非排水剪断強度に依存し，爪幅の2～5倍の範囲となることが多い。もし，最終深度が深部崩壊モードを生じさせないのであれば，支持力係数を適切に低減しなければならない。

プレートアンカーの高い把駐力は，要求にかなう地盤にそれを埋め込むことから得られる。したがって，設置工程でアンカー貫入深度に到達することが重要である。さらに，プレートアンカーでは，適用される荷重に対してほぼ垂直の方向に向けた爪を持つことで，高い極限引き抜き力が得られる。計画した最大の支持面積となるように爪を確実に回転させるために，プレートアンカーの設計と設置手法は，次のとおりでなければならない。

- 環境荷重が加わる場合，または設置する場合，もしくはこれらの両方の場合に，爪が容易に回転するようにする。
- アンカーの回転中に重大なまたは予期しない貫入，これは爪がより弱い地盤内に動くことかもしれないが，これが確実に発生しないようにする。

- 設置またはキーイング（keying）[*2] 中，もしくは極限引き抜き力を受けている間に生ずるような爪の回転を許容する構造強度を有するようにする。これは，プレートアンカーの種類とその設置方向に応じて，水平軸周りおよび鉛直軸周りの双方の爪の回転に適用される。

長期間の静的荷重および周期的劣化のもとでのアンカーの漸動に応じて，適切な方法でアンカー力を低減しなければならない。

4.5.5.2 牽引により埋設されるアンカーの予測方法

牽引により埋設されるアンカーの性能に関する次の3つの見地から，予測方法が必要となる。

- アンカーラインの力学
- 設置性能
- 把駐力性能

3つのメカニズムは，以下で説明するようにすべて密接に関連しており，相互に影響し合う。

4.5.5.3 直接埋設されるプレートアンカーの予測方法

直接埋設されるプレートアンカーのアンカー力の決定は，次の例外を除き，牽引により埋設されるアンカーについて示されるものと同一である。

- 最終貫入深度が正確に知られている。
- キーイング中の名目の貫入ロスを含まなければならない（錨柄（シャンク，shank）とキーイングフラップ（keying flap）構成によって，通常，爪の鉛直寸法の $0.25 \sim 1.0$ 倍，または図 4-7 の B として得られる）。
- 効果的な爪の面積計算では，取り付け位置にキーイングフラップを有する爪の適切な形状係数および計画面積を使用しなければならない。

[*2] 訳注：プレートアンカーの設置において，海底下に鉛直に貫入したプレートアンカーが牽引により土中で回転すること。

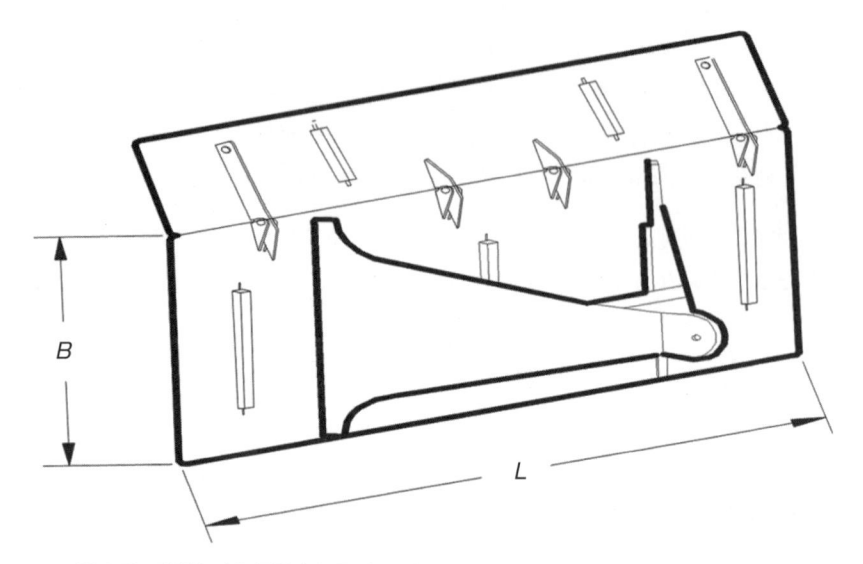

図4-7 牽引により埋設されるプレートアンカーについての安全率の特別な検討

　アンカーの過負荷は，通常，アンカーの引き抜きという結果になるが，他方で牽引アンカーは，類似の状況下で一定の把駐力またはより高い把駐力を持つようになるため，水平に牽引するか，もしくはより深く掘ることとなるかもしれない。このため，牽引により埋設されるプレートアンカーの安全率はより高くなる。過負荷の際に牽引アンカーと類似の挙動を示すプレートアンカーについて，その挙動が多くのフィールド試験と経験によって確認されることを仮定して，牽引アンカーの安全率を使用することが検討されるかもしれない。

4.5.6　サクションパイルの構造設計

4.5.6.1　基本検討

　この項の目的は，サクションパイルの構造設計についての手引きおよび基準を提供することである。いくつかの手引きおよび基準は，打ち込みパイルにも適用することができる。

4.5.6.2 設計条件

サクションパイルの構造は，次のものに耐えるように設計しなければならない。

- 係留ラインより加えられる最大荷重
- アンカー埋設のために必要となる最大負圧
- アンカー引き抜きのために必要となる最大内圧
- 吊り上げ，運搬，着水，降下，回収中にアンカーに加わる最大荷重

アンカーの重要な構成要素と高い応力の生じる領域についての疲労寿命を決定し，要求される最小疲労寿命と照合しなければならない。

＜アンカーの全体構造での係留荷重＞

アンカーの全体構造設計では，係留用パッドアイで最大水平荷重および最大鉛直荷重をもたらす荷重ケースを使用しなければならない。地盤解析によって作成される土の反力が，これらの計算で使用されるであろう。最大荷重より小さいがパッドアイにおいてより負担の大きい角度で適用される荷重ケースは，それが設計を支配しないということを保証するために，感度チェックを実施しなければならない。

＜アンカー付属物での係留荷重＞

係留ライン取り付け用パッドアイまたはラグは，重要な構造要素である。疲労抵抗の基準を満たすため，パッドアイは鋳造ラグとベース構造とを統合したものであることが多い。これによって，疲労寿命がより短くなる重溶接が避けられる。付属のパッドアイは，強度および疲労の要件を満たさなければならない。パッドアイは，適切な安全率を適用した支配的な設計荷重で設計しなければならない。パッドアイの設計で，最大荷重として係留ラインの破断強度に安全率を掛けた値を用いることは，かなりの過大設計につながるかもしれない。そのようなパッドアイは，アンカーの骨組みやバックアップ構造とうまく統合されていないかもしれない。

係留ラインのパッドアイは支配的荷重ケースで設計しなければならない。また，最大荷重より小さいがより負担の大きい角度で適用される荷重ケースは設計を支配しないということを保証するために，感度チェックを実施しなければならない。パッドアイに適用される荷重の方向は，係留ラインの逆カテナリー，アンカーの傾斜による鉛直方向の芯ずれ，目標とする方向からの偏向による回転中心のずれによって影響されるであろう。これらの要素は適切に説明されなければならない。

＜埋設荷重＞

アンカー埋設について，アンカーをその設計貫入位置まで埋設するために必要となるサクション圧の上限推測値を，アンカーウォールとアンカーキャップ構造の設計において使用しなければならない。しかし，使用される最大サクション圧は，内部プラグの浮き上がりが生じるサクションよりも高くないようにしなければならない。

＜引き抜き荷重＞

アンカー引き抜きに関して，次の2つの状況を評価する必要がある。

- 暫定状態：恒久的な係留において，サクションパイルの引き抜きが必要となるかもしれない。たとえば，すべてのサクションパイルをあらかじめ係留ラインと共に設置した後，係留ラインのひとつをあやまって海底に落下させ，船舶での接続作業中に損傷してしまうことが挙げられる。このとき，サクションパイルを引き抜いて係留レグを回収するという決定がなされるかもしれない。一般にそのような状況は，最初のサクションパイルを設置して30～60日後に発生するかもしれない。移動式係留では，現在の掘削作業または試験作業の終わりにサクションパイルを引き抜き，別の場所で再利用することがよくある。

- 最終状態：恒久的係留のためのサクションパイルが，その耐用年数の終わりに引き抜かれるかもしれない。暫定状態およびこの最終状態でアンカーを引き抜くために必要となる推定最大内圧を，アンカーウォールおよびアンカーキャップ構造の設計で使用しなければならない。しかし，

使用される最大引き抜き圧は，アンカー先端で地盤支持力の過負荷を引き起こす圧力よりも高くしてはならない。アンカーを取り除く船舶は，回収ラインでアンカーに引き上げ力を加える能力があることが多い。このような支援の際に，必要となる引き抜き圧を大きく低減できるので，これを回収解析に含めなければならない。

＜輸送およびハンドリング荷重＞
　サクションパイルとその設置用付属物は，サクションパイルのハンドリング，輸送，吊り上げ，上下反転，降下，回収の間に生じる最大荷重に対して設計しなければならない。サクションパイルの設計者は，これらの荷重ケースを決定する際に，設置請負業者と緊密に連携しなければならない。これらの荷重ケースでの付属物の設計は，通常，設置請負業者の内部の設計ガイドラインまたは他の認知された規準を用いて実施される。それでもなお，すべての吊り上げ用付属物とその支持構造は，API RP 2A[11] の最小要件を満たさなければならない。

4.5.6.3　構造解析手法

　API RP 2A[11] の第3節に準拠するパイル解析は，直径と肉厚の割合（D/t）が120未満のパイルに適している。D/t の割合が120を超える円筒状パイルでは，アンカーウォール構造と付属物のなかの高荷重を受ける領域で，それらが十分な強度を有することを全体的なアンカーの構造解析によって確実なものとするために，構造の詳細な有限要素モデルを開発することが推奨される。補足的な手計算は，局所荷重を受ける部材または付属物に適しているかもしれない。

4.5.6.4　空間フレームモデル

　空間フレームモデルは，通常，梁要素に加えて，特定の構造特性のモデル化のために必要となる他の要素から構成される。これは，D/t の割合が120未満のパイルや，大径パイル（$D/t > 120$）上のトップキャップまたはパッドアイ

のバックアップ構造についての初期的設計に適している。

<有限要素モデル>
　有限要素解析は，球殻構造，トップキャッププレートと支持部材，D/t が120より大きいパイルのパッドアイ用バックアップ構造のために推奨される。また，鋳造または溶接のパッドアイのような複雑な形状も，有限要素法によって解析しなければならない。

<手計算>
　経験式や基本的工学原理を用いた手計算は，詳細な有限要素解析が必要とされない場合に実施される。

<応力集中係数>
　応力集中係数は，詳細な有限要素解析，物理的モデル，そして他の合理的方法または公開された計算式によって決定される。

<安定性解析>
　構造要素の座屈強度を算出する計算式が，API RP 2A [11]，API Bulletin 2U「円筒殻の安定性に係る設計」[12]，API Bulletin 2V「平板構造物の設計」[13] に示されている。代わりとして，特殊な殻構造物または平板構造物についての座屈解析や座屈後解析または模型試験が，座屈強度と極限強度を決定するために実施されるかもしれない。

<動的応答>
　アンカー設置状態では，意味のある動的応答は期待できない。したがって，アンカー構造物は静的に解析されることが多い。しかし輸送解析は，通常，簡易な1自由度モデルの調和運動によって生じる動的荷重を含むであろう。

4.5.6.5　構造設計基準
<設計規準>
　構造設計のための手法は，使用応力設計手法である。その手法では，構造物のすべての構成要素の応力が，特定の値の範囲内に保たれる。一般に，円筒殻

要素については，D/t が 300 未満の場合は API RP 2A[11]，D/t が 300 を超える場合には API Bulletin 2U[8] に準拠して設計しなければならない。また，平板要素については API Bulletin 2V[9] に，他のすべての構造要素については場合に応じて API RP 2A に準拠して設計しなければならない。構造物の構成または載荷状態がこれらの規準でとくに述べられていない場合には，他の容認されている経験的な規準を用いることもできる。この場合，設計者は，API RP 2SK[14] に示される安全水準と設計思想が十分満たされるようにしなければならない。

API RP 2A では，許容応力値は，大部分の場合，降伏応力または座屈応力に対する比率として表される。API Bulletin 2U では，許容応力値は限界座屈応力の観点から表される。API Bulletin 2V では，許容応力値は 2 つの基本的な限界状態，つまり極限限界状態および運用限界状態に分類される。極限限界状態は構造物の損傷に関係し，運用限界状態は機能的要件を満たすための設計の妥当性に関係する。サクションアンカー設計の目的のためには，極限限界状態のみが検討される。

＜安全カテゴリ＞

安全カテゴリには，次の 2 つがある。

- カテゴリ A：通常の設計条件を意図する安全基準
- カテゴリ B：まれにしか生じない設計条件を意図する安全基準

表4-2 サクションパイルの安全基準[13]

荷重条件	安全基準
損傷がない状態での最大荷重	A
1本のラインが損傷した状態での最大荷重	B
アンカー埋設	A
アンカー引き抜き（暫定）	A
アンカー引き抜き（最終）	B
ハンドリング，吊り上げ，降下，回収	A
輸送	B

基準としては，表 4-2 に挙げたものが推奨される。

<許容応力>

API RP 2A [11] に準拠して設計される構造要素では，これらの規準で推奨される許容応力は，カテゴリ A の安全基準に関する通常の設計基準を用いなければならない。カテゴリ B の安全基準に関する極端な設計条件では，もし使用応力設計手法が用いられるならば（たとえば API RP 2A-WSD [15]），許容応力は 3 分の 1 に低減するかもしれない。

API Bulletin 2U [12] に準拠して設計される殻構造物では，カテゴリ A での座屈モードでは安全率 1.67Ψ が推奨される。カテゴリ B では，対応する安全率は 1.25Ψ である。パラメータ Ψ は API Bulletin 2U で定義されており，座屈応力によって変化する。比例限界での弾性座屈応力では Ψ は 1.2 であり，座屈応力が降伏応力に等しい場合は，非弾性座屈では Ψ は 1.0 へ線形に減少する。

API Bulletin 2V [13] に準拠して設計される平板構造では，許容応力は極限限界状態の応力を適切な安全率で割ることで得られる。この安全率は，カテゴリ A では 2.0，カテゴリ B では 1.5 である。

D/t が 120 を超える円筒要素では，全体的強度について有限要素解析を行うことが推奨される。もし変化する肉厚（それが生じる場合）と座屈長さ（サクション埋設解析を行う場合にマッドライン下に伸びるかもしれない長さ）について十分な検討が行われるならば，D/t が 300 未満の場合は API RP 2A [11] で，D/t が 300 以上の場合は API Bulletin 2U [12] で与えられる軸圧縮，曲げ，静水圧についての局所座屈の定式化は，妥当であると考えられる。

極端なファイバー要素での公称フォン・ミーゼス応力（等価応力）は，次で算出される最大許容応力を超過してはならない。

$$\sigma_A = \eta_i \sigma_y \tag{4.2}$$

ここで

σ_A：許容フォン・ミーゼス応力

η_i：特定の荷重状態についての設計係数

σ_y：特定のアンカー材料の最小降伏応力

いくつかの荷重状態についての設計係数を表4-3に与える。

表4-3 有限要素解析のための設計係数

荷重条件	設計係数
損傷がない状態での最大荷重	0.67
1本のラインが損傷した状態での最大荷重	0.90
アンカー埋設	0.67
アンカー引き抜き（暫定）	0.67
アンカー引き抜き（最終）	0.90
ハンドリング，吊り上げ，降下，回収	0.67
輸送	0.90

4.5.7 サクションパイル，サクションケーソン，プレートアンカーの設置

4.5.7.1 サクションパイルおよびサクションケーソン
＜設置手順，解析，モニタリング＞

サクションパイルおよびサクションケーソンのアンカーが設計深度まで貫入できることを確認するため，それらのアンカーについて設置手順を立案し，設置解析を実施しなければならない。また設置解析として，次のケースでのアンカー回収も検討しなければならない。

- アンカーを再利用するため，もしくは海底面を片付けるためにアンカー撤去が必要となる移動式係留。サクションパイル回収手順とその解析は，推定される最大セットアップ時間に対応したものでなければならない。
- システムの耐用寿命後にアンカーの撤去が当局から要求される恒常的係留。サクションパイル回収手順とその解析は，地盤が完全に圧密となっていることに基づき行わなければならない。

サクションパイルの埋設解析では，アンカー内部のソイルプラグの浮き上がりが生じるリスクを検討しなければならない。浮き上がりを避けるため許容される吸引圧は，必要な埋設圧の 1.5 倍を超える値としなければならない。

アンカー設置の許容範囲は，サクションパイルアンカーの地盤工学設計，構造設計，設置設計の過程で検討し設定しなければならない。次の一般的な許容範囲を検討しなければならない。

- 許容されるアンカー傾斜角
- パッドアイの横荷重とアンカーでの回転モーメントを制限する係留ラインの付属物について，目標方位からの許容偏差
- 必要となる把駐力を達成するために要する最小貫入量

サクションパイルの設置解析は，その設計と設置手順のために必要となる関連データを提供するものでなければならない。次の一般的な情報が必要となる。

- 適用される土の特性または特性範囲におけるアンカーの自重による貫入量
- 適用される土の特性における埋設圧に対する貫入深度
- プラグの浮き上がりを避けるために許容される埋設圧
- 貫入速度
- 推測される内部プラグの上昇

サクションパイルの設置が成功し，設計での仮定に一致することを確認するために，サクションパイルの設置中に次のデータをモニターし記録しなければならない。

- 自重による貫入
- 埋設圧に対する貫入深度
- 貫入速度
- 内部プラグの上昇（直接的または間接的な方法によって）
- アンカー方向とアンカー傾斜角度

- 最終貫入深度

　暫定的に係留するサクションパイルアンカーの設置について，内部プラグ上昇の計測は，もしアンカーがその設計埋設深度に到達するのであれば要求されない。

＜サクションケーソンのスカートの貫入＞
　サクションケーソンのスカートの貫入容量を設計するときは，次の点に注意しなければならない。

- スカートの貫入抵抗は，貫入時の攪乱によりスカートの壁に沿って剪断強度が低減する理由を与えるものでなければならない。通常，新たに求められた剪断強度が適用される。
- 防撓材（外側および内側）を貫入させるために追加の力が必要となるかもしれない。このため，防撓材は貫入抵抗に影響を与えるかもしれない。また，内部の防撓材の周りの損傷モードについて注意しなければならない。他方で，内外の防撓材上に隙間が形成されるかもしれない。これは貫入抵抗を低減し，流れの流路を形成する可能性がある。いくつかの環状防撓材の場合には，地層の上部の泥が防撓材の間に閉じ込められ，より大きい深度で抵抗が小さくなるかもしれない。硬い泥では，内壁に沿った表面摩擦が本質的に生じず，ソイルプラグが開いた状態にあるかもしれない。
- 貫入のための許容される吸引圧力は，スカート先端部での逆向きの支持力とスカート内壁の摩擦との合計として計算しなければならない。従来の支持力係数をスカート先端下の端部支持力の計算のために使用することができるかどうかに関しては議論がある。しかし，大部分の設計者は，従来の支持力係数を当然のこととする傾向がある。
- もしサクションケーソンのスカートの内壁または外壁に表面処理（たとえば塗装）を施すのであれば，これはスカートの壁での摩擦低下の原因となるかもしれない。その摩擦低下は，計算において考慮しなければならない。

4.5.7.2　プレートアンカー
＜直接埋設されるプレートアンカー＞
　プレートアンカーは，サクション，衝撃または振動ハンマー，推進剤，もしくは油圧くい打ち機によって，直接埋設することができる。サクション埋設式プレートアンカー（SEPLA：suction embedded plate anchor）は，多くの沖合係留作業で使用されている。例として，SEPLA はサクションフォロアと呼ばれるものを使用するが，これは本質的に，先端部にプレートアンカー差し込みのための溝がある再利用可能なサクションアンカーである。プレートアンカーをいったん設計深度にもっていった後，すぐにポンプを逆転させることでサクションフォロアを引き上げる。その後，サクションフォロアは追加のプレートアンカーを設置するために使用することができる。SEPLA の概念では，プレートアンカーの爪は鉛直状態で埋設され，必要な爪の回転は係留ラインを引き上げることによるキーイングプロセスにおいてなされる。
　直接埋設するプレートアンカーが設計深度まで貫入できることを確認するため，それらの設置手順を立案し，設置解析を実施しなければならない。設置解析では，もし該当するならば，プレートアンカーの回収も検討しなければならない。
　埋設解析では，サクション埋設ツールの内部のソイルプラグの浮き上がりを引き起こすリスクを検討しなければならない。浮き上がりを避けるため許容される吸引圧力は，必要となる埋設圧の 1.5 倍を超える値としなければならない。
　プレートアンカー設置の許容範囲は，アンカーの地盤工学設計，構造設計，設置設計の工程のなかで検討し設定しなければならない。次の一般的な許容範囲を検討しなければならない。

- パッドアイの横荷重とアンカーのパッドアイでの回転モーメントを制限する係留ラインの付属物について，目標方位からの許容偏差
- 必要となる把駐力を達成するために，キーイングまたは試験載荷を行う前に要する最小貫入量
- プレートアンカーのキーイングまたは試験載荷中のアンカー貫入の許容損失

サクション埋設解析は，設計および設置手順のために必要となる関連データを提供するものでなければならない。それは，アンカー設計で使用される仮定の確認が可能であるものでなければならない。また，次の一般的な情報が必要となる。

- 適用される土の特性または特性範囲でのサクション埋設ツールの自重による貫入
- 適用される土の特性における埋設圧に対する貫入深度
- プラグの浮き上がりを避けるために許容される埋設圧
- 貫入速度
- 推測される内部プラグの上昇

プレートの設置が成功し設計での仮定に合致することを確認するために，設計で用いられる仮定を確認するサクション埋設ツールの設置中に，次のデータをモニターして記録しなければならない。

- 自重による貫入
- 埋設圧に対する埋設深度
- 貫入速度
- 内部プラグの上昇（プラグの上昇が関心事となることが予期される場合）
- アンカーの方向
- 最終貫入深度

＜牽引埋設プレートアンカー＞

恒久的な係留で使用される牽引埋設プレートアンカーでは，アンカーが目標貫入深度に到達し，牽引埋設荷重が設計地盤状態で予期される範囲内であることを確実とするために，設置工程では適切な情報が提供されなければならない。次の一般的な情報を監視し確認しなければならない。

- 牽引埋設ラインでのライン荷重
- 埋設中の海底での浮き上がりが許容範囲にあることの確認のため，およ

びアンカー位置の確認のため，索張力および索長に基づく埋設索のカテナリー形状
- アンカー埋設方向
- アンカー貫入

4.5.7.3　アンカーの試験負荷

　サクションパイル，サクションケーソン，プレートアンカーについて，設置記録では，アンカー貫入量が，アンカーの地盤工学設計で立案された貫入位置の上下境界の予測範囲にあることを説明できなければならない。さらに設置記録では，設置中の挙動，つまり自重による貫入，埋設圧，牽引埋設荷重を確認でき，またアンカーの方向がアンカー設置解析と一致することを確認できなければならない。これらの状態では，アンカーの試験荷重としては，すべて健全な状態における暴風時の荷重までは要求されない。

　さらなるアンカー貫入不足なしでアンカー爪が確実に十分に回転するように，プレートアンカーには適切なキーイング荷重を加えなければならない。必要となるキーイング荷重と爪の推定回転量は，信頼できる地盤工学解析に基づいて求め，プロトタイプまたは縮尺模型による試験で検証しなければならない。キーイング荷重を設定するために用いられるキーイング解析では，すべて健全な状態およびひとつのラインが損傷した状態での最大サバイバル荷重を受ける際のアンカー回転についての解析も含まなければならない。もしキーイング中のアンカー回転の計算値がサバイバル状態でのアンカー回転と異なるならば，結果として生ずるずれた荷重を考慮して，アンカー構造の健全性が低下しないように設計しなければならない。

　設置記録より予測値から大きく逸脱していることが示され，これらの逸脱がアンカー把駐力を低下させているかもしれないことが示される場合には，損傷がない状態での最大動的荷重までのアンカーの試験的な負荷が必要となり，暫定的な係留での把駐力を証明する許容できるオプションとなるかもしれない。しかし，損傷がない状態での最大荷重までを加えてアンカーを試験することは，要求されるアンカー把駐力の安全率が満足されることを必ずしも証明しない。これは，恒久的な係留システムでの特別な関心事である。結果として，も

第 4 章 海底調査，測位および基礎　　155

し設置記録において，アンカー把駐力が計算値よりも非常に小さいことが示され，安全率が満足されないならば，その際には適切な安全率を保証するための他の手段を検討しなければならない．

- アンカー設置場所での地盤特性の設定や確認のためのアンカー位置での追加の地盤調査
- アンカー回収および乱されていない新たな場所でのアンカー再設置
- アンカー回収，設計要件を満たすためのアンカー再設計および再製作，そして乱されていない新たな場所での再設置
- 土のさらなる圧密を待つために，浮体との接続を遅らせる

4.5.8　打ち込みパイルアンカー

4.5.8.1　基本検討

　打ち込みパイルアンカーは，きつく張られたカテナリー係留システムに大きな鉛直荷重力を与える．打ち込みパイルアンカーの設計は，地盤工学特性と打ち込みパイルの軸方向および側面方向の容量予測評価における業界の強固な経験則に基づいて行われる．打ち込みパイル容量の計算は，沖合固定構造物のために開発されたものとして，API RP 2A できちんと説明されている．API RP 2A での推奨基準は，打ち込みパイルアンカー設計に適用するべきであるが，係留用アンカーパイルと固定プラットフォーム用パイルとの違いを反映するいくつかの修正が必要である．

　打ち込みパイルアンカーの設計は，次の 4 つの潜在的損傷モードを考慮しなければならない．

① 軸方向荷重による引き抜き
② 側面方向への曲げによるパイルとパッドアイの過大応力
③ 側面方向への回転および並行移動の一方または両方
④ 環境荷重および設置荷重による疲労

　把駐力の安全率は，計算された地盤抵抗を，動的解析から得られた最大アン

カー荷重で割ったものとして定義される。

4.5.8.2　地盤工学的および構造的強度設計

　大部分のアンカーパイル設計では，側面方向の荷重をより強い土層に伝達するために，係留ラインが海底下のパイルに取り付けられる。結果として，上部土層を通る「逆カテナリー」によるパッドアイ接続部での係留ライン角度を考慮しなければならない。パッドアイ位置より上部の地盤抵抗の計算では，上部土層を通る係留ラインの溝掘りによる再成形の影響も考慮しなければならない。

　軟弱粘土での打ち込みパイルアンカーのアスペクト比（貫入／直径）は，一般に 25～30 である。そのようなアスペクト比を有するパイルは，その先端付近で固定され，結果として側面方向にたわみ，ユニットとして側面方向に並行移動する前に曲げで損傷するであろう。打ち込みパイルアンカーは，通常，地盤についての側面方向の荷重-たわみモデル（p-y 曲線）とともに梁-柱理論を用いて解析される。これらの計算は，係留ラインの取り付け点だけでなくパイルの軸方向荷重を含まなければならない。それは，たわみ，剪断，曲げモーメントのパイルに沿った分布に影響するであろう。パイルの応力は，損傷のない状態下で，API RP 2A[11] での基本的な許容値に制限しなければならない。1本のラインが損傷した状態のように，まれにしか発生しない設計状況のために，基本的な許容応力は 3 分の 1 に低減するかもしれない。

　最大たわみの状態で極限把駐力に近いアンカーパイルは，つねに新しい地盤にかみ合うため，「静的」p-y 曲線が側面方向の地盤抵抗の算出のために考慮されるかもしれない。パイル付近の土が，より小さな周期的たわみのため，より継続的に攪乱されるので，「周期的」p-y 曲線が疲労計算により適切であるかもしれない。Stevens と Audibert[16] によって開発された p-y 修正曲線は，より現実的なたわみを得るために，API RP 2A の p-y 曲線の代わりに推奨される。パイル直径の 10％ より大きいたわみの p-y 曲線の品質を低下させることを考慮しなければならない。さらに，マッドラインまたはその付近での周期的荷重と関連する側面方向のたわみが相対的に大きいとき（たとえば，軟弱粘土について API RP 2A で定められるような超過した y_c），この領域で地盤とパイルの

粘着力（表面摩擦）を低減するか無視することを検討しなければならない。

打ち込みアンカーパイルの設計では，通常の設置の許容範囲を検討しなければならない。この許容範囲は，計算された地盤抵抗とパイル構造に影響を及ぼすかもしれない。パイルの鉛直度は，パッドアイでの係留ラインの角度に影響を及ぼす。これは，パイルが耐えなければならない水平および鉛直方向の係留ライン荷重の構成要素を変化させる。打ち込み不足は，パイルの軸方向容量に影響を及ぼし，パイルでより大きい曲げ応力が生じることになるかもしれない。パッドアイの方向（方位角）は，パッドアイと接続シャックルでの局部応力に影響を及ぼすかもしれない。水平方向の位置決めは，係留範囲と船体のフェアリーダーでの角度の一方または両方に影響を及ぼすかもしれない。またこれについては，係留ラインの初期張力を均衡させる場合には，考慮しなければならない。

4.5.8.3 疲労設計

＜基本検討＞

所定位置での係留ライン荷重に起因する疲労のために，アンカーパイルを調べなければならない。また，パイル打ち込み応力による疲労損傷も算出し，所定位置での疲労損傷と組み合わさなければならない。一般的な係留システムでは，パイル打ち込みによる疲労損傷は，所定位置の係留ライン荷重によって引き起こされる疲労損傷よりも非常に大きい。

＜所定位置での荷重＞

システムに作用する疲労を生ずる海況に起因する係留ラインの反作用のために，パイルと地盤の相関を説明する全体的なパイル応答解析を実施しなければならない。パイルでの疲労損傷を累積する局所応力は，全体解析によって生ずる公称応力に関連して，疲労が限界的となる位置での応力集中係数（SCF：stress concentration factor）を計算することで取得される。これらの位置は，通常，パッドアイ，パッドアイとパイルの間，それに続くパイルの周溶接部である。

周溶接についての SCF の評価は，溶接での局所的な目違いを計算に入れる

必要がある。算出された SCF は，パイル応答解析で使用される公称肉厚についての溶接で接続されたより小さいほうのパイル肉厚に対する割合によって修正する必要がある。所定位置での荷重は，これより損傷が計算される荷重であるが，この荷重により溶接位置で得られるパイルの公称応力の範囲に対してSCF が適用される。

＜設置荷重＞

　パイル設置中のハンマー衝撃による動的荷重は，パッドアイとパイルの周溶接部の双方の疲労損傷を励起する。周期的荷重の評価は，ハンマー衝撃によるパイル–地盤系の動的応答を含む。これは，与えられるハンマーの種類と効率での打撃，パイル貫入および地盤抵抗についての波動方程式による解析を必要とする。そのようなさまざまな解析は，賢明な方法で選択されたパイルの貫入のために行われるものである。それぞれの解析では，仮定された貫入量に関する打撃数のみでなく，パイルに沿った重要な位置での応力を時間に対してたどるように展開される。

　溶接部またはパッドアイのいずれかのために，選択されたパイルの貫入についての波動方程式による解析から得られる局所応力範囲を用いて，さまざまなパイル位置について疲労荷重計算を行わなければならない。周溶接の位置は，パイル組み上げスケジュールによって決定しなければならない。局所応答は，対応する SCF の影響を含まなければならない。打撃ごとの応力履歴の繰り返し数は，蓄積法のように可変振幅を数える方法を用いて得られる。

＜疲労抵抗＞

　適用できる SN 曲線（損傷に対する応力サイクル数）は，製造プロセスと欠陥判定基準に依存する。一般に，パイルセクションは，内外面からのサブマージアーク溶接（SAW : submerged arc welding）プロセスによって溶接され，溶接されたままの状態として残される。この場合，D 曲線が使用されるかもしれない。溶接部の追加処置なしで，この用途のためより高い SN 曲線を用いることは，関連するデータによって説明されなければならない。たとえば研削のように，溶接部処理法について次のことを行うことで，SN 曲線を改善すること

が支援されるかもしれない。

① 研削プロセスが適切に実施される。
② 溶接検査方法と欠陥判定基準が実施される。
③ 溶接部が D 曲線によって示されるよりも高い性能レベルを有すると見なされる適切な疲労データが生成される。

＜全体疲労損傷と安全率＞

疲労負荷と抵抗をいったん決定した後に，設置時および所定位置での荷重による疲労損傷を評価することができる。全体疲労損傷は，重要な構造要素について次の式を満たさなければならない。

$$D = D_1 + D_2 < \frac{1}{F} \tag{4.3}$$

ここで，D_1 はフェーズ 1，つまり設置フェーズ（パイル打ち込み）および重要であるならば輸送フェーズについて算出された疲労損傷，D_2 はフェーズ 2，つまり耐用年数（たとえば 20 年）の間の稼働フェーズについて算出された疲労損傷である。F は安全率であり 3.0 に等しい。

4.5.8.4 打ち込みパイルアンカーの試験負荷

打ち込みパイルアンカーの記録では，パイルの自重による貫入，パイルの方向，打ち込み記録，最終的な貫入量が，パイル設計とパイル打ち込み解析で設定された範囲内にあることが示されなければならない。これらの状況下では，すべて健全な状態における暴風時の荷重を試験負荷として要求してはならない。しかし，係留とアンカー設計では，試験負荷の最小許容レベルを定めなければならない。係留ラインの逆カテナリーが十分に形づくられるようにして，暴風時にさらなる逆カテナリーが挟み込まれて係留ラインに許容できないたるみが生じることがないようにしなければならない。試験負荷のもうひとつの機能は，設置作業中において係留系構成要素に対する厳しい損傷を検知することである。

参考文献

[1] GEMS, Vessel Specification of MV Kommandor Jack, [www.gems-group.com].
[2] K.F. Anschütz, Cutaway of Anschütz Gyrocompass, [http://en.wikipedia.org/wiki/Gyrocompass].
[3] Navis.gr, Gyrocompass – Steaming Error, [http://www.navis.gr/navaids/gyro.htm].
[4] D.J. House, Seamanship Techniques: Shipboard and Marine Operations, Butterworth-Heinemann, 2004.
[5] L. Mayer, Y. Li, G. Melvin, 3D Visualization for Pelagic Fisheries Research and Assessment, ICES, Journal of Marine Science vol.59 (2002).
[6] B.M. Isaev, Measurement Techniques, vol.18, No 4, Plenum Publishing Co, 2007.
[7] P.H. Milne, Underwater Acoustic Positioning Systems, Gulf Publishing, Houston, 1983.
[8] R.D. Christ, R.L. Wernli, The ROV Manual, Advantages and Disadvantages of Positioning Systems, Butterworth-Heinemann 2007.
[9] Fugro Engineers B.V., Specification of Piezo-Cone Penetrometer, [http://www.fugro-singapore.com.sg].
[10] M. Faulk, FMC ManTIS (Manifolds & Tie-in Systems), SUT Subsea Awareness Course, Houston, 2008.
[11] American Petroleum Institute, Recommended Practice for Planning, Designing and Constructing Fixed Offshore Platforms – Load and Resistance Factor Design, API RP 2A-LRFD (1993).
[12] American Petroleum Institute, Bulletin on Stability Design of Cylindrical Shells, API Bulletin 2U (2003).
[13] American Petroleum Institute, Design of Flat Plate Structures, API Bulletin 2V (2003).
[14] American Petroleum Institute, Design and Analysis of Station Keeping Systems for Floating Structures, API RP 2SK (2005).
[15] American Petroleum Institute, Recommended Practice for Planning, Designing and Constructing Fixed Offshore Platforms – Working Stress Design – Includes Supplement 2, API 2A WSD, 2000.
[16] J.B. Stevens, J.M.E. Audibert, Re-Examination of P-Y Curve Formulations, OTC 3402, Houston, 1979.

第5章

設置作業と船舶

5.1 はじめに

ほとんどのサブシー構造物は陸上で建造されてオフショアの設置サイトへ運ばれる。サブシーハードウェアを設置サイトへ移すプロセスには，搬出，輸送，設置の3つの作業が含まれる。一般的なサブシー設置には3つの段階がある。サブシーツリー，マニホールド，ジャンパーなどの降下，着底，固定である。

この章の目的は，サブシーエンジニアリングで用いる設置作業のコンセプトと船舶の要件について基本的な理解を与えることである。この章の主なトピックは次のとおりである。

- 標準的な設置用船舶
- 船の要件と選択
- 設置時の位置保持
- 設置作業解析

各サブシー構造物の標準的な設置方法については，それぞれのトピックと章を参照されたい。

5.2 標準的な設置作業用船舶

サブシー構造物の設置には次の船舶が使われる。

- 輸送バージとタグボート
- ジャッキアップリグ，半潜水型（セミサブ），掘削船（ドリルシップ）を含む掘削用船舶
- パイプ敷設およびアンビリカル敷設船
- 起重機船
- ROV支援船，潜水作業支援船，フィールド支援船などのオフショア支援船

5.2.1　輸送バージとタグボート

　サブシー構造物は，通常，輸送バージによって陸上からオフショアの設置サイトに輸送される。オフショアの設置サイトに到着すると，サブシー構造物は輸送バージから掘削リグまたは建設用船舶に移される。図 5-1 はバージによってオフショアに運ばれ，リグのウインチで降ろされる準備が完了した海底クリスマスツリーを示している。

図5-1　輸送バージ[1]

第 5 章　設置作業と船舶　163

　適切な輸送バージの選択とデッキ上での構造物のアレンジは，主に次の要件を考えて行う．

- 構造物の容積，重量，重心の高さ
- 距離と輸送ルート
- スケジュールの制約
- コスト
- 荒天退避能力

　輸送バージは通常，タグボートによって曳航されて場所間を移動する．標準的なタグボートを図 5-2 に示す．

図5-2　タグボート[2]

5.2.2　掘削用船舶

　掘削用船舶（drilling vessel）は，主として掘削作業用に設計されるが，作業可能水深，リフト能力，位置保持能力などの設置作業性により，サブシー生産システム（SPS）の設置にも用いられる．掘削用船舶には通常，ジャッキアップリグ，セミサブと掘削船（ドリルシップ，drilling ship）を含む．

5.2.2.1 ジャッキアップリグ

ジャッキアップまたは自動昇降リグは，1954年に初めて建造されて以降，急速に移動式オフショア掘削装置のなかで普及した。ジャッキアップは，360 ft（110 m）までの浅水域での掘削作業で一般的であった。ジャッキアップは，その構造の一部が海底面としっかりと接合しているので，きわめて安定した掘削プラットフォームを持ち，また場所間の移動が比較的容易である。図5-3に標準的なジャッキアッププラットフォームを示す。

図5-3 ジャッキアップリグ[3]

5.2.2.2 セミサブ

セミサブ（半潜水型）は，水深が深く，浮体から掘削する場合に選択される。セミサブは掘削場所へ曳航される間は船のように浮かんでいる。到着すると，

ポンツーン（pontoon）に注水してリグの一部を半潜水状態にすることができる。図 5-4 に標準的なセミサブを示す。セミサブは，構造体の主要部分が海面下にあるので掘削船ほどには波の作用を受けにくい。セミサブは，自動船位保持（DP : dynamic positioning）か係留（anchoring）によってその場所にとどまる。このタイプのプラットフォームは，小さな水線面積，波浪影響を受けにくいこと，良好な安定性，長い固有周期，大きい作業水深を得られる利点がある。したがって，セミサブは，水深 400〜4000 ft（120〜1200 m）の範囲，またはさらに深海のサブシー構造物の設置に適している。たとえば，2002 年にマレーシアの沖合 6152 ft（1875 m）の水深で多点式係留の（spread-moored）セミサブが設置され，2003 年にはブラジルの水深 9472 ft（2980 m）に DPS を持つセミサブが設置された。トート係留のセミサブは，2003 年にメキシコ湾の水深 8950 ft（2730 m）に設置され，この方式は，7571 ft（2300 m）でのサブシー仕

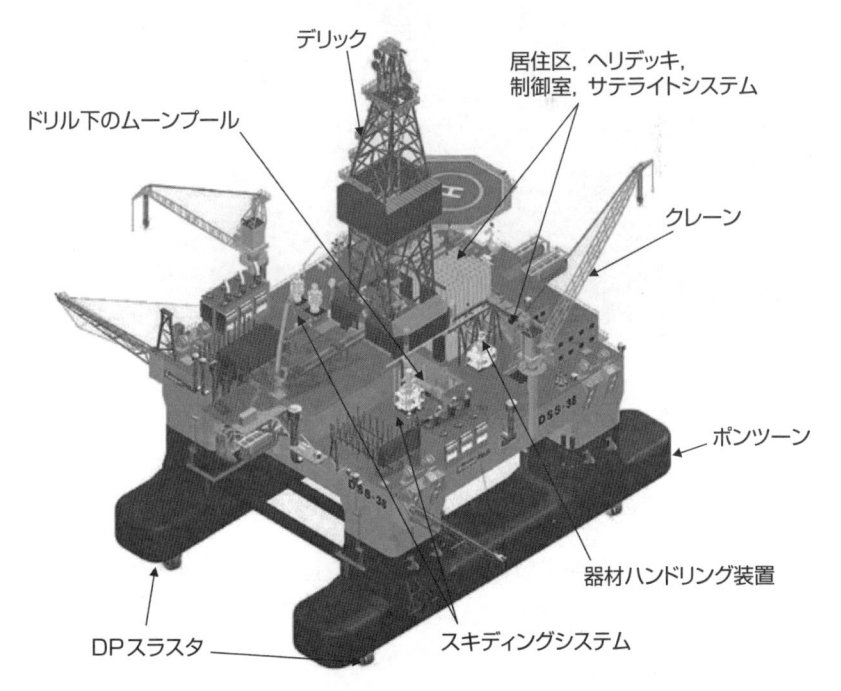

図5-4 セミサブ[4]

上げの記録も達成した。

5.2.2.3 掘削船

掘削船（drill ship）は，深海の油田を掘削するための掘削リグ（drilling rig）と位置保持装置を備えた船である。掘削船はセミサブより大きい積載能力を持つが，動揺特性において欠点がある。図5-5に掘削船を示す。

図5-5 掘削船[5]

5.2.3 パイプ敷設船

パイプ敷設船は，水深，天候などサイトの特性に基づくパイプ敷設方法によって分類される。最も一般的な3つのタイプは，S-レイ，J-レイ，リールレイである。

5.2.3.1 S-レイ船

S-レイ方式は長年沖合パイプラインの敷設に使われてきた。S-レイ船は広いデッキ作業エリアを持つ。パイプジョイント組立ラインがメインデッキの中央または側方に配置され，それにはパイプコンベア装置，溶接，非破壊検査，塗装ステーション，その他が含まれる。船尾はスティンガーを装備した斜滑面になっており，スティンガーは，海底に向かうパイプラインの形状がS字状になってストレスが緩和されるように使用されるものである。図5-6は在来型のS-レイ敷設船の写真を示す。

図5-6 S-レイ船 [6]

5.2.3.2 J-レイ船

J-レイ船は，S-レイ船で使用されるスティンガーの代わりに，敷設にJ-レイタワーまたはランプを使用する。図5-7にJ-レイランプを持つJ-レイ船を示す。J-レイ法はS-レイ法と異なり，パイプが敷設船から垂直に近い角度（たとえば60°～87°）で繰り出される。S-レイのような維持すべきオーバーベンドがないのでスティンガーは不要である。この作業方式は大水深のパイプライン敷設のために開発された。

図5-7　J-レイランプのあるJ-レイ船 [7]

5.2.3.3　リールレイ船

標準的なリールレイ船は，通常は，長くて小口径のパイプライン（標準的には 16 inch（0.406 m）より小さいもの）の敷設を経済的に行うツールを備える。パイプラインは陸上でつくられて，スプールベースが 66 ft × 20 ft ある特殊船のミドルデッキ上の大型ドラム（直径×幅 が 約 20 m × 6 m）に巻き取られる。スプールベースでの巻き取り工程の間，パイプはドラム上で塑性変形を受ける。沖合での敷設の間，パイプは，繰り出されてから特殊な直線型ランプを使用して直線になる。ドラムのパイプラインは，船の速度，たとえば 12 km/日（パイプの口径によるが通常 3～15 km）に従って繰り出される [14]。続いてパイプは，S-レイ船と同様な設定で海底に敷設される。ほとんどの場合，より急傾斜のランプが用いられ，J-レイのようにオーバーベンドの湾曲が除かれる。この種のパイプ敷設船は，シンプルなパイプ敷設装置を備えていて操作が容易である。加えて良好なパイプ敷設速度を持つ。図 5-8 は標準的なリールレイ船を示す。

図5-8　リールレイ船 [8]

5.2.4　アンビリカル敷設船

アンビリカルは，リールレイ船またはカルーセル型敷設（carousel-lay）船を用いて敷設される．リールで容易な送り出しができる．敷設されるアンビリカルの最大長は，リールの直径によるが，1.9〜9.3 mile（3〜15 km）である．ア

図5-9　カルーセル型敷設船 [9]

ンビリカルを含んだリールの限界重量は約 250 ton（226 metric ton）である。しかし，カルーセルは，より長いアンビリカルを敷設でき（> 62 mile（100 km）），また現場での接合も避けることができる。しかしそれには専用船が必要であり，送り出しにより長い時間がかかる（たとえば，22〜33 ft（6〜10 m）/分）。図 5-9 は標準的なカルーセル型敷設船を示す。

5.2.5 起重機船

起重機船（HLV：heavy lift vessel）は，数千トンに及ぶ大きい吊り上げ能力を持つ特殊クレーンを積載した船である。テンプレートのような大きくて重いサブシー構造物の吊り上げには HLV を必要とする。ほとんどの HLV の吊り上げ能力は，500〜1000 ton（454〜907 metric ton）の範囲である。通常の建設用船舶のクレーン能力は 250 ton（226 metric ton）を下回る。HLV の安定性と耐航性能は，その最も重要な性能である。図 5-10 に標準的な HLV を示す。

図5-10 起重機船 [10]

5.2.6 オフショア支援船

オフショア支援船は，フィールド掘削，建設，デコミッショニング（decommissioning），廃棄（abandonment）を支援する特殊な船舶群である．通常，支援船には，調査，待機，検査，設置補助（たとえばモニタリング）が含まれる．次のタイプのオフショア支援船が利用される．

- ROV支援船（RSV）
- 潜水作業支援船（DSV）
- 調査船
- オフショア補給船またはフィールド支援船（FSV : field support vessel）

ROV支援船（RSV）は，サブシー作業を行うROVの収納，展開，支援を行うための専門装置とスペースを備えたプラットフォームである．

潜水作業支援船（DSV）は，潜水士と洋上の通信システム，潜水機器，高圧室（hyperbaric chamber），加圧室（compression chamber）その他，職業潜水士が海中作業を行うための特別な潜水用装置を備えたプラットフォームである．

調査船は，SPSの設置に必要な海洋物理学，化学，地質学，地形学（topography），気象学（aerography），水文学（hydrology）などの研究用専門装置を備えたプラットフォームである．

フィールド支援船（FSV）は，輸送，補給，救助と潜水支援を行える多目的な船である．

5.3 船の要件と選択

確立されているサブシーの配置は，海底油井と，係留されているホストの施設（セミサブ，FPSO，その他）の連結に，パイプラインとアンビリカルを用いることである．このサブシー開発シナリオでは，次の設置作業が必要である．

- 海底クリスマスツリー，マニホールド，PLETやPLEM，UTA，SDUその他の吊り上げ
- 設置

- アンビリカルとパイプラインの敷設
- サブシータイイン（subsea tie-in）

サブシー開発用船舶の選択には次の要素を考慮する必要がある。

- 設置作業：何を設置するのか？
- 環境条件：設置サイトの水深は？
- 船の特性：その船はどんな要求に合うのか？
- コスト：見積もられる予算は？

この節では船の特性に力点を置く。船の特性への要件はこの章では2つのカテゴリに分けられる。基本的要件と機能的要件である。基本的要件とは，船の基本的性能と安全性を確保する上で何が必要かを述べるものである。機能的要件とは設置作業のための重要な機能を述べるものである。

5.3.1　船とバージの基本的要件

船の性能と構造は，船とバージの選択時に考えるべき基本的要件である。

5.3.1.1　船の性能
設置用船舶の性能には次を含む。

- 浮力（buoyancy）：船は一定の荷重条件下で浮いていなければならない。船には4つの浮力状態がある。通常状態，船首尾喫水差（トリム，trim）のある状態，傾斜（ヒール，heel）のある状態，それらの複合状態である。
- 復原性（stability）：復原性とは，船にかかった力やモーメントが消滅したときに，元の平衡位置に復帰できることをいう。復原性は，「小傾斜角での初期復原性」（$\leq 10°$）と「大傾斜角での復原性」に分けることができる。初期復原性は，傾斜角と復原モーメントの間で直線相関している。
- 不沈性（insubmersibility）：不沈性とは，船の一部区画あるいは複数の区画が浸水しても，浮かんでいられることをいう。海洋作業の全ステー

ジにおいて，浮かんでいる船すべてに十分な復原性と余裕浮力が確保される。
- 耐航性能（sea-keeping）：耐航性能とは，海洋において航行中または作業中に，風，波，潮流によって引き起こされるきわめて強い力やモーメントにさらされても，船が安全性を保つことをいう。
- 操縦性能（maneuverability），速度（speed），抵抗（resistance）：船の操縦性能とは，パイロットの意思に従って，一定の航行方向を維持する，または方向を転換できる性能に関する事柄である。速度と抵抗は，主エンジンの定格出力における船の速度性能に関する事柄である。

5.3.1.2 船の強度（vessel strength）

船の構造には3つのタイプの障害が生じうる。強度破壊，安定性の喪失，疲労破壊である。強度破壊は，通常，船体構造の圧力が特定最小耐荷強度（SYMS：specified minimum yield strength）よりも大きいことを意味する。安定性の喪失は，構造の圧縮応力が臨界安定性圧力（たとえばオイラーの座屈応力）よりも大きく，大きな変位に至ることを意味する。疲労破壊は反復的，継続的な圧力による船体構造の亀裂または破壊に関するものである。

船体強度には，通常，縦強度と局所強度がある。積み出し，吊り上げ，輸送などの船の全活動を通じて，船体強度が超えられることがあってはならない。

5.3.2 機能的要件

一般的に言って，船は，要求される作業を行う装置を支える安定的なプラットフォームである。装置は，設置作業を行う前に船に積まれ，要求された作業が終了すると陸上の基地に撤去される。装置の動員と撤去には時間と金がかかる。このため，しばしばパイプ敷設船とか潜水作業支援船のような，ある仕事のための特定の装置を備えた専門化した船が用いられる。サブシーハードウェア設置船の機能的要件とパイプ敷設船・アンビリカル敷設船のそれとの主たる違いは，装置への異なる要求である。この項では船の選定において考慮されるべき船の一般特性を論ずる。

5.3.2.1　サブシーハードウェア設置船

一般的に，サブシーハードウェアは，ヒーブコンペンセータ（上下揺補償装置）の有無にかかわらず，十分なウインチロープ長と十分なクレーン能力を持った任意の船で設置可能である。船は，掘削船，パイプ敷設船，アンビリカル敷設船，またはオフショア支援船でもよい。サブシー設置用船の決定的に重要な機能には次が含まれる。

- プロジェクト装置のためのデッキスペース
- デッキ荷重容量
- クレーン能力と範囲
- 船の動揺特性（RAO）
- ROV の要件，たとえば海底構造物設置用に 2 機のワーククラス ROV，1 機のワーククラス ROV，パイプラインやアンビリカル敷設・モニタリング用の 1 機の探査 ROV など
- アコモデーション能力
- 運航速度（油田開発がより大水深に移ることにより運航距離が長くなるために速い運航速度が重要になってきた）
- 位置保持要件

サブシー構造物の吊り上げと設置は，サイトのすべての制約を計算してタイムリーに安全に行わなくてはならない。

- 天候条件
- 海底土壌条件と視界
- その他のサイト制約条件（係留索，他のサブシー構造物，その他）

デッキの荷役システムと船上の吊り上げ装置は，サブシー構造物がデッキの貯蔵エリアを離れ，飛沫帯を通過し，海底に安全に着地するように，構造物の振り子運動を制御・防止するように設計しなければならない。

設置用の器具（クレーン，ウインチその他）は，稼動時の環境条件に適合するよう設計，建設，操作しなければならない。さらに具体的に言うと，それらは設計者，製造者や国の規定，証明機関の規則（DNV，APL，ABS など）に

よって定められた構造物の設置基準と規制を考慮に入れなければならない.

5.3.2.2　パイプとアンビリカル敷設船

サブシーハードウェアの設置船に比べ，パイプ敷設船はいくつかの特定の装置を要するため，船の選択には次の追加要件が含まれる．

- テンショナーの能力：これは，水深とパイプラインの単位重量および浮力に基づき要求される．
- 放棄と回収用ウインチ：これは，パイプ敷設工程の最後および緊急事態発生時に要求される．
- ダビット（吊り柱）の能力：これはオフショアでのパイプラインまたはアンビリカルの結合のためダビット作業が必要になったときに要求される．
- 製品貯蔵能力：これは，悪天候のためにパイプジョイントまたはアンビリカルリールを貯蔵バージから敷設船に移すことができない場合に要求される．

5.4　設置時の位置保持

サブシーハードウェアの設置では，求められる精度で目標の土台に設置できるように船の位置保持が要求される．位置保持の操作には海面の位置保持とサブシーの位置保持がある．海面位置保持または船位保持とは，設置作業中に常時船を正しい位置に保持することをいう．これは狙った最終目標地点近くにサブシー生産システムを設置するための第一歩である．サブシー位置保持とは，装置を水中降下・着底・固定させる工程の間，設置船と海底の目標エリアとの関係を海面下で監視・制御する位置保持のことをいう．

5.4.1　海面位置保持

海面位置保持システムは次の構成要素に分けられる．

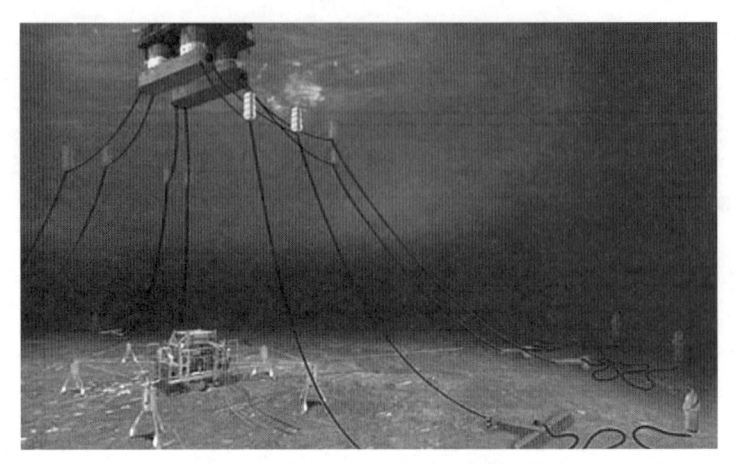

図5-11 セミサブのアンカー位置保持[11]

図5-12 DPS[11]

- パワーシステム：以下のすべてのシステムへのパワー供給
- 位置照合システム：通常，DGPS（ディファレンシャルGPS），USBL，SBL，LBLなどの水中音響測定システムやトートワイヤシステムが使われる
- 制御システム

- 位置保持システム：アンカーギア，アンカーライン，位置保持アンカーを含む係留システム（図 5-11 参照）または DPS（自動船位保持システム，図 5-12）のためのスラスタシステム

5.4.2 サブシー位置保持

　海上の船の位置が定まると，サブシーハードウェアは船から海中を通り海底の目標地点に配置される．降下と着底プロセスの間，ハードウェアは，位置計測のための水中音波装置（たとえばトランスポンダ）や傾斜（横，縦，進行方向）を検出するジャイロコンパス（と ROV）で追跡される．これらの機器は降下の前にハードウェアに装着される．

　サブシーハードウェアの設置では 2 つの方法が広く用いられる．ガイドライン（GL）法と無ガイドライン（GLL）法である．GL 法はサブシーハードウェアを海底に配置するためにガイドライン（通常 4 本の張線）を用いる．この方法のサブシー位置保持は便利であるが，ガイドラインのために制約も生じていた．また大水深での設置には時間と費用がかかる．GLL 法は，大水深でガイドラインを用いずにサブシーハードウェアを配置する．この方法でハードウェアを着底させるためのサブシー位置保持は，相対的に複雑であり，傾斜および x, y 方向の位置ずれの許容誤差は制約される．さらに，すべての機器上の重量構造物が適正な方向に向くことを要求する．

　ハードウェアの上下動を降下プロセスの間，厳しく制限しなければならない．そこで海底設置に用いられる設置船の吊り上げシステムに能動的または受動的上下揺補償システムが導入された．

5.5　設置作業解析

　設置作業解析は，吊り上げ許容能力，吊り上げ対象物と船体構造の許容強度確認のための計算である．設置作業解析は設置エンジニアリングの異なるフェーズに基づいて 2 つのカテゴリに分けられる．

　① 設置方法，設置船，機器，関連する設置作業期間とコスト見積もりを決

める基本設計（FEED：front-end engineering design）の予備的設置作業解析
② 設置手順の組み立てとその作業図面をつくることをゴールとした詳細設置作業解析

予備的設置作業解析はいくつかの重大な設置活動，たとえばSPSの飛沫帯域降下や最大水深でのパイプライン敷設などで実行可能性／船と機器の受容能力を確認するのに用いられる。一方，詳細設置作業分析は，SPS設置のステップバイステップの解析を行う。

サブシー設置作業は3種の設置イベントに分類できる。

① 海底機器設置作業
② パイプラインまたはライザーの設置作業
③ アンビリカル設置作業

設置作業解析のために最低限必要なデータには通常，次が含まれる。

- 自然環境と地盤工学的データ
- 船の運動特性
- サブシー生産システムのデータ
- 掘削システムのデータ

5.5.1　サブシー構造物設置作業解析

サブシー構造物設置作業解析には通常，次の項目が含まれる。

- 積み出しと海上での固定
- 輸送
- サイト調査
- 設置には通常，船外への吊り上げ，飛沫帯域降下，水中降下，着底，位置保持，据え付けを含む（図5-13を参照）
- 現況解析

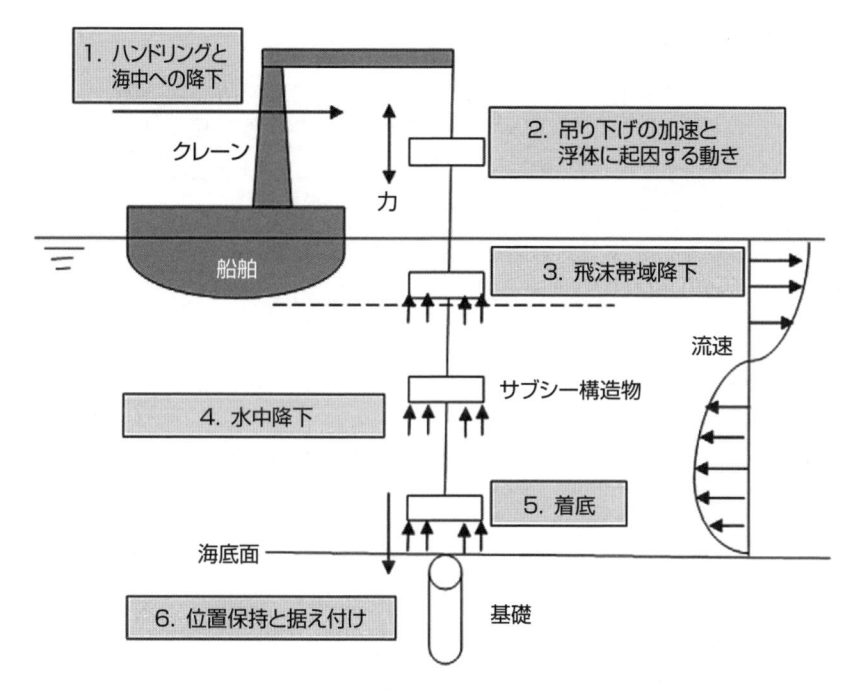

図5-13　典型的なサブシー構造物の解析ステップの概要

　この項では構造物の設置解析のみを述べる。それはサブシー設置作業のために最も重要な解析であり，バージの強度確認や荷役時の吊り上げなどの解析はこの項には含まれない。

　サブシー構造物の設置解析は，最大限許容できる海象，ケーブルの最大張力，設置作業中の設置機器の挙動を提供する。有限要素ソフトウェア（たとえばOrcaflex）が設置作業解析に用いられる。詳細設置作業解析の目的は，機器の設置手順作成を支援するためのステップバイステップの解析を提供することである。

　設置作業解析は2段階に分けることができる。いかなる環境負荷も考えない静的解析と，潮流や波のような環境負荷を考慮する動的解析である。静的解析は，静的状態での船の位置とワイヤの繰り出しの関係，またシステムへの張力を決定する。動的解析は環境負荷下でのシステムへの最大許容度を決定するた

めに行われる．設置作業時の海象と最大張度が必要である．解析は，一定の範囲の波高と波周期について実施される．

解析モデルは，ROA のわかっている設置船降下ツールを伴う掘削パイプまたはウインチワイヤを伴うクレーン，そして艤装システムと器具からなる．

図 5-13 は，各段階でのモデル化された力を表した典型的な海底構造物の設置作業手順を示す．マニホールドの詳細な設置作業解析については第 3 巻 19.5 節を参照されたい．

5.5.2 パイプラインまたはライザーの設置作業解析

パイプラインまたはライザーの通常の 4 つの設置方法は次のとおりである．

- S-レイ法：パイプは敷設バージ上のほぼ水平な位置から水平テンションとスティンガー（屈曲度を制限するのを助ける）の組み合わせを用いて敷設される．
- J-レイ法：パイプは敷設バージ上の高い塔から軸方向の張力を用いて海面での上方屈曲なしで敷設される．パイプジョイントの積み出しと輸送は，S-レイ法と J-レイ法のパイプ敷設船によってパイプが敷設されるのと同時に，輸送バージによって行われる．
- リールレイ法：パイプは遠隔の陸上で製造し，リールレイ船上の巨大な直径のリールに巻き取られる．次に，オフショアの設置地点で繰り出されて真っすぐにされ海底に向かって敷設される．
- トーイングレイ（曳航敷設）法：パイプは遠隔の陸上で製造し，オフショアの設置サイトに曳航輸送され，敷設される．曳航は，海上（海上曳航），海面下の制御された深さ（制御深度曳航法（CDTM：control depth towing method）），あるいは海底（海底曳航）のいずれかであるが，主として波浪による疲労損傷を低減するために異なる水深が使われる．

図 5-14 は S-レイ，J-レイ，リールレイ，トーイングレイ法でのパイプラインの形状を示す．

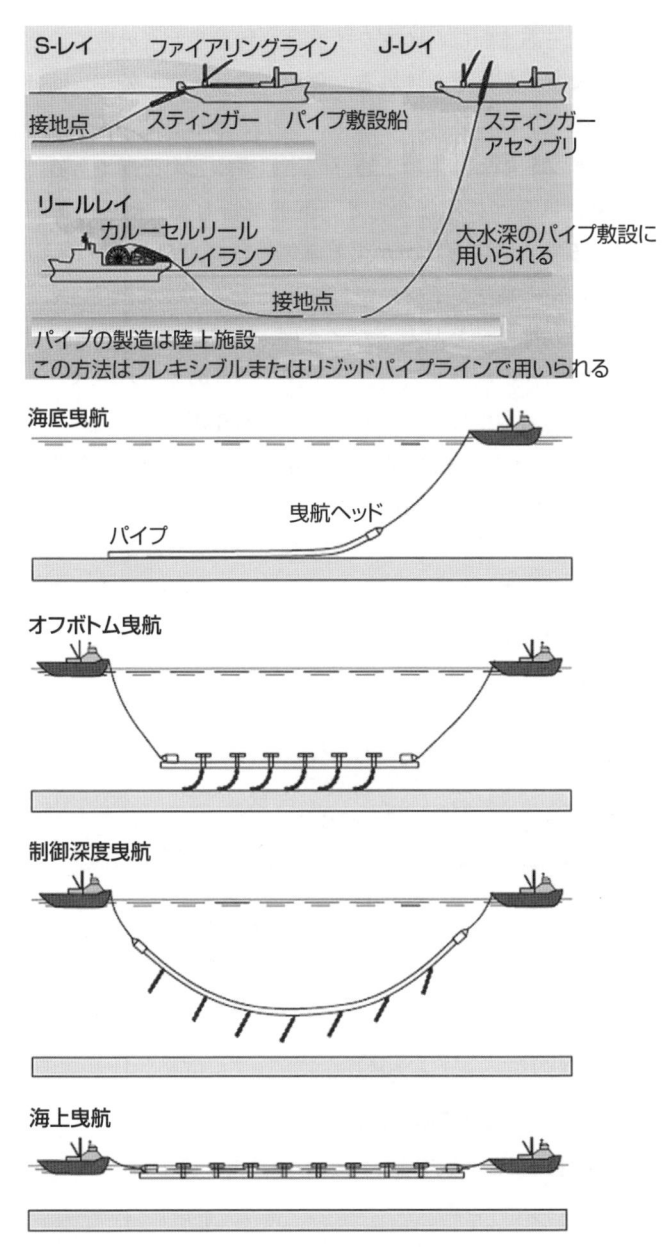

図5-14 S-レイ，J-レイ，リールレイ，トーイングレイ法でのパイプラインの形状 [12][13]

サブシーライザーあるいはパイプラインは，敷設船からの敷設の間，敷設法の違いにより異なる負荷にさらされる。負荷には静水圧，軸圧，曲げが含まれる。通常の故障モードは，外部圧とパイプラインあるいはライザーの設置作業による曲げモーメントにより生じる局部的座屈や座屈の伝播である。

敷設作業解析には2つの種類がある。静的解析と動的解析である。敷設作業の計算に用いる場合，応力基準か歪み基準かはプロジェクトにより異なる。ほとんどの場合，歪み基準が解析に使われる。しかしながら，いくつかのプロジェクトでは応力基準も使われる。たとえば，DNV OS F101 2007[15] に従えば，パイプラインのサグベンド領域とパイプラインのオーバーベンド領域のそれぞれについて，応力基準は72%SMYSと96%SMYSである（図5-15に示すとおり）。パイプライン敷設作業手順の間の応力解析は，応力基準チェックのために詳細に実施されなければならない。

この解析は，敷設作業の間の，最大許容海況と予想される最大張力と応力または歪みの分布を提供する。パイプラインあるいはライザーの設置作業解析は通常 OFFPIPE か Orcaflex ソフトウェアを用いて行われる。

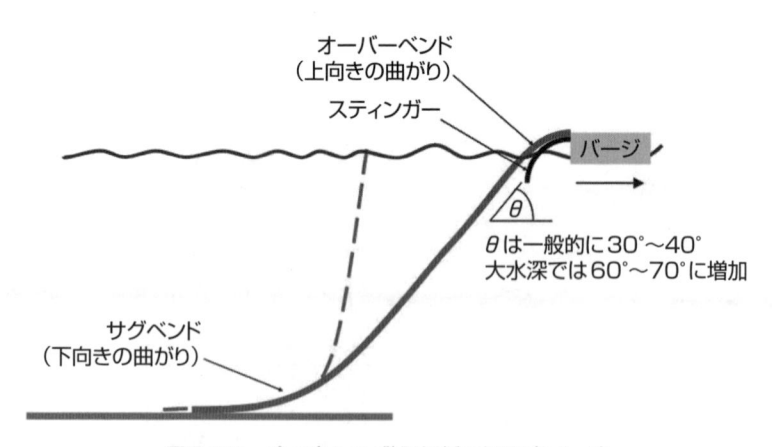

図5-15 パイプライン敷設解析の概要（S-レイ）

5.5.3 アンビリカル敷設解析

アンビルカルは次の典型的な方法のうちひとつを用いて設置される。

- アンビリカルはマニホールドへの穿刺・ヒンジオーバー結合かプルイン結合で始まる。そして海底井の近くで，セカンドエンドレイダウンスレッドで終結する（たとえば，油・ガス田内のマニホールドからサテライト井への結合）。アンビリカルと海底井の結合は，次のタイイン法の組み合わせを用いて後で行われる。
    ① リジッドまたはフレキシブルジャンパー
    ② ジャンクションプレート
    ③ フライングリード
- アンビリカルは，マニホールドへの穿刺・ヒンジオーバー結合か，プルイン結合で始まる。アンビリカルは，固定式または浮体式生産システムに向かって配置され，敷設船から生産浮体に向かって，I型またはJ型チューブを通して牽引するか，または交差牽引される（cross-hauled）。
- アンビリカルは，固定式または浮体式生産システムから始まり，第2のアンビリカル終端アセンブリのあるサブシー構造物（たとえば，終端ヘッド，レイダウンスレッド，アンビリカル終端装置）の近くで終わらせることもできる。ROVによって操作されるプルイン結合用具は，アンビリカルをサブシー構造物に結合することにも用いられる。

アンビリカル敷設解析の目的は，アンビリカル設置手順の作成を助けるための段階的解析を提供することである。この解析はまた最大許容海況，最大予想荷重，船体のオフセット（vessel offset）のガイドラインなどを提供する。

この解析は2段階で行われる。モデルに対しいかなる環境負荷もかけない静的解析と，海流，波などの環境負荷を加えた動的解析である。動的解析は，静的解析から得られた最悪ケース（最小限の屈曲半径と張力に基づく）を選択し，海流の作用，波の作用，ピーク周期，方向性などの環境負荷を適用して行われる。波と海流の方向は，保守的に見て同様とする。

アンビリカル敷設の設計基準は次のとおり。

- アンビリカルの最小曲げ半径（MBR）
- 最大許容張力と圧縮荷重
- 最大破断負荷：これは最大許容トップテンションのチェックに読み替えうる
- 海底面での横安定性：これは着底点の最大許容張力のチェックに読み替えうる

通常のアンビリカル敷設の解析モデルには，RAO のわかっている設置用船舶とアンビリカルが含まれる。アンビリカルの敷設開始解析では，アンビリカル終端ヘッド（UTH）がモデルに付加される。Orcaflex ではアンビリカルの敷設解析において，アンビリカルの終端に着装したワイヤや，終端部，ベンドスティフナー，プリングヘッドアセンブリがモデルに付加される。

参考文献

[1] J. Pappas, J.P. Maxwell, R. Guillory, Tree Types and Installation Method, Northside Study Group, SPE, 2005.
[2] Dredge Brokers, Offshore Tug Boat, http://www.dredgebrokers.com, 2007.
[3] Energy Endeavour, Jack-Up Rig, http://www.northernoffshorelimited.com/rig_fleet.html, Northern Offshore Ltd, 2008.
[4] Maersk Drilling, DSS 21 deepwater rigs, www.maersk-drilling.com.
[5] Saipem S.P.A, Saipem 12000, Ultra deepwater drillship, http://www.saipem.it.
[6] Allseas Group, Solitaire, the Largest Pipelay Vessel in the World, http://www.allseas.com/uk.
[7] Heerema Group, DCV "Balder", Deepwater Crane Vessel, http://www.heerema.com.
[8] Subsea 7, Vessel Specification of Seven Navica, http://www.subsea7.com/v_specs.php.
[9] Solstad Offshore ASA, CSV: Vessel Specification of Normand Cutter, http://www.solstad.no.
[10] People Heavy Industry, 12,000 Ton Full Revolving Self-propelled Heavy Lift Vessel, http://www.peoplehi.com.
[11] Abyssus Marine Service, Anchor and Dynamic Positioning Systems, http://www.abyssus.no.
[12] International Marine Contractors Association, Pipelay Operations, http://www.imcaint.com
[13] M.W. Braestrup, et al., Design and Installation of Marine Pipelines, Blackwell Science Ltd, Oxford, UK, 2005.
[14] Y. Bai, Q. Bai, Subsea Pipelines and Risers, Elsevier, Oxford, UK, 2005.
[15] DNV, Submarine Pipeline Systems, DNV-OS-F101, 2007.

第6章
コスト評価

6.1 はじめに

　サブシーコストとはプロジェクト全体のコストのことをいう。図6-1に示すように一般的に海底油・ガス田開発の資本的支出（CAPEX：capital expenditure）と運営費用（OPEX：operation expenditure）を含む。

　図6-1から海底油・ガス田開発全体の各期間を通して支出が発生することがわかる。図6-2は海底油・ガス田開発の異なるフェーズのフィージビリティスタディ（実行可能性調査）を表している。フィージビリティスタディはプロジェクトが実行される前に行われ，図が示すように3つのフェーズを含む。

- 基礎調査（prefield development）
- コンセプトおよびフィージビリティスタディ（conceptual / feasibility study）
- 基本設計（front-end engineering design：FEED）

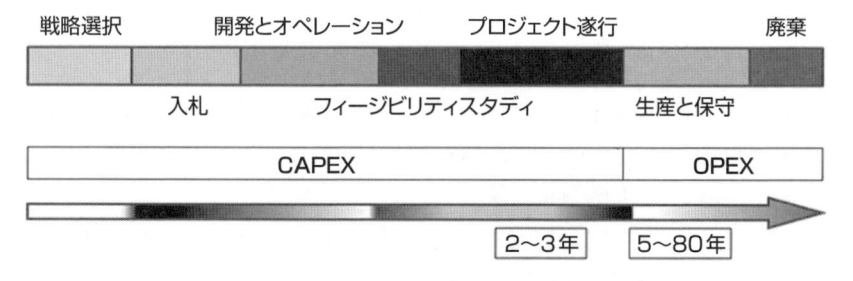

図6-1　一般的な油・ガス田開発コスト

```
┌─────────┐      ┌─────────┐      ┌─────────┐
│ 基礎調査 │  ⇒  │プロジェクト│ ⇒  │ 基本設計 │
│          │      │フィージビリティ│    │          │
│          │      │スタディ  │      │          │
└─────────┘      └─────────┘      └─────────┘
```

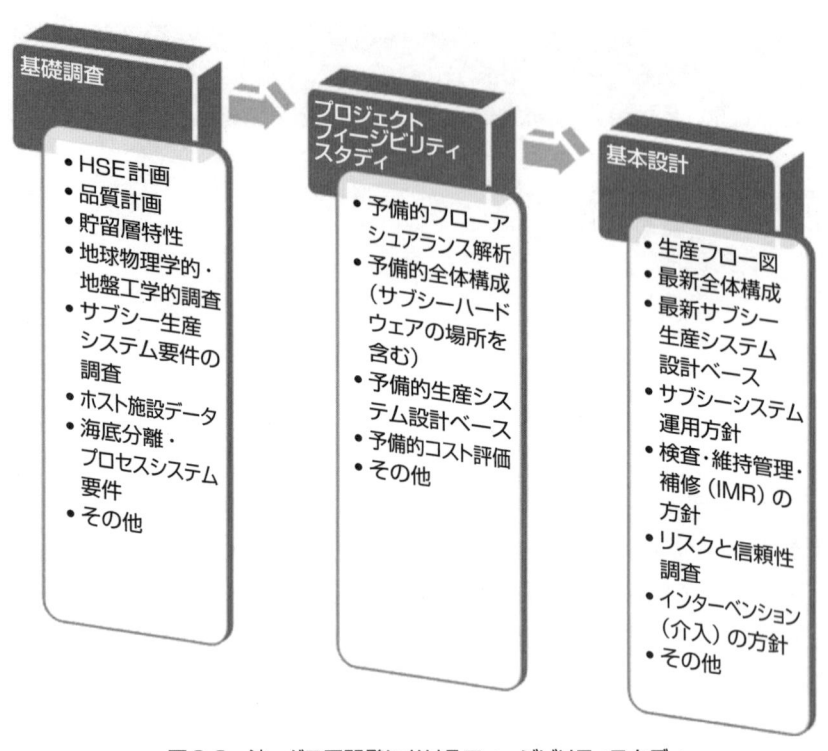

基礎調査:
- HSE計画
- 品質計画
- 貯留層特性
- 地球物理学的・地盤工学的調査
- サブシー生産システム要件の調査
- ホスト施設データ
- 海底分離・プロセスシステム要件
- その他

プロジェクトフィージビリティスタディ:
- 予備的フローアシュアランス解析
- 予備的全体構成（サブシーハードウェアの場所を含む）
- 予備的生産システム設計ベース
- 予備的コスト評価
- その他

基本設計:
- 生産フロー図
- 最新全体構成
- 最新サブシー生産システム設計ベース
- サブシーシステム運用方針
- 検査・維持管理・補修（IMR）の方針
- リスクと信頼性調査
- インターベンション（介入）の方針
- その他

図6-2　油・ガス田開発におけるフィージビリティスタディ

　コスト評価はいくつかの目的で行われる。目的によってコスト評価の手法も金額の正確さも異なる。プロジェクトのフィージビリティスタディにおける初期コスト評価（preliminary cost estimation）での正確さは通常 ±30％であることを指摘しておく。表6-1はコスト工学推進協会（AACE：Association for the Advancement of Cost Engineering）によるコスト評価分類を示す。

- プロジェクト定義のレベル：完全定義に対する比率（％）で表現される
- 使用目的：一般的なコスト評価目的
- 方法論：一般的な評価方法
- 期待される正確さの範囲：最良指標値を1とした場合のそれに対する相対比（範囲指標値1が +10/-5％ を表すならば指標値10は +100/-50％

を表す)
- 準備のための労力:最小コスト指標値 1 に対する一般的な労力の割合（コスト指標値 1 がプロジェクトコストの 0.005％ を表すならば指標値 100 は 0.5％ を表す）

表6-1 コスト評価の分類マトリクス (AACE)[1]

コスト評価の等級	プロジェクト定義のレベル	用途	方法論	期待される正確さの範囲	準備の労力
クラス5	0～2％	スクリーニングまたはフィージビリティ	推論的あるいは推断的	4～20	1
クラス4	1～15％	コンセプト検討またはフィージビリティ	主として推論的	3～12	2～4
クラス3	10～40％	予算の承認または管理	混在しているが，主に推論的	2～6	3～10
クラス2	30～70％	管理または入札の決定	主として決定論的	1～3	5～20
クラス1	50～100％	見積もりまたは入札のチェック	決定論的	1	10～100

この章ではプロジェクトのフィージビリティスタディ期間中のコスト評価のガイドラインについて述べる。ここでの海底油・ガス田開発コスト評価の正確さの範囲は ±30％ である。

6.2　資本的支出（CAPEX）

Douglas-Westwood の "The Global Offshore Report"[2] によれば 2009 年の世界のサブシー CAPEX と OPEX は約 2500 億ドルであったが，2013 年には 3500 億ドルになるであろう。図 6-3 はサブシーコストと各地域の割合を示す。

図6-3 サブシーCAPEX，OPEXの地理的割合 (Douglas-Westwood [2])

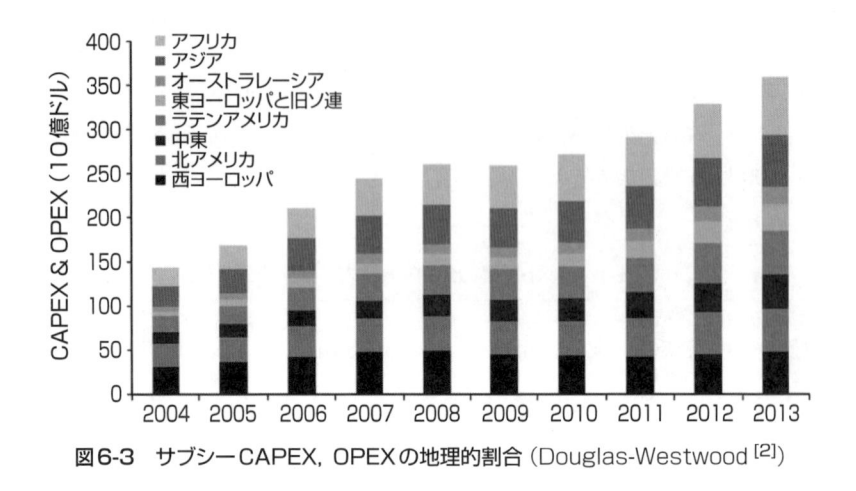

　図 6-4 と図 6-5 はそれぞれ大水深のサブシー CAPEX と浅水深のサブシー CAPEX の内訳を示す。サブシー CAPEX の主な構成要素は，機器，試験，設置，コミッショニング（試運転）のコストである。サブシー CAPEX の主要なコストドライバ（原価作用要素）は坑井の数，水深，水圧，温度，材質への要求，そして設置船の可用性である。

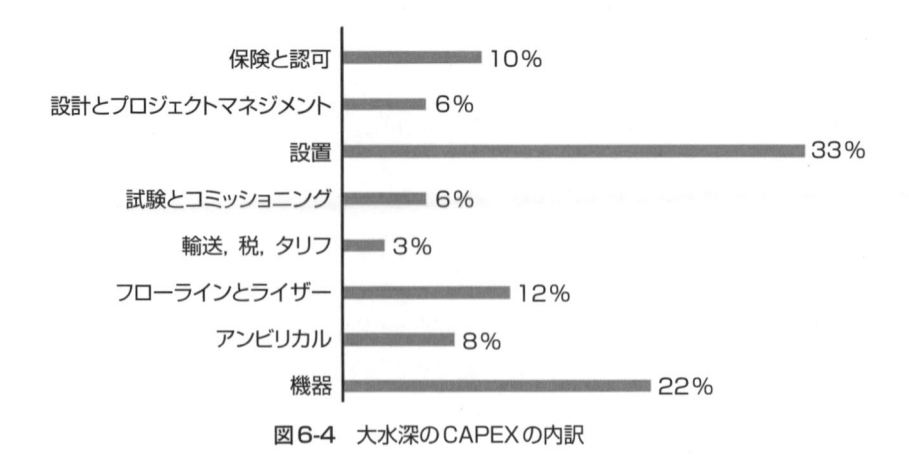

図6-4 大水深のCAPEXの内訳

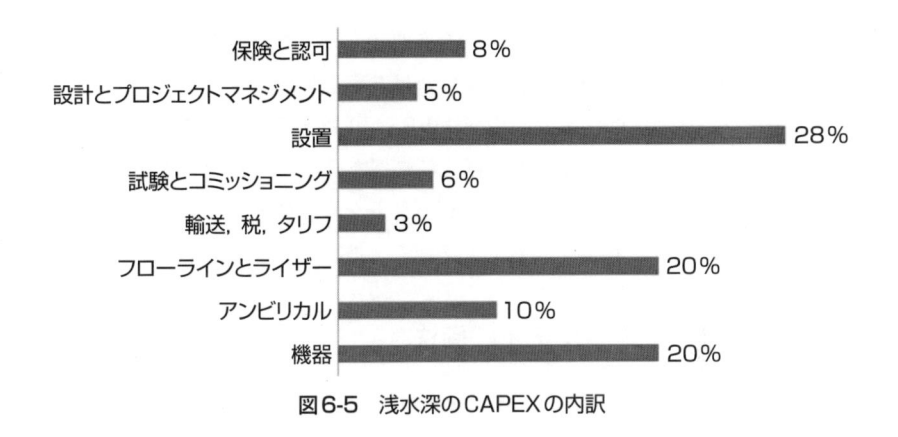

```
保険と認可          ■ 8%
設計とプロジェクトマネジメント  ■ 5%
設置                ■ 28%
試験とコミッショニング  ■ 6%
輸送, 税, タリフ      ■ 3%
フローラインとライザー  ■ 20%
アンビリカル          ■ 10%
機器                ■ 20%
```

図6-5　浅水深のCAPEXの内訳

6.3　コスト評価の方法論

プロジェクトの異なるフェーズによって，また，どのくらいのデータと資料が入手できるかによって，異なるコスト評価方法が用いられる．本書では3つの方法を紹介する．

- コスト−キャパシティ（能力相応コスト）による評価（cost-capacity estimation）
- コストドライブ係数による評価（factored estimation）
- 作業分割構成（work breakdown structure）による評価

コスト−キャパシティ評価法は，類似の過去のデータに基づいてその何倍の大きさになるのかで評価する方法である．この方法の正確度は ±30％ の範囲である．

コストドライブ係数による評価は，いくつかのコストドライブ（原価作用）係数に基づいている．各係数は基準原価データにかかる加重値（weight）と考える．基準原価は通常そのときの実証された技術に基づく標準的な製品の価格である．正確度は ±30％ になりうる．本書では，評価されたコストの上限値と下限値を 6.4 節で示す．示されたコストドライブ係数はこの方法の推奨値と

あわせて，与えられた範囲内で使用する必要があり，また時々の実際のデータと検討対象の場所に基づいて更新しなければならない。

もうひとつの評価法は作業分割構成（WBS）法である。この方法は一般に予算見積もりで用いられる。この方法は先に述べた2つの方法よりも多くのデータと詳細な情報に基づいている。プロジェクトを詳細に分けて記述することにより，項目ごとにコストをリストアップして，最終的に総コストを計算する。

6.3.1　コスト–キャパシティ評価法

コスト–キャパシティ係数は，規模またはキャパシティ（処理能力）が異なる既知のプロジェクトのコストから新規のプロジェクトのコストを評価するのに用いられる。関係式は簡単な指数式の形である。

$$C_2 = C_1 \left(\frac{Q_2}{Q_1}\right)^x \tag{6.1}$$

ここで

C_2：キャパシティの評価コスト

C_1：既知のキャパシティのコスト

x：コスト–キャパシティ係数

圧力定格，重量，容積などのようにキャパシティ（能力）は機器の主たるコストドライバである。指数 x は施設のタイプによって通常 0.5〜0.9 の間で変動する。石油・ガスの処理施設では $x = 0.6$ の値がよく用いられる。新規のプロジェクトのためには過去のプロジェクトのデータに基づいてさまざまな x の値を計算する必要がある。x の値を計算

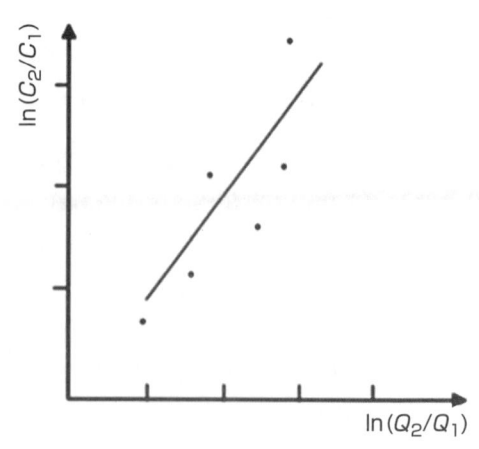

図6-6　コスト-キャパシティ曲線

する手順を見てみよう．

式 (6.1) を次のように修正する．

$$x = \ln\left(\frac{C_2}{C_1}\right) \Big/ \ln\left(\frac{Q_2}{Q_1}\right) \tag{6.2}$$

結果として得られるコスト-キャパシティ曲線を図 6-6 に示す．図のなかの点はユーザが構築したデータベースに基づく計算結果である．線の勾配は指数 x の値である．

6.3.2 コストドライブ係数による評価法

6.3.2.1 コスト評価モデル

コストは多くの影響要素の関数であり，次のように表現される．

$$C = F(f_1, f_2, f_3, \cdots, f_n) \tag{6.3}$$

ここで

C：海底クリスマスツリーのコスト

F：計算関数

f_i：コスト要素（$i = 1, 2, 3, \cdots, n$）

次のように仮定できるとする．

$$C = f_1 \cdot f_2 \cdot f_3 \cdot \cdots \cdot C_0 + C_{misc} \tag{6.4}$$

ここで

C：サブシー機器のコスト

f_i：コストドライブ係数（$i = 1, 2, 3, \cdots$）

C_0：基準原価

C_{misc}：雑コスト

式 (6.4) はこのコストが固定コスト C_0 とコストドライブ係数の積であることを示している．コスト C はコストドライブ係数を基準原価に乗じて評価されている．基準原価は一般的に標準的な製品のコストである．C_{misc} は，機器に関連するがすべてのタイプに一般的ではない種々のコストを指す．基準原価

C_0 はさまざまな製品のうちの一般的な標準製品のコストである。たとえば海底クリスマスツリーにはマッドライン（mudline）ツリー，垂直型ツリー，水平型ツリーがある。現在，この業界の標準製品は 10 ksi の垂直型ツリーであり，10 ksi 垂直型ツリーのコストが他のツリーの計算を行うときの基準原価となる。

6.3.2.2　コストドライブ係数
次の一般的係数がすべてのサブシーコスト評価に適用される。

＜インフレーション率＞

インフレーションはある期間の経済における商品やサービスの全体価格水準の上昇である。価格が上がると，1 単位の貨幣で買える物やサービスは少なくなる。価格インフレーションの主たる測定値は価格インフレ率である。これはある期間の全体価格指数の変化率（一般的に消費者物価指数）である。本書に示されているコストデータは断りがない限り US ドルである。すべてのコストデータは断りがない限り 2009 年に基づいている。

後年のあるいは目標年のコストを計算する場合には次の式を使わなくてはならない。

$$C_t = C_b \cdot (1 + r_1) \cdot (1 + r_2) \cdot \cdots \tag{6.5}$$

ここで

C_t：目標年のコスト

C_b：基準年のコスト

r_i：基準年と目標年の間の各年のインフレ率（$i = 1, 2, 3, \cdots$）

たとえば，仮にある品目の 2007 年のコストが 100 であり，2007 年と 2008 年のインフレ率がそれぞれ 3 ％ と 4 ％ である場合，この品目の 2009 年におけるコストは

$$C_{2009} = C_{2007} \times (1 + r_{2007}) \times (1 + r_{2008}) = 100 \times 1.03 \times 1.04 = 1.0712$$

となる。

<原材料価格>

原材料価格は機器のコストに影響する主な要因のひとつである。図 6-7 は 2001～2006 年の鉄鋼と石油価格のトレンドを示している。

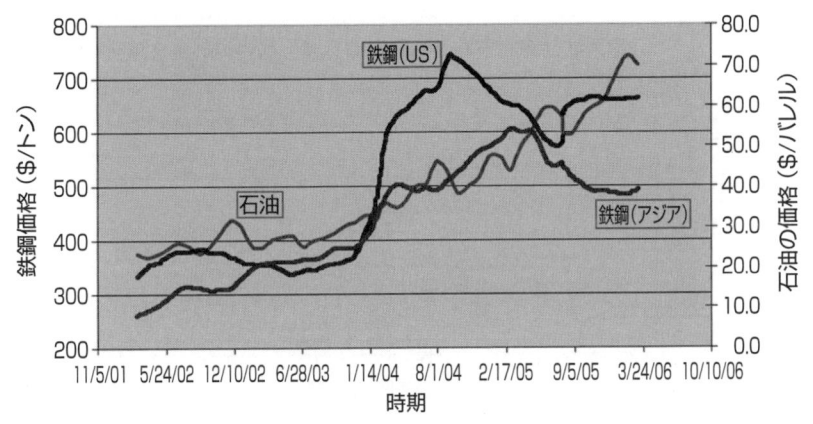

図 6-7　過去の鉄鋼と石油価格のトレンド [3]

<市場状況>

需要と供給は経済の最も根源的な概念のひとつであり，市場経済のバックボーンである。需要とは，どのくらい（の量）の製品やサービスが買い手に欲しがられるかということである。供給とは，市場がどのくらい提供できるかを表す言葉である。したがって，価格は需要と供給を反映したものである。需要の法則は，仮に他の要素が同じままであったとすれば，ある商品の高い需要はその商品の価格を上げると述べている。

サブシー開発では，組み立て能力と設置船の可用性や供給が大きいコストドライバのひとつとなる。供給がタイトであると，図 6-8 に示すようにコストを急速に押し上げる。

また図 6-8 は，技術条件からくるコストトレンドも説明している。技術条件は市場の供給に影響を与える。コストの変化は普通の機能の範囲内ではゆっくりだが，技術限界点 c に達すると業者は賢く価格を上げてくる。たとえば，現在は 10 ksi の海底クリスマスツリーが市場の標準製品であり，5 ksi の海底ク

リスマスツリーのコストはあまり変わらない．しかし，15 ksi の海底クリスマスツリーは依然として新技術であり，そのコストはプロジェクトコストを大きく引き上げる．

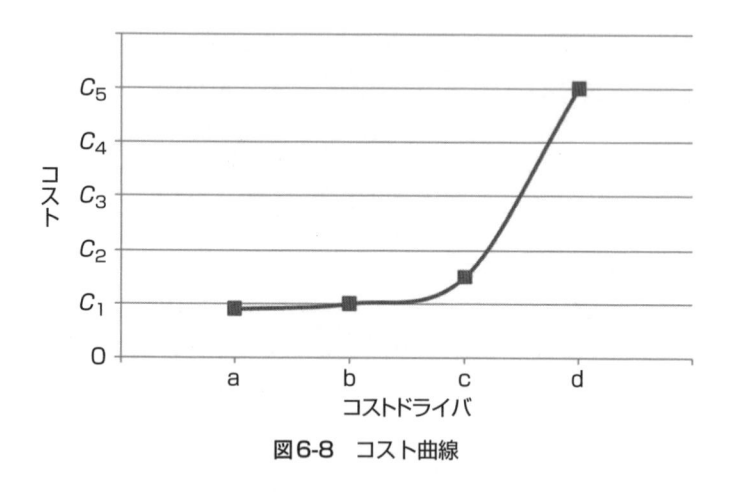

図6-8 コスト曲線

＜サブシー特別係数（subsea-specific factor）＞
　一般係数が導入される他に海底油・ガス田開発では固有の特別係数がある．

- 開発地域：適切な設置船の可用性，動員と動員解除（mobilization/demobilization）コスト，配達・輸送コスト，その他に影響する．
- 既存インフラとの距離：パイプラインまたはアンビリカルの長さと設計に影響する．
- 貯留層の特性：圧力定格や温度定格などの特性が機器設計に影響する．
- 水深，海象気象（通常は，風，波と潮流のデータ）と土壌条件：機器設計，設置中断時間，設置の設計に影響する．

これらの係数に関する詳細については 6.4 節を参照されたい．

6.3.3 作業分割構成による評価法

作業分割構成（WBS：work breakdown structure）は，図表を用いたファミリーツリーである。プロジェクトのすべての作業を組織的に表している。図6-9で示されるように，フィールド開発プロジェクトのタスクを段階的に分割していき，定義された小さいタスクの集合にすることによって，可視化して体系的に理解しやすくすることができる。プロジェクトを細分化したタスクにすると，タスクは明確になり，プロジェクトコストの評価も容易になる。

レベル1の分割構成は主として，サブシー機器，システム設計，設置，試験などのメインコストに基づく。サブシーの要素はさらに，海底クリスマスツリー，ウェルヘッド（坑口装置），マニホールド，パイプライン，その他に分割される。レベル3の分割では，機器，材料，必要な組み立てを反映している。

コスト評価にはWBSで記述した要素を用いる。プロジェクトコストは，決定された各要素のコストを合計して評価される。材料コストと組み立てコストは，事前に承認を受けた各機器や作業の入札者から予算価格を聞くことで得られる。組み立て業務範囲説明書は当該材料に関連する業務の詳細を提供する。

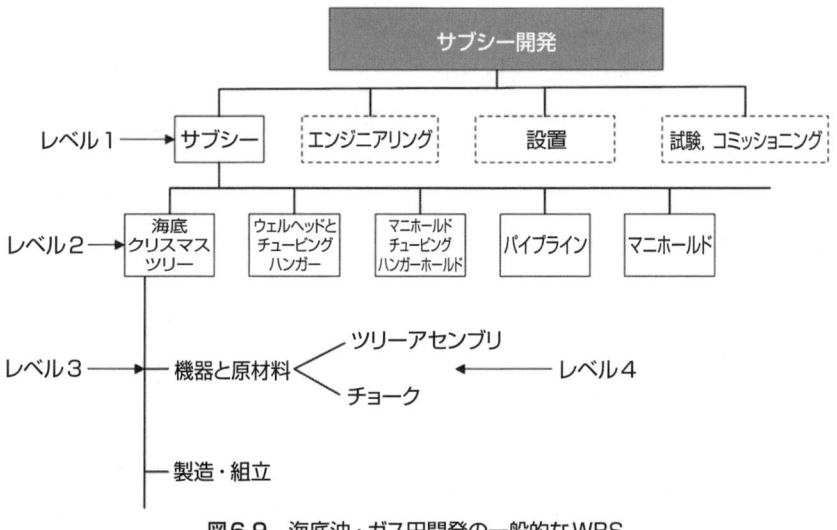

図6-9 海底油・ガス田開発の一般的なWBS

それには，プロジェクトの概要，無償提供材料のリスト，業務範囲の詳細リスト，組み立て・建設・引き渡しのスケジュールが含まれている。

ある場合には，業務範囲の文書は図面に置き換えられる。エンジニアリング要素のコストは，プロジェクトが要求する経験と知識に基づいている。個々のエンジニアリング活動に必要な延べ時間（man-hours）を推定し，適切な時間当たり賃金を適用してコストを求める。

6.3.4 コスト評価プロセス

サブシー機器のコスト評価も上記の2つの方法（コストドライブ係数による評価法とWBS評価法）を組み合わせて行うことができる。図6-10のフローチャートに示されるように，まず基準原価を選ぶ。基準原価は標準製品のWBSに基づいている。次にコストドライブ係数を選ぶ。いくつかの表にあるデータから適切なデータを選びそれを式(6.4)に投入する。これで最終評価コストに到達する。

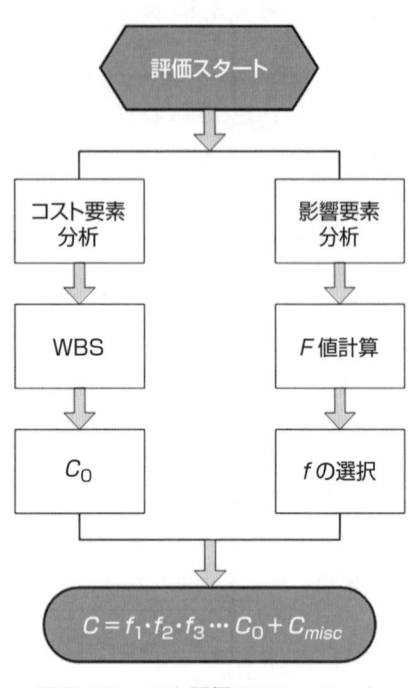

図6-10 コスト評価のフローチャート

6.4 サブシー機器のコスト

6.4.1 サブシー生産システムの概要

サブシー生産システムにはさまざまなサブシー構造物や機器が含まれる。坑口装置，ツリー，ジャンパー，マニホールドなどである。それはフィールドの全体構成のタイプとトップサイドの機器に依存する。一般的なフィールド開発

では，複数の坑口装置とその中央に位置するクラスタマニホールドを用いる。周辺フィールド（marginal field）にはサテライト井タイバックを用いるのが柔軟で経済的な方法である。図 6-11 に示すサブシー生産システムの典型的な構成要素と機器は次のようなものである。

- 海底坑口装置（ウェルヘッド）：坑井でケーシングハンガーを支持するために使われる。坑口装置には通常ガイドベースが含まれ，これによって坑口装置はツリーを設置する場合の誘導にも使われる。
- 海底クリスマスツリー：パイプとバルブの集合体であり，制御，計装を伴う。坑口装置の上に固定されていて，坑井からの生産流体を制御する。
- ジャンパー：サブシー構造物の間のコネクタあるいはタイイン（たとえば，ツリーとマニホールド，マニホールドと PLET, PLET と PLET）。ジャンパーにはフレキシブルジャンパーとリジッドジャンパーがある。
- マニホールド：ツリーや坑口装置からの生産流体を集めるために使用される。そして生産流体を海底パイプラインを通じて浮体式設備に送り出す。4, 6, 8, 10 個のスロットを持つクラスタマニホールドが一般的なマニホールドである。
- テンプレート：海底井またはマニホールドを支持するための構造。
- PLET：パイプラインをマニホールドやツリーのようなサブシー構造物に結合するためにパイプラインの端部に取り付けられた構造物。
- 海底基礎：サブシー構造物を海底面で支える構造物。マッドマット，サクションパイル，ドリリングパイルは典型的な海底基礎である。
- サブシー生産制御システム（SPCS）：主制御ステーション（MCS），電源ユニット（EPU），油圧ユニット（HPU）その他のような構成要素。
- アンビリカル終端アセンブリ（UTA）：必要とするサブシー構造物にアンビリカルの設置や引き込みを行うためのアンビリカルフランジを持つ終端装置。
- フライングリード：UTA と他のサブシー機器のコネクタ。油圧用フライングリード（HFL）と電気用フライングリード（EFL）が含まれる。

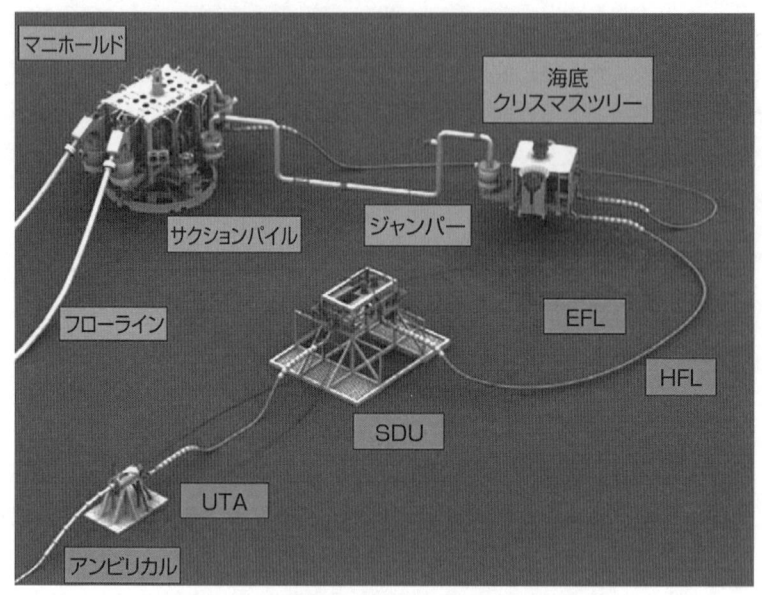

図6-11 典型的なサブシー生産システム[4]

- サブシー分配ユニット（SDU）：UTAを通るサブシーアンビリカルとのコネクタ。海底の設備に油圧，電気，信号，注入ケミカルを運ぶ。
- HIPPS（高度圧力保護システム）：圧力超過や混乱（upset）状態を伴う突発流（abject flow）から定格圧力の低い機器を守るための機器。混乱状態を遮断または迂回することによって定格圧力の低い機器を守る。
- アンビリカル：2つ以上の機能要素を持つ部品で構成される（たとえば，熱可塑性ホースまたは金属管，電気ケーブルおよび光ファイバー）。アンビリカルはトップサイドとサブシー間でパワーと信号を送るメインの媒体である。
- ケミカル注入ユニット（CIU）：トップサイドにあるサブシー機器にケミカル（たとえば，腐食抑制剤）注入を行うための機器。

サブシー制御モジュール（SCM）やサブシー制御機器は，トップサイドからのバルブや他の装置を操作するデータや信号を伝えるために通常はサブシーツ

リー上にある。

本書では，すべてのサブシー機器をカバーするのではなく，いくつかの典型的で普遍的な機器に焦点を当てて，それらのコスト評価を紹介する。

6.4.2 サブシーツリー

図 6-12 はサブシーツリーを配備しようとしているところを示している。海底油・ガス田開発におけるサブシーツリーのコストは，単価にツリーの数を乗じることにより簡単に評価することができる。ツリーのタイプと数は，水深，貯留層の特性，生産流体のタイプなどのフィールドの条件に従って選択され評価される。単価は実績のあるコントラクターや製造業者から提供される。

図6-12　設置作業中のサブシーツリー[5]

6.4.2.1　コストドライブ係数

ツリーのコスト評価には一般的に，次の構成要素が含まれる。

- チュービングハンガーアセンブリ
- ROV ツリーキャップ
- FEAT テスト

ツリーのパラメータは石油・ガス生産比，貯留層特性，生産率，水深その他の情報に基づいて FEED の間に選択，特定しなければならない。

- ツリーの主な構成要素：ツリー本体，ツリーバルブ，ツリー配管，防護フレーム，SCM，生産チョーク，ツリーコネクタ，ROV パネルその他
- 一般的なボアサイズ（内径）：5 inch と 7 inch
- 標準定格圧力：5 ksi，10 ksi，15 ksi

ツリーのタイプは 2 種に要約される。水平型ツリー（HT）と垂直型ツリー（VT）である。HT と VT の主な違いは，形状，サイズ，重さである。HT ではチュービングハンガーはツリー本体内にあるが，VT ではチュービングハンガーは坑口装置内にある。さらに，HT は普通 VT よりもサイズが小さい。

ボアサイズは 5 inch に標準化されているので，ツリーの価格は，ボアサイズが 5 inch 以下であれば大きく変わることはない。しかしながら，ボアサイズが 7 inch またはそれ以上のサイズのツリーは依然として新技術であり，コストも大きく変わってくる。

API 17D [6] および API 6A [7] によれば，海底クリスマスツリーの定格圧力は 5，10，15 ksi である。水深が異なれば，異なる定格圧力が用いられる。5 ksi と 10 ksi のツリーの技術は 1000 m を超える水深で広く用いられている。主なコストの違いは重量とサイズによる。15 ksi のツリーを設計，製造できる会社はほとんどないため，コストは市場要因で高くなる。

海底クリスマスツリーの定格温度はシーリング（密封）方法やシーリング機器などのシーリングシステムに影響を与える。API 6A [7] の定格温度は K, L, P, R, S, T, U, V である。典型的な海底クリスマスツリーの定格は LV, PU, U, V である。多くの製造業者は多様な条件下で働くように広い範囲の定格温

度で機器を供給している。定格温度は海底クリスマスツリーの総コストにあまり大きな影響は与えない。

6.4.2.2　コスト評価モデル

　海底クリスマスツリーのコスト評価値は，機器のコストドライブ係数を基準原価に乗じて算出される。基準原価は通常そのときの標準製品の正常な市場価格の範囲の価格である。ここで考えられているのと異なるケースでは修正をしなくてはならない。海底クリスマスツリーのコストモデルは次のように表すことができる。

$$C_1 = C_0 \cdot f_1 \cdot f_2 \cdot f_3 \cdots + C_{corr} \tag{6.6}$$

ここで

　f_1, f_2, f_3：ツリーのタイプ，定格圧力，ボアサイズなどの海底クリスマスツリーのコストドライブ係数

　C_1：評価対象の新規の海底クリスマスツリーのコスト

　C_0：海底クリスマスツリーの基準原価

　C_{corr}：修正コスト

　ツリーのタイプ，定格圧力，ボアサイズは海底クリスマスツリーのコスト評価の主なコストドライブ係数である。以下は 5 inch・10 ksi 垂直型クリスマスツリーのコスト評価の例である。

基準原価 C_0 (×10^{6}US$)		最小 = 2.20	平均 = 2.45	最大 = 2.70
圧力　10 ksi	ボアサイズ　5 inch		ツリータイプ　VT (垂直型)	
材料　炭素鋼				

ツリータイプ		マッドラインツリー	VT	HT
	最小	0.25		1.20
コスト係数 f_1	平均	0.35	1.00	1.25
	最大	0.45		1.30

定格圧力		5ksi	10ksi	15ksi
コスト係数 f_2	最小			1.10
	平均	0.90	1.00	1.15
	最大			1.25

ボアサイズ		3inch	5inch	7inch
コスト係数 f_3	最小			1.10
	平均	0.85	1.00	1.15
	最大			1.25

修正コスト C_{corr} ($\times 10^3$US$)	最小 = 150	平均 = 250	最大 = 350

6.4.3 サブシーマニホールド

　海底油・ガス田開発のマニホールドと関連機器には複数のコンセプトが採用されている。図 6-13 は，設置船のムーンプールからサブシーマニホールドを設置するところを示している。マニホールドの代わりにテンプレートを使用するフィールドもある。実際，テンプレートはマニホールドの機能を持つ。PLET や PLEM はパイプライン端に装着されるサブシー構造物（簡単なマニホールド）であり，パイプラインをマニホールドあるいはツリーなどのサブシー構造物とジャンパーで接続するために用いられる。この装置は坑井とフローラインの間で生産流体を集めて送るために使われる。

　このタイプの装置のコストの大部分はマニホールド本体のコストである。なぜならばフィールドのタイプとサイズにもよるが装置の全体コストの 30～70％ を占めるからである。

図6-13 サブシーマニホールド[8]

6.4.3.1　コストドライブ係数

マニホールドあるいは他のサブシー構造物のコスト評価には次の要素と事項を含めなければならない。

- マニホールドの基礎
- マニホールドの制御（たとえばSCM）
- 圧力と温度
- ピギングループ
- EFATテスト

一般的なマニホールドは4，6，8，10スロットを持つクラスタタイプである。それぞれのスロットに1セットのバルブと配管が必要なので，マニホールドのコストは主としてスロット数に依存する。これは購入コストだけではなく

材料費も増加させる。加えて，構造物のサイズと重量が設置コストに影響を与える。

マニホールドやツリーのようなサブシー構造物は 6.4.2.1 で明らかにされた標準的な定格圧力に従う。定格圧力は主としてマニホールドの配管設計に影響する。たとえば管壁の肉厚などである。

6.4.3.2　コスト評価モデル

サブシー構造物のコスト評価は海底クリスマスツリーのコストモデルで使われた方法に従う。サブシーマニホールドのコストモデルは次のように表される。

$$C_1 = C_0 \cdot f_1 \cdot f_2 \cdot f_3 \cdots + C_{corr} \tag{6.7}$$

ここで

f_1, f_2, f_3：スロットの数やパイプサイズなどのサブシーマニホールドのコストドライブ係数

C_1：評価対象のサブシーマニホールドのコスト

C_0：サブシーマニホールドの基準原価

C_{corr}：修正コスト

PLEM は一種のマニホールドであり，通常 1〜3 個のハブを持つ。PLEM の構造はマニホールドに似ている。しかしながら，たとえばもし坑井が 2 つしかなければ，クラスタマニホールドと比較した場合，PLEM を設置して坑井とつなぐほうが，柔軟性があり経済的である。以下はサブシーマニホールドのコスト評価の一例である。

基準原価 C_0 ($\times 10^6$ US$)		最小 = 1.8	平均 = 3.0	最大 = 4.2
スロットの数	4	タイプ　クラスタ	パイプOD	10"
材料	炭素鋼		圧力	10ksi

スロットの数		PLEM	4	6	8	10
コスト係数 f_1	最小	0.50		1.05	1.25	1.60
	平均	0.65	1.00	1.25	1.45	1.90
	最大	0.80		1.45	1.65	2.20

パイプサイズ (OD)		8"	10"	12"	16"	20"
コスト係数 f_2	最小	0.85		1.04	1.14	1.18
	平均	0.90	1.00	1.07	1.18	1.29
	最大	0.95		1.10	1.22	1.40

修正コスト C_{corr} (×10^3 US$)	最小 = 150	平均 = 250	最大 = 350

6.4.4 フローライン

フローラインは坑内と洋上設備をつないで必要なサービスが行えるようにするものである。フローラインは油・ガス生産物，リフトガス，注入水，ケミカルを運び，また坑井テストを行えるようにする。フローラインは単純なスチールラインであったり，個々のフレキシブルラインであったり，輸送管に収められた束ねた複数のラインであったりする。すべてのフローラインは，海底に沿って輸送される途中に生産流体が冷やされる問題を回避するために断熱が必要である。

フローラインのコストは通常，他のサブシー機器のコストとは別に計算される。ラインの長さに単価を乗じて単純に評価することができる。設置コストについては 6.5 節で論じる。

6.4.4.1 コストドライブ係数

フローラインの主な調達コストドライバは次のとおりである。

- タイプ（フレキシブル，リジッド）
- サイズ（直径，肉厚，定格圧力，定格温度）

- 材料の等級
- 塗装
- 長さ

オフショア油・ガス産業で使われている鋼は炭素鋼（API標準グレードBからX70以上）から2相鋼（duplex）に変わってきている。高いグレードの鋼は明らかに価格が高くなる。しかし，高グレード鋼の生産コストが下がってきて，産業の全般傾向はより高グレード鋼の使用に向かっている。一般的に非サワーサービスのサブシーフローラインはX70とX80，サワーサービス（硫黄腐食環境）では肉厚40mmまでのX65とX70である。

フレキシブルフローラインは敷設と接続作業が比較的容易で速い。したがって，フレキシブルフローラインの材料コストは在来の鋼製フローラインのそれよりも相当に高いが，設置コストによって相殺される。

高い定格圧力は高いグレードのパイプ素材を要求する。こうして高圧力のプロジェクトでは鋼のコストが上昇する。しかし，グレードが上がればパイプラインの肉厚を減らすことができる。これは，低グレード鋼を使用する場合よりも全体として製造コストを下げることにつながる。図6-14に定格圧力-コスト曲線を示す。

定格圧力の係数はパイプサイズの係数に組み入れられる。

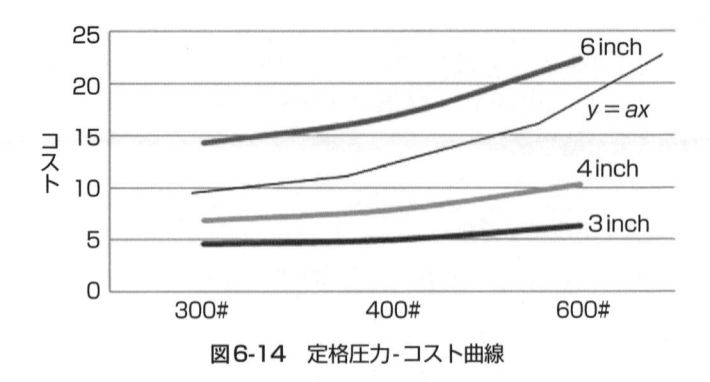

図6-14 定格圧力-コスト曲線

6.4.4.2　コスト評価モデル

サブシーフローラインのコストは，通常，単価に全体の長さを乗じて算出される。フローラインのコストモデルは以下のように表される。

$$C_1 = C_u \cdot L \cdot f_1 \cdot f_2 \cdot f_3 \cdots + C_{corr} \tag{6.8}$$

ここで

f_1, f_2, f_3：サブシーフローラインのコストドライブ係数（パイプライン外径（OD）やパイプ肉厚など）

C_1：評価対象のサブシーフローラインのコスト

C_u：フローラインの単価（m 当たり）

L：フローラインの全長

C_{corr}：ジョイント結合，塗装，その他の修正コスト

OD，フローラインの肉厚，定格圧力，水深はフローラインのコスト評価における主たるコストドライブ係数である。次はサブシーフローラインのコスト評価の一例である。

基準原価 C_u (US$/m)		最小＝150	平均＝215	最大＝280		
OD 10"		品質等級　API 5L X65 リジッドパイプ				

パイプOD		4"	10"	12"	16"	20"
コスト係数 f_1	最小	0.15		1.20	1.60	2.20
	平均	0.25	1.00	1.30	1.80	2.60
	最大	0.35		1.40	2.00	3.00

塗装 (US$/m)		4"	10"	12"	16"	20"
修正コスト C_{corr}	最小	140	350	380	460	580
	平均	170	450	485	580	710
	最大	200	550	590	700	840

フレキシブルパイプまたはコンポジット（composite）パイプはリジッドパイプラインとは異なる。一般的なフレキシブルパイプラインは何層かになっている。しかし，フレキシブルパイプの基準原価が利用可能であれば，フレキシ

ブルフローラインのコストモデルは他のサイズのフローラインにも適用可能である。

6.5　試験と設置のコスト

6.5.1　試験のコスト

　工場受入試験（FAT：factory acceptance test）はサブシー機器の設置前に行われる試験である。新しく製造された機器については，機器が性能要求と機能要求を満たすかどうかをチェックするためにつねに実施される。拡張工場受入試験（EFAT：extended factory acceptance test）は，いくつかの機器やサブシー構造物（付帯するアセンブリのあるサブシーツリーなど）にのみ適用可能である。システム統合試験（SIT：system integration test）は，供給者が1社のみであるか異なるサプライヤがいるかにかかわらず，システム全体が互いに満足にインターフェースで接続できるかどうかを確認するために実施される。

　サブシー機器の一般的な FAT 項目は次のとおりである。

- 油圧制御系統のフラッシング（flushing：流し込み），作動，圧力試験
- アセンブリの静水圧試験
- ROV インターフェースの作動
- ガスの試験
- SCM の設置および作動試験
- 断熱試験
- 電気防食（CP：cathodic protection）の持続性チェック

次は SIT の一般的な項目である。

- 個々のアセンブリの互換性の確認（たとえば，チュービングハンガーとツリーシステム，ピギングループとマニホールド）
- 個々の機器の物理的インターフェースの確認（たとえば，坑口装置の上に乗るツリー，あるいはマニホールドのハブに着座するジャンパー）
- 個々の機器間のインターフェース問題の特定

- 機器の制御盤に対する ROV ツールの物理的インターフェースの確認
- 坑井ジャンパーの適正な設置のために許容される最大オフセット角の決定

試験には特別なツールあるいは機器が必要になることがあり，コスト評価ではそれらを考慮しなければならない．

- 水を満たしたテストプール
- クレーン
- ROV ホットスタブ（hot stab）アセンブリ
- 操作用ワイヤロープ索
- 昇降具とツールキット
- テストスタンプ（test stump）
- 検査スタンド

通常 FAT と EFAT のコストは個々の機器の調達に含まれる．サブシー生産システムの SIT のコスト評価モデルは表 6-2 に示されている．

表6-2　サブシー生産システムのSITコスト評価

項目	単価	数量	単位
試験設備のオペレーション	$3000〜3500	3〜5	日
サイト動員	$2500〜3500	1〜2	回
サイト動員停止	$2500〜3500	1〜2	回
クレーンの賃借料	$1700〜2300	3〜5	日
陸上でのサービスエンジニア（最低2人）	$1000〜1500	3〜5	日

6.5.2　設置コスト

海底油・ガス田開発プロジェクトにとって設置コストは CAPEX 全体のなかで鍵となる重要な部分である．とくに大水深と遠隔地域ではそうである．設置計画は，プロジェクトの早い段階で策定する必要がある．ウェザーウィンドウ（好適な天候の時期）の決定と同様，設置コントラクターと設置船の可用性を

決めるためである。また設置船および設置方法と天候基準はサブシー機器の設計にも影響する。

海底油・ガス田開発プロジェクトの範囲の選定と定義の段階では，設置の主な諸側面を考慮しなければならない。

- ウェザーウィンドウ
- 船の可用性と能力
- 機器の重量とサイズ
- 設置方法
- 特別なツーリング装置

異なるサブシー機器は異なる重量とサイズを持ち，異なる設置方法と船が必要となる。一般的にサブシー開発における設置コストはサブシー開発 CAPEX 全体の 15～30% である。サブシー機器の設置コストには 4 つの要素が含まれる。

- 船の動員・動員解除コスト（vessel mob/demob cost）
- 1 日当たりの用船料（day rate）と設置スプレッド（価格幅）（installation spread）
- 特別なツーリング装置の借料
- 船のダウンタイムあるいは待機時間に関連するコスト

動員・動員解除コストは航海距離と船のタイプによって数十万ドルから数百万ドルの範囲である。

通常のパイプ敷設船の敷設速度は 1 日当たり約 3～6 km（1.8～3.5 mile）である。溶接時間は，直径，管肉厚，溶接手順に応じて 1 ジョイント当たり約 3～10 分である。ウインチの昇降速度は，展開（送り出し）の場合には 10～30 m/s（30～100 ft/s）であり，回収（引き戻し）の場合には 6～20 m/s（20～60 ft/s）である。

サブシーツリーの設置には特別なツーリング装置が必要となる。水平型ツリーの場合はツーリング装置の借料は 1 日当たり 7000～1 万 1000 USD である。垂直型ツリーの場合はツーリング装置の借料は 1 日当たり 3000～

6000 USD である。加えて，水平型ツリーの場合にはサブシーテストツリー（SSTT）が必要であり，そのコストは1日当たり4000〜6000 USD である。ツリーの設置（降下，位置設定，接続）には通常2〜4日を要する。

表 6-3 は各船種の一般的なデイレートを示す。表 6-4 は一般的なサブシー構造物の設置所要時間を示す。

表6-3 各船種のデイレート

船種		平均デイレート
掘削船	水深＜1500m	24万ドル
セミサブ	水深＜500m	25万ドル
セミサブ	水深＞500m	29万ドル
セミサブ	水深＞1500m	43万ドル
ジャッキアップ	水深＜100m	9万ドル
ジャッキアップ	水深＞100m	14万ドル
アンカーハンドリング船		5万ドル
パイプ敷設船	水深＜200m	30万ドル
パイプ敷設船	水深＞200m	90万ドル

表6-4 一般的なサブシー構造物の設置所要時間（水深：4000ft, 1200m）

設置活動	パラメータ	設置所要日数
フローライン，PLET，ライザー（SCR）の設置	8 inch, 8 kmのフローライン 12 inch, 8 kmのフローライン 8 inch, 4 kmのライザー 3基のPLET	27〜30
アンビリカルとUTAの設置	長さ1500m, 2600m, 5500mのアンビリカル3本	17〜20
ツリーの設置	5 inchの水平型ツリー	1〜2
マニホールドの設置	＜8スロット	1〜3
ジャンパーの設置	4基のリジッドジャンパー	11〜13
フライングリードのフックアップ	6本のフライングリード	5〜8

6.6 プロジェクトマネジメントとエンジニアリングコスト

海底油・ガス田開発のマネジメントには計画，遂行，プロセス監視，統制，リソースマネジメントその他が含まれる。コストはプロジェクトの各ステージごとに評価しなければならない。

各ステージのコストは主として人件費に依存する。たとえば，シニアコンサルタントの報酬，エンジニアの報酬，その他である。各種のエンジニアの平均的なコストを下に示す。

- プロジェクトエンジニア：2万4000 USD/月
- ツリーエンジニア：2万 USD/月
- 制御エンジニア：2万 USD/月
- フローラインエンジニア：2万 USD/月
- ライザーエンジニア：2万 USD/月
- フローアシュアランスエンジニア：2万5000 USD/月

6.7 サブシー運営費用（OPEX）

オフショア油・ガス井の生涯には5つのステージがある。計画，掘削，仕上げ，生産，廃棄である。生産ステージは最も重要なステージである。なぜならば，油・ガスが生産され収入が生成される期間だからである。普通，油井の生産寿命は約5～20年である。

生産寿命の間のコストを評価するには，計画的操業と保守（O&M：operation and maintenance）の費用と非計画的 O&M 費用の両方を入れる必要がある。OPEX には計画された再仕上げ（recompletion）を行うコストも含まれる。これらの計画的再仕上げのための OPEX は，毎回の再仕上げに要する時間を乗じた，インターベンション（坑井介入）のためのリグ展開コストである。計画的再仕上げの回数とタイミングは，そのサイト固有の貯留層の特性とオペレータのフィールド開発計画に依存する。

設定された各インターベンションの手順はいくつかのステップに分解される。各ステップの所要時間は過去のデータから推定される。再仕上げに伴う減価されていない OPEX は次のように評価される。

OPEX = インターベンション期間 × リグ展開コスト

図 6-15 は大水深開発の OPEX の典型的なコスト要素の配分を示している。合計 OPEX のなかの各コスト構成要素の割合は会社ごとに，また場所ごとに異なっている。浅水深開発の OPEX 要素のコスト配分は，生産物の輸送コストが著しく低いことを除けば，大水深の場合と同様である。

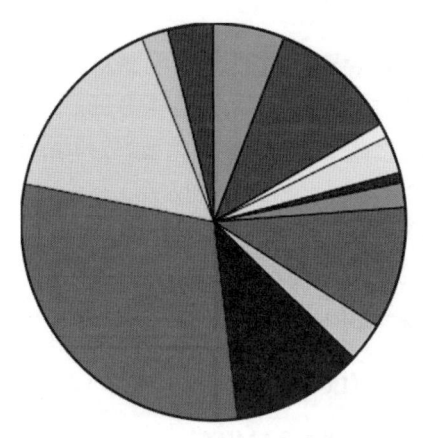

- ホストプラットフォームオペレーション (6%)
- ホストプラットフォームプロセスタリフ料金 (11%)
- 坑井機器インターベンション (1%)
- 坑井インターベンション：大 (3%)
- 坑井インターベンション：小 (1%)
- 生産井機器インターベンション (2%)
- 生産井インターベンション：大 (10%)
- 生産井インターベンション：小 (3%)
- オペレータ保険 (11%)
- 生産物輸送 (30%)
- 生産活動 (16%)
- 種々のケミカル (2%)
- 一般管理費 (4%)

図6-15 大水深OPEXの典型的なコスト配分 [9]

6.8 サブシーシステムのライフサイクルコスト

個々のサイトにとって最もコスト効率の高いサブシーシステムを決定するためには，多くのコスト要素と側面を考慮しなければならない。掘削や設置時の暴噴（ブローアウト，blowout）リスクはしばしば重要な要素である。もうひとつの，よく見逃されやすい重要な要素は，サブシーシステムの構成機器の故

障コストである。油の探査と開発はより大水深に向かっているので，サブシーシステムの構成機器の故障修理コストは劇的に上昇する。

そこで，サブシーシステムの総ライフサイクルコストを決定するためには，CAPEX と OPEX のほかに，さらに 2 つのコスト要素が導入される [9]。

- RISEX：設置，通常生産活動，再仕上げの間に油井の制御が失われること（暴噴）に伴うコスト
- RAMEX：サブシー構成機器の故障に伴う信頼性，可用性，保全可能性に関するコスト

ここで CAPEX と OPEX の定義にも戻ってみよう。

- CAPEX：機材およびサブシーシステム設置の資本コスト。機材にはサブシーツリー，パイプライン，PLEM，ジャンパー，アンビリカル，制御システムが含まれる。設置コストには，設置所用時間を乗じた用船料および設置のためのツールや機器レンタルまたは購入費が含まれる。
- OPEX：坑井インターベンションや改修を行うオペレーションコスト。これらの回数とタイミングは，そのサイト固有の貯留層の特性とオペレータのフィールド開発計画に依存する。

サブシーシステムのライフサイクルコスト（LC）は次のように計算される。

$$LC = CAPEX + OPEX + RISEX + RAMEX \quad (6.9)$$

6.8.1　RISEX

RISEX コストは，制御不能な漏洩の確率を制御不能な漏洩の結果影響（金額）に乗じて計算される。

$$RI = PoB \times CoB \quad (6.10)$$

ここで

RI：RISEX コスト

PoB：生産寿命の間に暴噴が起きる確率

CoB：暴噴のコスト

油井の暴噴はサブシーシステムの各モードで発生しうる。掘削，仕上げ，生産，改修（workover），再仕上げの各モードである。ゆえに，生産寿命の間の暴噴の確率は各モードの確率を合計したものである。

$$\text{PoB} = P(掘削) + P(仕上げ) + P(生産) + \sum P(改修) + \sum P(再仕上げ) \quad (6.11)$$

海底井の制御システムの故障（暴噴による）コストは複数の要素からなっている。汚染への反応を考えると，世界の異なる地域によって反応は異なるというのがもっともらしい。表 6-5 は，この産業における過去のこの種のコストを示している。

表6-5　地理的地域ごとの暴噴のコスト[9]

地域	事故の類型	時期	コスト※ (百万$)	損害の類型
北海	海底面暴噴	1980年9月	16.1 13.9	除染コスト 再掘削コスト
フランス	生産井地下暴噴	1990年2月	9.0 12.0	再掘削コスト 除染コスト
メキシコ湾	地下暴噴	1990年7月	1.5	除染コスト
中東	掘削時地下暴噴	1990年11月	40.0	
メキシコ	探査掘削中の暴噴	1991年8月	16.6	オペレータ特別コスト
北海	探査掘削中の高圧井暴噴	1991年9月	12.25	オペレータ特別コスト
メキシコ湾	暴噴	1992年2月	6.4	オペレータ特別コスト
北海	探査掘削中の地下暴噴	1992年4月	17.0	オペレータ特別コスト
インド	掘削中の暴噴	1992年9月	5.5	オペレータ特別コスト
ベトナム	海底面ガス暴噴に続く地下流体の暴噴	1993年2月	6.0 54.0	再掘削コスト 抗井コスト
メキシコ湾	暴噴	1994年1月	7.5	オペレータ特別コスト
フィリピン	探査井の暴噴	1995年8月	6.0	抗井コスト
メキシコ湾	生産井の海底面暴噴 (11井喪失)	1995年11月	20.0	抗井コストおよび物理的損害

※ コストは当該年に基づいている。インフレ率を考慮する場合は6.3.2項を参照されたい。

6.8.2 RAMEX

RAMEXコストは，油井の生産寿命の間のサブシー構成機器の故障に関連するものである。構成機器の故障が生じると油井の停止を要し，改修船を配備して故障した機器を修理することになる。主要なコストは2つのカテゴリに分けられる。

- 船の展開コストを含む，機器の修理コスト
- ひとつまたは複数の油井が停止することに伴う生産喪失

実際，故障した機器の修理コストは，また改修のコストでもある。改修コストはOPEXに含めなければならない。しかし，通常は，「計画的な」インターベンションや改修活動のみが規定されてコストが評価される。「非計画的な」修理によるRAMEXコストは，機器の故障確率（改修を保証できるよう十分に厳しいもの）を故障に伴う平均的な結果影響コストに乗じて計算される。総RAMEXコストは各機器のRAMEXの合計である。

$$RA = C_r + C_p \tag{6.12}$$

ここで

RA：RAMEXコスト
C_r：修理コスト（船の展開コストおよび機器の修理，交換コスト）
C_p：生産喪失コスト

このコストの計算手順を図6-16に示す。

船の展開コストは設置船のコストと同様である。6.5.2項を参照されたい。サブシー機器の故障に関するさらに詳しい情報については第11章を参照されたい。

図6-17は生産時間喪失の結果として生じるコストを示している。ここで，TTFは故障までの時間，LCWRはリグで待つ間の喪失生産能力，T_{RA}はリソース（船）の可用時間，T_{AR}は実修理時間である。

修理に要する平均時間はシステムの修理オペレーションに依存する。修理オペレーションは各機器の故障ごとに要求される。それぞれのオペレーションに

はシナリオに応じてそれに対応する船が必要である。サブシーシステムのタイプあるいはフィールドレイアウトについては第2章を参照されたい。

図6-17から生産喪失によるコストは油・ガス生産の損失分であることがわかる。このコストは個別の海底井分を合計したものであることに注意されたい。

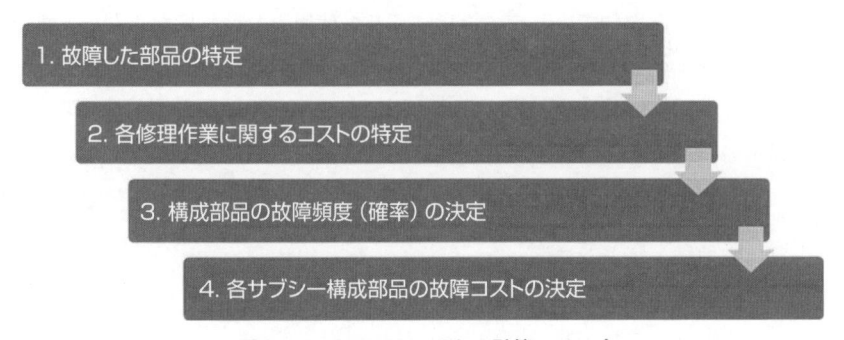

1. 故障した部品の特定
2. 各修理作業に関するコストの特定
3. 構成部品の故障頻度（確率）の決定
4. 各サブシー構成部品の故障コストの決定

図6-16　RAMEXコストの計算ステップ

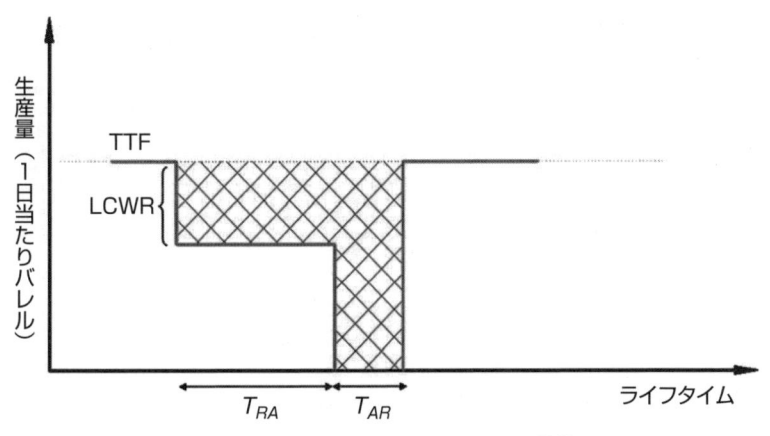

図6-17　生産時間喪失によるコスト[10]

6.9 ケーススタディ

多くのケースでは，CAPEX のみが品目をひとつずつリストアップして詳細に評価される（WBS 法）。それとは対照的に，OPEX，RISEX，RAMEX は貯留層の特性，個別のサブシーシステムの設計，オペレーションの手順に依存している。図 6-18 のフローチャートは，サブシー油・ガス田開発のフィージビリティスタディにおける CAPEX の評価ステップの詳細を表している。このフローチャートで供されているデータは注意して使用しなければならない。また個別のプロジェクトでは，必要があれば修正して使用しなければならない。

では，図 6-18 に示されている WBS を用いた CAPEX 評価の例とそのステップを見ていこう。

- フィールドの概要
    - 地域：メキシコ湾
    - 水深：4500 ft
    - ツリーの数：3
    - SPAR へのサブシータイバック
- 主な機器
    - 3 基の 5 inch × 2 inch，10 ksi 垂直型ツリーシステム
    - マニホールド 1 基
    - 生産 PLET 2 基
    - SUTA 1 基
    - 2 万 5000 ft のアンビリカル
    - 5 万 2026 ft のフローライン
- 計算ステップ
  表 6-6 参照

第 6 章　コスト評価　219

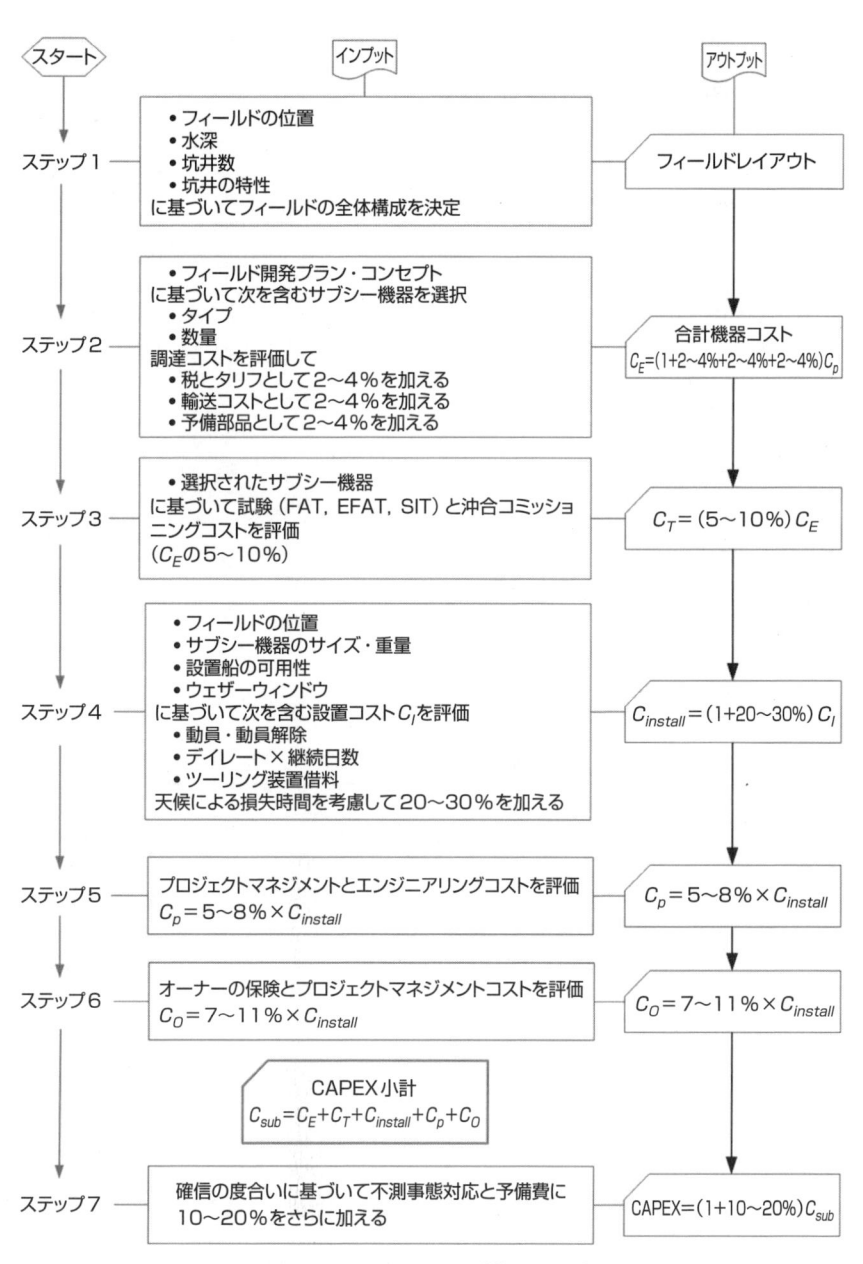

図6-18　CAPEXの計算ステップ

ステップ	インプット	アウトプット
スタート		
ステップ1	・フィールドの位置 ・水深 ・坑井数 ・坑井の特性 に基づいてフィールドの全体構成を決定	フィールドレイアウト
ステップ2	・フィールド開発プラン・コンセプト に基づいて次を含むサブシー機器を選択 　・タイプ 　・数量 調達コストを評価して 　・税とタリフとして2〜4%を加える 　・輸送コストとして2〜4%を加える 　・予備部品として2〜4%を加える	合計機器コスト $C_E = (1 + 2\sim4\% + 2\sim4\% + 2\sim4\%)C_p$
ステップ3	・選択されたサブシー機器 に基づいて試験 (FAT, EFAT, SIT) と沖合コミッショニングコストを評価 (C_E の 5〜10%)	$C_T = (5\sim10\%)C_E$
ステップ4	・フィールドの位置 ・サブシー機器のサイズ・重量 ・設置船の可用性 ・ウェザーウィンドウ に基づいて次を含む設置コスト C_I を評価 　・動員・動員解除 　・デイレート×継続日数 　・ツーリング装置借料 天候による損失時間を考慮して20〜30%を加える	$C_{install} = (1 + 20\sim30\%)C_I$
ステップ5	プロジェクトマネジメントとエンジニアリングコストを評価 $C_p = 5\sim8\% \times C_{install}$	$C_p = 5\sim8\% \times C_{install}$
ステップ6	オーナーの保険とプロジェクトマネジメントコストを評価 $C_O = 7\sim11\% \times C_{install}$	$C_O = 7\sim11\% \times C_{install}$
	CAPEX小計 $C_{sub} = C_E + C_T + C_{install} + C_p + C_O$	
ステップ7	確信の度合いに基づいて不測事態対応と予備費に 10〜20%をさらに加える	CAPEX $= (1 + 10\sim20\%)C_{sub}$

表6-6 CAPEX評価の例（2007年データ）

1. サブシー機器のコスト

サブシーツリー	ユニット	コスト
サブシーツリーアセンブリ	3	$4,518,302
（各） 5inch×2inch 10ksi 垂直型ツリーアセンブリ	1	上記に含まれる
回収可能チョークアセンブリ	1	上記に含まれる
チュービングハンガー 5inch 10ksi	1	上記に含まれる
高圧ツリーキャップ	1	上記に含まれる
5inchチュービングヘッドスプールアセンブリ	1	上記に含まれる
断熱	1	上記に含まれる
サブシーハードウェア		
サブシーマニホールド（EEトリム）	1	$5,760,826
サクションパイル（マニホールド用）	1	$1,000,000
生産PLET	2	$3,468,368
生産ツリージャンパー	3	$975,174
ピギングループ	1	$431,555
生産PLETジャンパー	2	$1,796,872
フライングリード		$1,247,031
SUTAからツリー間の油圧用フライングリード		
SUTAからツリー間の電気用フライングリード		
SCMからマニホールド間の油圧用フライングリード		
SUTAからマニホールド間の電気用フライングリード		
その他のサブシーハードウェア		
多相流量計	1	$924,250
制御		
トップサイド機器	1	$2,037,000
油圧ユニット（ガスリフト出力を含む）	1	$569,948
マスター制御ステーション（OCSとの連続リンク）	1	$204,007
トップサイドアンビリカル終端アセンブリ（TUTA）（分割）	1	$156,749
電源（UPSを含む）（注：既存UPSの容量をチェック）	1	上記に含まれる
ツリー搭載制御器	3	$5,108,940
マニホールド用装置	1	$1,104,163
SUTA	1	$2,764,804

表6-6 （続き）

アンビリカル	
アンビリカル 　長さ 25,000 ft	$11,606,659
ライザー	
ライザー 　生産用 8.625 inch × 0.906 inch × 65 　SCR 2 × 7,500 ft	$6,987,752
フローライン	
フローライン 　デュアル 10 inch SMLS API 5L X-65, 　フローライン 52,026 ft	$4,743,849
調達コスト合計	$54,264,324

2. 試験コスト

サブシーハードウェアFAT, EFAT	$27,132,162
ツリーのSITとコミッショニング	$875,000
マニホールドとPLETのSIT	$565,499
制御システムのSIT	$237,786
試験コスト合計	$28,810,447

3. 設置コスト

ツリー　　3日×$1000k/日	$3,000,000
マニホールドとその他のハードウェア	$48,153
ジャンパー（ジャンパー当たり1日＋ダウンタイム）	$32,102
ROV支援船	$1,518,000
その他の設置コスト	$862,000
パイプ敷設 52,026 ft	$43,139,000
設置コスト合計	$63,179,032

4. エンジニアリングとプロジェクトマネジメントコスト

エンジニアリングコスト合計	$4,738,427

5. 保険

保険コスト合計	$6,002,008
CAPEX小計	$156,994,238

6. 不測事態対応と予備費

予備コスト合計	$12,559,539

評価CAPEX合計：$169,553,778

参考文献

[1] AACE International Recommended Practice, Cost Estimation Classification System, AACE, 1997, NO.17R-97.
[2] Douglas-Westwood, The Global Offshore Report, 2008.
[3] C. Scott, Investment Cost and Oil Price Dynamics, IHS, Strategic Track, 2006.
[4] U.K. Subsea, Kikeh – Malaysia's First Deepwater Development, Subsea Asia, 2008.
[5] Deep Trend Incorporation, Projects, http://www.deeptrend.com/projects-harrier.htm, 2010.
[6] American Petroleum Institute, Specification for Subsea Wellhead and Christmas Tree Equipment, first ed., API Specification 17D, 1992.
[7] American Petroleum Institute, Specification for Wellhead and Christmas Tree Equipment, nineteenth ed., API Specification 6A, 2004.
[8] FMC Technologies, Manifolds & Sleds, FMC Brochures, 2010.
[9] Mineral Management Service, Life Time Cost of Subsea Production Cost JIP, MMS Subsea JIP Report, 2000.
[10] R. Goldsmith, R. Eriksen, M. Childs, B. Saucier, F.J. Deegan, Life Cycle Cost of Deepwater Production Systems, OTC 12941, Offshore Technology Conference, Houston, 2001.

第7章

制御

7.1 はじめに

　サブシー制御システムは海底ツリー，マニホールド，テンプレート，パイプラインのバルブやチョークを操作する。また温度，圧力や砂検知などにより生産状態をモニタリングする技術者を支援するために，海上と海底の間のデータの送受信も行う。制御装置の配置は非常に重要である。制御システムの配置をていねいに検討することで，パイプやケーブルの量，および必要なコネクション数を削減できる可能性があり，これは結果的に海底施工や回収作業に影響を及ぼす。

　図7-1にサブシー制御システムの概観を，図7-2に典型的な多重電気制御システムの主要構成要素を示す。典型的な制御システムの要素は以下のとおりである。

- トップサイド：電力ユニット，油圧ユニット，マスター制御ステーション，トップサイドアンビリカル終端アセンブリなど
- サブシー：アンビリカル，海底側アンビリカル終端アセンブリ，電気用および油圧用フライングリード，サブシー制御モジュールなど

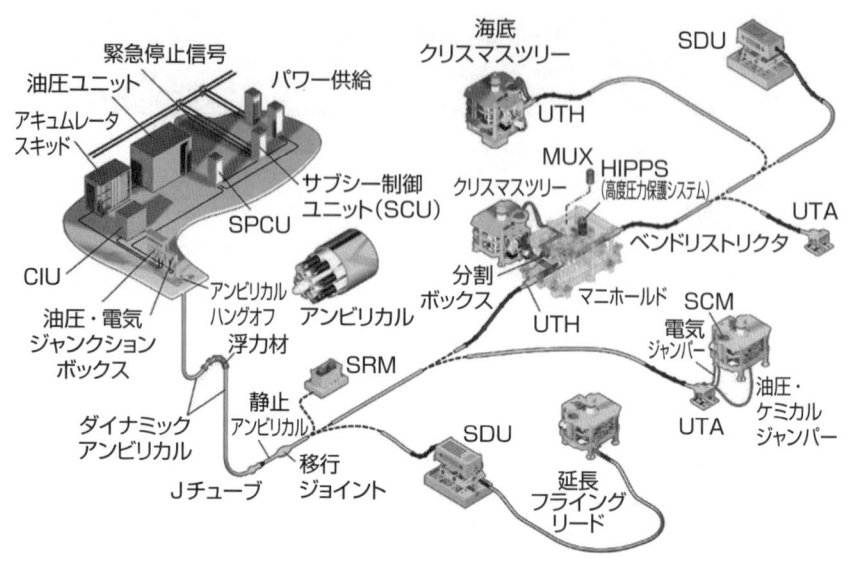

図7-1 サブシー制御システムの概観（提供：FMC社）

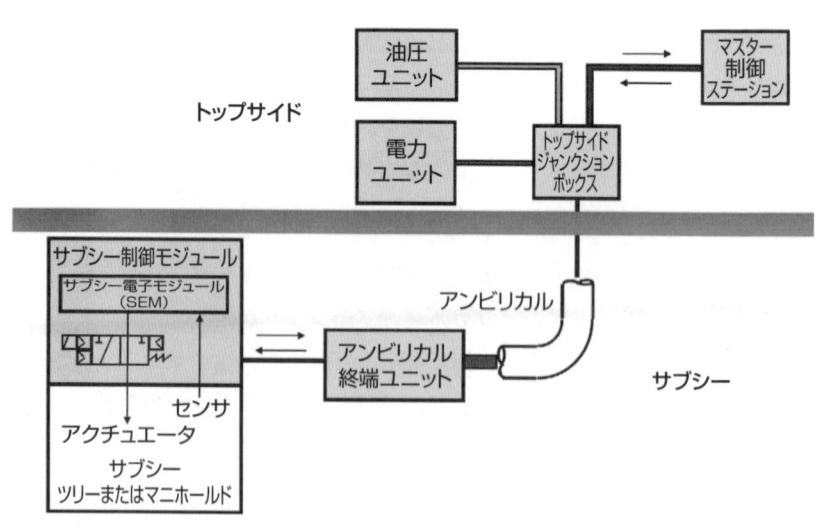

図7-2 トップサイドと海底のサブシー制御システム[1]

7.2　サブシー制御の種類

　サブシー制御システムの基本的な目的はバルブの開閉である。しかしながら，計装などの他の特性によりチョーク制御や重要な診断を提供する。
　基本的な5つの制御システムを以下に述べる。

- 直動油圧方式（direct hydraulic）
- パイロット式油圧（piloted hydraulic）
- シーケンス式油圧（sequenced hydraulic）
- 多重電子制御油圧（multiplex electrohydraulic）
- 全電動（all-electric）

　1960年代以降，制御システム技術は直動油圧方式からパイロット式油圧とシーケンス式油圧へと進化し，これにより応答速度は改善され，長距離タイバックを可能とした。今日において，サブシー開発のほとんどは多重電子制御油圧システムを利用している。これは本質的に油圧指令制御弁により構成されるサブシーコンピュータ・通信システムである。これらの電気的に起動された弁は，サブシーアキュムレータ内に蓄えられた圧力を個々の油圧ラインに向かわせ，サブシー生産機器のゲート弁とチョークを起動させる。全電動制御システムは魅力的な追加技術であり，既存の電子制御油圧システムの代替となる。全電動制御によりトップサイドにおける発電機と海底アンビリカルのコストを低減できるだろう[2]。

7.2.1　直動油圧制御システム

　サブシーシステムの制御とモニタリングのための最も簡単な遠隔操作システムは直動油圧制御システムである。このシステムでは，すべてのバルブアクチュエータは，それぞれ専用の作動液のラインで制御される。このシステムは典型的に，改修作業や小さなシステムに使用され，とくに15 km（9.3 mile）以内の単独またはサテライトの油・ガス田において一般的である。直動油圧制御システムの原理を図7-3に示す。

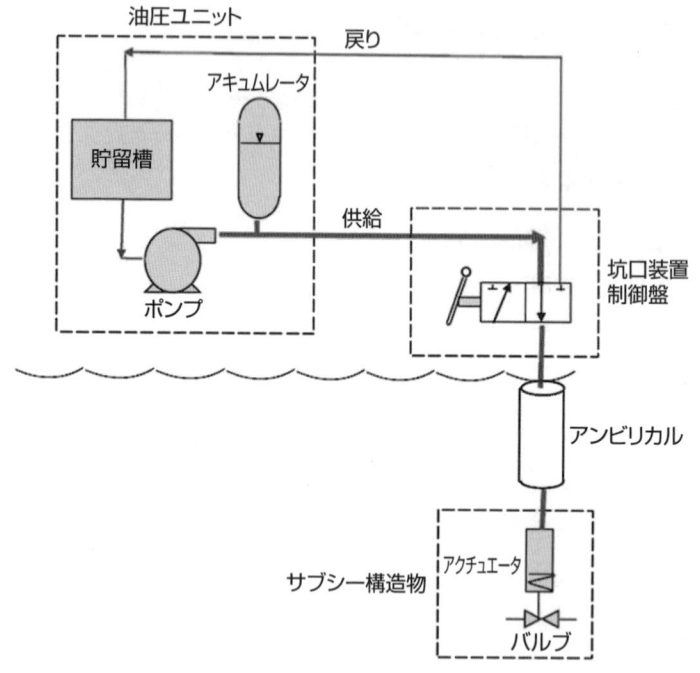

図7-3　直動油圧制御システム[1]

オペレータが制御バルブを開くと，直接制御流体がアクチュエータに流れ込む。バルブを閉じるには，オペレータが坑口装置制御盤のバルブを「閉」に合わせ，制御流体を排出する。

このシステムの主要な構成要素は以下のとおりである。

- 油圧ユニット（HPU：hydraulic power unit）：HPUは，ろ過され管理された作動液をサブシー設置物に供給する。また，モーター，シリンダおよび油圧システムの他の補完的な部品を駆動する圧力を与える。標準的なポンプとは異なり，これらのパワー装置は流体を動かすために多段加圧ネットワークを使用し，またしばしば温度制御装置を組み入れている。

- 坑口装置（wellhead）制御盤：制御盤は，事前に決められたとおりに坑

口装置を始動するよう調整されている。制御盤が示す出力制御信号を提供するために論理回路が連結されている。
- 制御アンビリカル：制御アンビリカルは，トップサイド機器をサブシー機器につなぐ。制御アンビリカルは，高圧・低圧両方の流体供給，ケミカルインジェクション用流体，アニュラス流体，電力と電気信号を伝達することができる。
- 海底ツリー：海底ツリーは，主要な油井制御モジュールであり，流量制御と坑井内への入口の機構を提供している。

直動油圧制御システムの主要な特徴および長所と短所を表7-1にまとめる。

表7-1　直動油圧制御システムの主な特徴，長所と短所

長所	短所	主な特徴
・最小限のサブシー装置 ・低コスト ・重要な構成要素が海面上にあるので信頼性が高い ・重要な構成要素が海面上にあるのでメンテナンスのためのアクセスがとくに容易である ・大型のアンビリカル	・とても遅い ・多数のホース ・限定されたモニタリング能力と長い応答時間からくる距離の制約およびアンビリカルのコスト ・操作の柔軟性が限定される	・少ないシステム構成要素 ・シンプルな操作理論 ・最小限のサブシー装置 ・本質的な信頼性

7.2.2　パイロット式油圧制御システム

　パイロット式油圧制御システムは各サブシー機能への専用の油圧誘導供給ホースとシンプルなサブシー制御モジュール（SCM）への油圧供給ラインを持つ。SCMでは，油圧アキュムレータが油圧のエネルギーを蓄え，ツリーのバルブを開く応答時間を加速させている。このシステムは一般的に，短距離から中距離程度（4〜25 km）の単一サテライト井に使われる。図7-4に，パイロット式油圧制御システムの原理を示す。

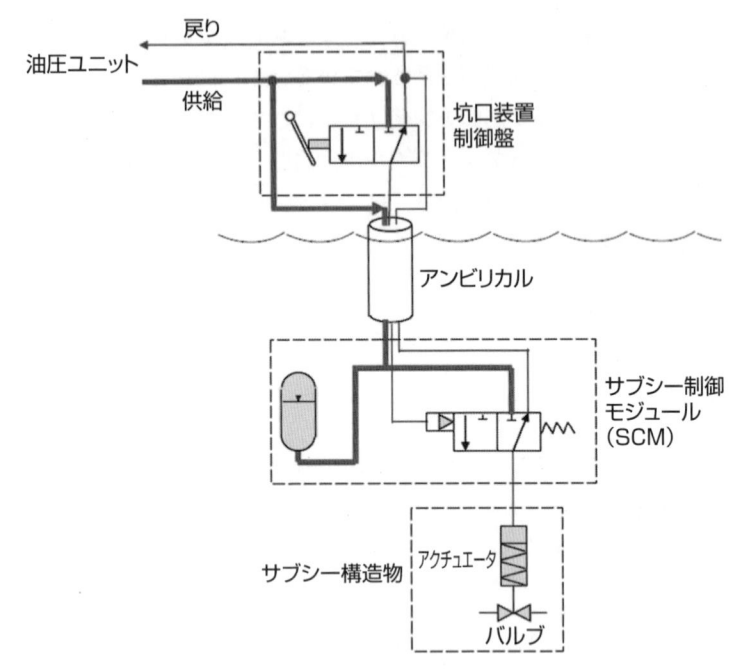

図7-4 パイロット式油圧制御システム [1]

表7-2 パイロット式油圧制御システムの主な特徴，長所と短所

長所	短所	主な特徴
• 低コスト • 重要な構成要素が海面上にあるため信頼性高 • 構成要素の大部分が海面上にあるためメンテナンスのアクセスが良い • 実証されたシンプルなサブシー装置	• まだ遅い • 多数のホース • 応答が遅いため距離が限定される • 電気信号がないためサブシーのモニタリングがない	• 向上した応答時間 • アンビリカルのサイズの若干の削減 • 優れたバックアップの設定

　直動油圧制御システムとの違いは，アンビリカルが要求された性能を満たすための大口径のホースを持たないということである．パイロット式システムでは，パイロットラインに小口径ホースを用い，供給ラインにはより大口径の

ホースを使う。パイロット弁を作動させるためのパイロット液量は非常に少ない。パイロット弁を励磁して海底バルブを開くために必要な流量はごく少量である。その結果，弁作動時間が短縮される。パイロット式制御システムの特徴，長所と制約を，表 7-2 にまとめる。

7.2.3　シーケンス式油圧制御システム

シーケンス式油圧制御システムは，いくつかのシーケンス弁とアキュムレータから構成される。シーケンス弁用に，さまざまな複雑なプログラムの動作が，直並列回路で組まれている。シーケンス式油圧制御システムの原理を，図 7-5 に示す。

このシステムにおけるバルブは，トップサイドからの信号の強さによって決定し，事前に組み込まれたシーケンスにより開かれる。システムはレギュレータを第 1 バルブが開くパイロット圧に調整することにより機能する。図 7-5 は，シーケンスの第 1 バルブが 1500 psi（103.5 bar）で開き，500 psi（34.5

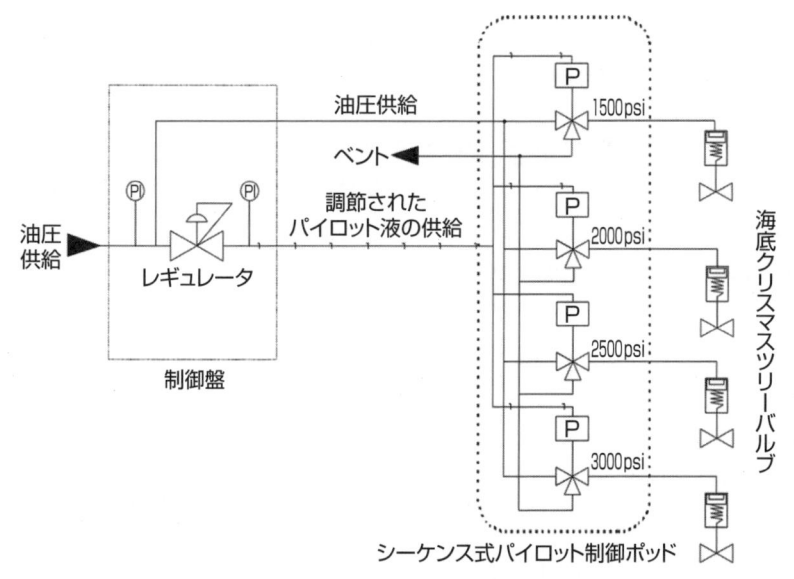

図7-5　シーケンス式油圧制御システム（提供：TotalFinaElf 社）

bar）加えるごとに各シーケンスバルブが開く，一般的なシーケンスを示す。バルブアクチュエーション間の圧力差異を十分に保って誤った開きを回避するため，またシステムにおける液の作動圧を通常の設計作動圧にとどめるために，シーケンス内のバルブアクチュエーション数は限られている。表 7-3 にシーケンス式油圧制御システムの特徴，長所と短所をまとめる。

表 7-3 シーケンス式油圧制御システムの主な特徴，長所と短所

長所	短所	主な特徴
・直動油圧式制御やパイロット式油圧制御システムと比べ，改善されたシステム応答 ・直動油圧式制御やパイロット式油圧制御システムと比べ，アンビリカルの削減 ・油圧ホース数少	・遅い動作 ・弁の開閉順序は固定 ・応答が遅く距離が限られる ・電気信号がないのでサブシーのモニタリングは不可 ・海上の構成要素の数の増加 ・海底の構成要素の数の増加	・応答時間の向上 ・複雑な制御操作が可能 ・アンビリカルサイズの大幅な縮小 ・優れたバックアップの形成 ・優れた単純配列の潜在力

7.2.4 多重電子制御油圧システム

マスター制御ステーション（MCS：master control station）はコンピュータで動かされ，サブシー電子モジュール（SEM：subsea electronics module）とマイクロプロセッサによって通信する。SEM は MCS の通信リンクであり，MCS により指令された機能を実行する。多重電子制御油圧システムでは，多くの SCM を同じ通信系，電気系，作動液供給ラインに接続することができる。その結果，多くの油井をひとつの単純なアンビリカルを通じて制御することが可能になる。アンビリカルはサブシー分配ユニット（SDU：subsea distribution unit）で終結する。SDU から個々の油井と SCM への接続は，ジャンパーアセンブリでなされる。

多重電子制御油圧システムのコストは，SEM 内の電子装置，トップサイドのコンピュータの追加と必要なコンピュータソフトウェアのために高くなる。

第7章 制御 231

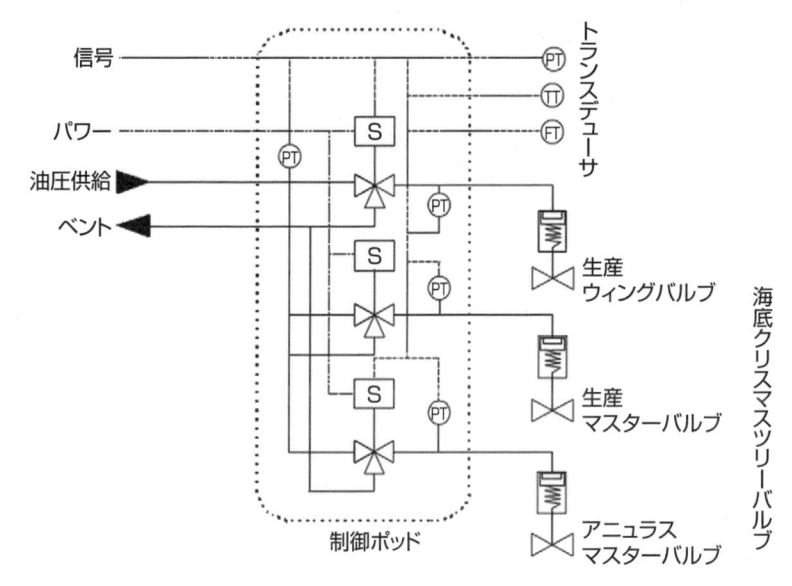

図7-6 多重電子制御油圧システム (提供：TotalFinaElf社)

しかし，これらのコストは，より小さくて簡潔なアンビリカルと技術開発によって電子機器のコストが下がるので，それとバランスする。図7-6に多重電子制御油圧システムを示す。このシステムは，一般的に長い距離（5km以上）の複雑なフィールドで用いられる。

デジタル信号がSEMに送られると，信号は選ばれたソレノイド弁を起動させ，それによって供給アンビリカルから関連するアクチュエータへ作動液が向かう。多重電子制御油圧システムは，アンビリカルを通す電気接続をさらに複雑にすることなく，電気信号によって圧力，温度，バルブ位置をモニターすることができる。

多重電子制御油圧システムの主な特徴，長所と制約を表7-4に示す。

表7-4 多重電子制御油圧システムの主な特徴，長所と短所

長所	短所	主な特徴
• 長距離での良好な応答時間 • アンビリカルの小口径化 • 1本の通信ラインを通じた多数の弁／油井の制御の許容 • 冗長性の容易な組み込み • オペレーションとシステム診断の強化されたモニタリング • 無人プラットフォームまたは複雑な貯留層に向く • 大容量のデータフィードバックが可能 • オペレーション上の制限なし	• システムが複雑 • サブシー電気コネクタを要する • 海上構成要素の増加 • 海底構成要素の増加 • 長距離における油圧供給の再チャージ • 油圧流体の清浄性 • 材料の互換性 • 長距離タイバックにおける制約	• リアルタイムのシステム応答 • 事実上距離の制約なし • アンビリカルサイズの最大限削減 • サブシーの状態情報取得可能 • 高レベルのオペレーション柔軟性

7.2.5 全電動制御システム

全電動制御システムは，サブシー構成要素に従来の油圧制御を用いない，すべて電気ベースの制御システムである．作動液の排除により，制御システムの命令は，通常のアキュムレータのチャージによる遅滞時間がなく，迅速に連続して送られる．このシステムは一般的に複雑なフィールドまたは長距離（通常5km以上）の周辺フィールドの開発，また高温，高圧の油井に使用される．図7-7に全電動制御システムの原理を示す．

海底クリスマスツリー用に，ゲートバルブと，取り付け・取り外し可能なチョークには，電動アクチュエータが付いている．ツリーには二重の全電動サブシー制御モジュール（SCM）が組み込まれ，それが個々のアクチュエータにパワーと信号を供給する．SCMは通常，海底から回収可能である．

このシステムの主な特徴は，バルブアクチュエータ内の電気モーターが，近傍に設置された充電式のリチウム電池に蓄電された電気で作動することであ

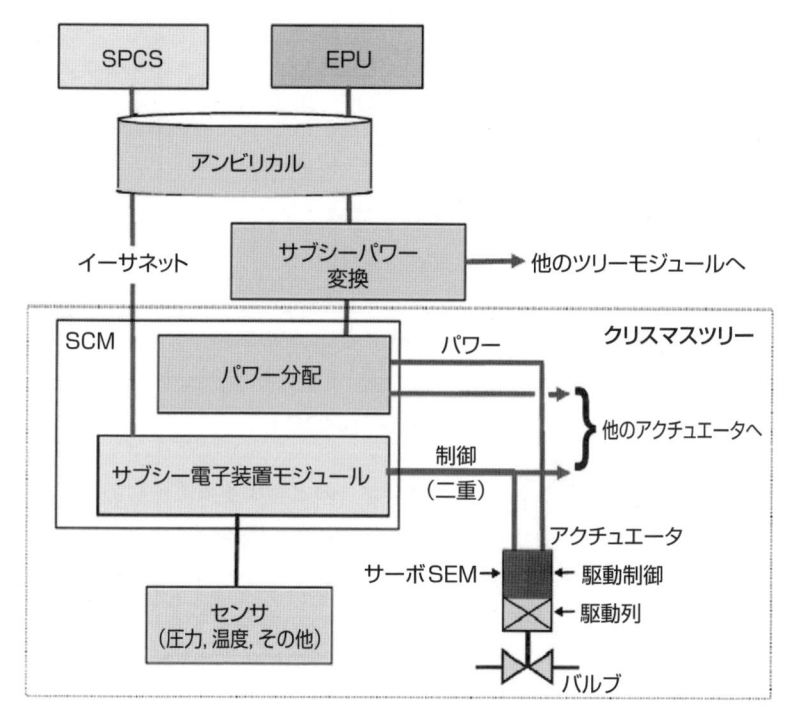

図7-7 全電動制御システム

る。システムの総電力消費は，電子機器の電力供給とバッテリー充電用の電力がトップサイドからサブシーに送られるだけなので，きわめて少ない。

　全電動制御システムを使う利点は，きわめて明白である。全電動制御システムは，従来の電子制御油圧システムと比較してシンプルである。アンビリカルが低コストとなるため，プロセス設備から長い距離のある周辺フィールドの開発に向いており，また作動液の必要がないので，高圧および高温井の問題の解決策にもなる。これに加えて，既存システムの拡大時や新しい器材をシステムに導入するときに高い柔軟性を持たせることができる。最後に，油圧システムを用いないことで，作動流体の漏出や作動液を扱う複雑さに関連した環境問題と経済的問題を取り除くことができる。

7.3 トップサイドの装置

以下のサブシー制御システムの構成要素は，ホスト施設（トップサイド）に配置しなければならない。

- マスター制御ステーション（人間-機械インターフェースを含む）
- 電力ユニット
- 油圧ユニット
- トップサイドのアンビリカル終結アセンブリ

7.3.1 マスター制御ステーション（MCS）

MCS（master control station）は，サブシーのどんな多重電子制御油圧システムにおいても必要となる。それはオペレータと海底機器のインターフェースとなる。システムは海上と海底機器（SCM，センサなど）間の電子メッセージにより作動するので，何らかの通信サブシステムが必要となる。MCSとトップサイド機器のインターフェースは，監視制御ネットワークを経由する。機能には，安全な停止（shutdown）の実行，海底油井やマニホールド制御，データ取得を含む。オペレータとMCS間のインターフェースは，キーボードと画面により構成される人間-機械インターフェース（HMI：human/machine interface）

図7-8 マスター制御ステーション（MCS）

である。坑井内センサとそれに関連する電子機器のために別の HMI が使われることがある。図 7-8 に単独の MCS を示す。二重の MCS が使用されることもある。

MCS の機能は通常，以下の操作モードを含む。

- ツリーのバルブ制御
- チョーク制御
- サブシーセンサモニタリングと高速スキャン
- インターロック
- アラーム発動
- 改修
- 緊急停止（shutdown）
- 油井テスト管理
- ハイドレート領域警告
- トレンド・既往データのレポートとデータロギング

MCS は一般的に，コンピュータ，ディスプレイ，操縦装置を含む，いくつか

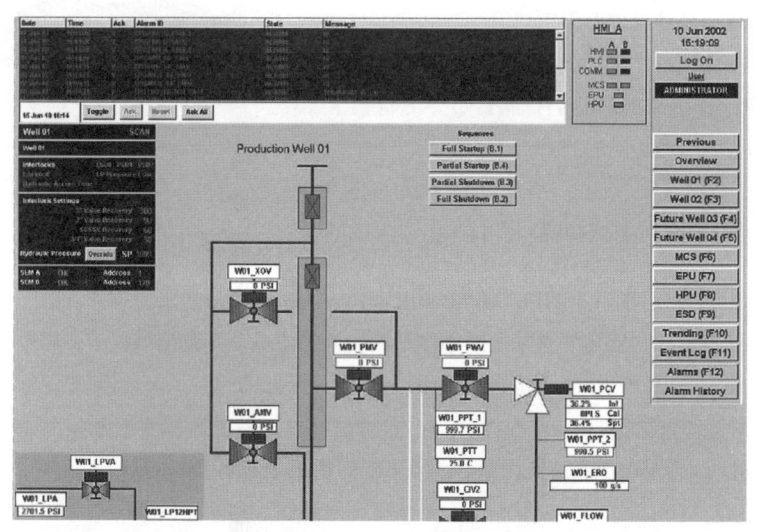

図7-9　MCSにおける油井ステータスの表示例（提供：Cameron社）

の装置から成る。図 7-9 に，MCS コンピュータに表示されている油井ステータスの例を示す。

7.3.2 電力ユニット（EPU）

どんな多重電子制御油圧システムでも，サブシー機器に必要な制御と駆動力を供給するトップサイド装置が必要である。図 7-10 に示されるEPU（electrical power unit）は，トップサイドとサブシーシステム構成機器へ調節された電力を供給する。EPU は，MCS と HPU のための電力供給モジュールと共に，二重で，分離された，単相の電気を，コンポジットサービスアンビリカルを通して，サブシーシステムに供給する。

EPU は，サブシーのユーザに望ましい電圧と周波数で電力を供給する。送電は，電気アンビリカルとサブシーの電気分配システムによって実行される。

EPU に関する詳しい情報については第 8 章を参照されたい。

図7-10　電力ユニット（EPU）

7.3.3 油圧ユニット（HPU）

図 7-11 に示される HPU（hydraulic power unit）は，遠隔で操作されるサブシーバルブに，安定でクリーンな作動液を供給する。作動液は，アンビリカルを経由してサブシーの油圧分配システムに，そしてサブシー制御モジュール（SCM）に供給され，サブシーバルブアクチュエータを作動させる。

HPU は必要な作動液を供給し，以下から構成される。

- 油圧ポンプ群

- 油圧タンク
- HPU が水没状態で作動している場合は，最終的な圧力補償システム
- 主要なフィルタとシステム圧力弁

HPU に関する詳細な情報については第 8 章を参照されたい。

図7-11　油圧ユニット（HPU：hydraulic power unit）（提供：Oceaneering社）

7.4　サブシー制御モジュール搭載ベース（SCMMB）

　図 7-12 に示される SCMMB (subsea control module mounting base) は，SCM と海底クリスマスツリー，マニホールドのバルブとリモートセンサの間のインターフェースである。それは通常，溶接された構造で，サブシーツリーまたはマニホールドのフレームにボルトで固定され，アースされている。

　SCMMB の鉛直面は，電力と信号のための電気カプラ，低圧（LP）と高圧（HP）供給のための油圧カプラなどの入力系の接続インターフェースである。

　SCMMB は SCM 設置のためのコース調整と微調整を行う。ガイドピンによる高精度位置設定によって，SCM は，向きが違っている場合には着床しない。

自動調整する SCM では，着床前に中心らせんが SCM を正しい方向へ自動的に回転させる。

図7-12 典型的なSCMMB（提供：FMC社）

7.5 サブシー制御モジュール（SCM）

SCM（subsea control module）は単独で回収可能な装置である。SCM は通常，海底油・ガス田の生産フェーズにおける油井制御の機能を果たす。図 7-13 に典型的な SCM を示す。

SCM が提供する一般的な制御機能とモニタリングは以下のとおりである。

- 生産ツリーのフェイルセーフ用リターンアクチュエータと坑内安全バルブの作動
- フロー制御チョークバルブ，シャットオフバルブなどの作動
- マニホールド用ダイバータ弁，シャットオフ弁などの作動
- ケミカル注入弁の作動
- 海上で制御される貯留層分析・モニタリングシステム，スライドスリーブ，チョークバルブの作動とモニタリング
- 油井内の圧力，温度，流量のモニタリング
- 砂検知器と生産ツリーとマニホールドの圧力，温度，チョーク位置のモニタリング

図7-13 典型的なSCM（提供：FMC社）

7.5.1 SCMの構成要素

　一般的なSCMは海上制御装置から電力，通信信号，油圧駆動力を受け取る。図7-14にSCMの一般的な構成要素を示す。通常，サブシー制御モジュールと生産ツリーは，海上制御装置から比較的遠い場所にある。海上機器とサブシー機器の間の長さ1000 ftから数mileに及ぶアンビリカルホースとケーブルを通して，冗長性を持たせた通信信号，電力，油圧駆動力が送られる。SCM内にある電子機器が，電力を調整し，通信信号を処理し，ステータスを送信し，ソレノイドパイロットバルブ，圧力変換機，温度変換器に電力を分配する。

　サブシー電子モジュール（SEM：subsea electronics module）は，EPUから直接AC電力を供給される。SEMは通常，2つのAC–DCコンバータを持ち，DC母線（一般的に24 Vと5 V）へと出力する。電子制御油圧バルブの作動は24 VのDC母線につながれ，センサは5 V母線につながれる。SEMの例を図7-15に示す。

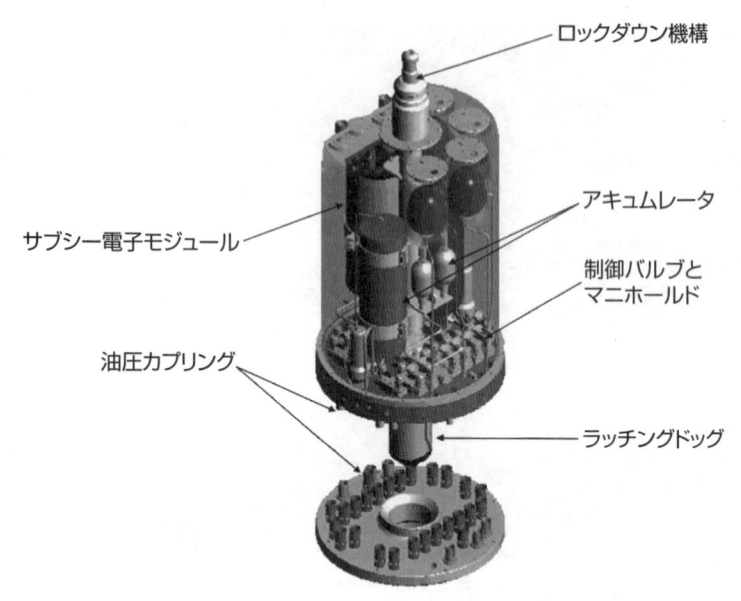

図7-14 SCMの一般的な構成要素[1]

（図中ラベル：ロックダウン機構、アキュムレータ、制御バルブとマニホールド、ラッチングドッグ、油圧カプリング、サブシー電子モジュール）

　一般的に，低流量ソレノイドパイロット弁は，高流量制御弁のパイロットとして用いられる。これらの制御弁は，油圧駆動力を海底生産ツリー，チョークバルブ，坑内安全バルブなどの端末装置へと送る。制御弁の出力回路に配置された圧力変換器で，制御バルブとその端末装置のステータスが読み取られる。
　一般的なSCM内の補助機器は，油圧駆動力を蓄える油圧アキュムレータ，油圧流体内の微粒子を取り除く油圧フィルタ，電子装置容器（electronics vessel），圧力・温度補償システムである。以前の装置では，ケーブルアセンブリの海水接触防止に，使用中の装置外の静水圧増加を補償する油で満たされたチャンバを使っていた。
　一般的にSCMは，SCMのボディ内を通って伸びるラッチ機構を備えている。これにはベースプレート内のレセプタクルとかみ合う伸縮可能なドッグまたはカムが付いている[3]。

第 7 章　制御　241

図7-15　サブシー電子モジュール

7.5.2　SCM 制御モードの説明

図 7-16 に示すように，SCM はアンビリカルシステムから供給される単独の LP（低圧）と HP（高圧）油圧を利用する。各供給システムには，作動液が主供給ポートやソレノイドで操作されるパイロットバルブのパイロット供給ポートに分岐して向かう前に，「ラストチャンス」のフィルタが付いている。

LP 供給は，SCM のなかに搭載されたアキュムレータを有する。HP 供給にもアキュムレータを持つものもある。圧力変換器により HP と LP の供給圧力を計測し，MCS に表示する。図 7-16 に示すように，ツリーバルブとチョーク用の LP が 3 つと，坑内安全バルブ（DHSV：downhole safety valve）（一般的には海上制御方式水中安全バルブ（SCSSV：surface-controlled subsurface safety valve）と呼ばれる）用の HP が 1 つの，合計 4 つのパイロットバルブが付いている。油圧の戻りラインは，使用済みの作動液を海に排出し，海水の浸入を防ぐための逆流防止バルブが付いている。

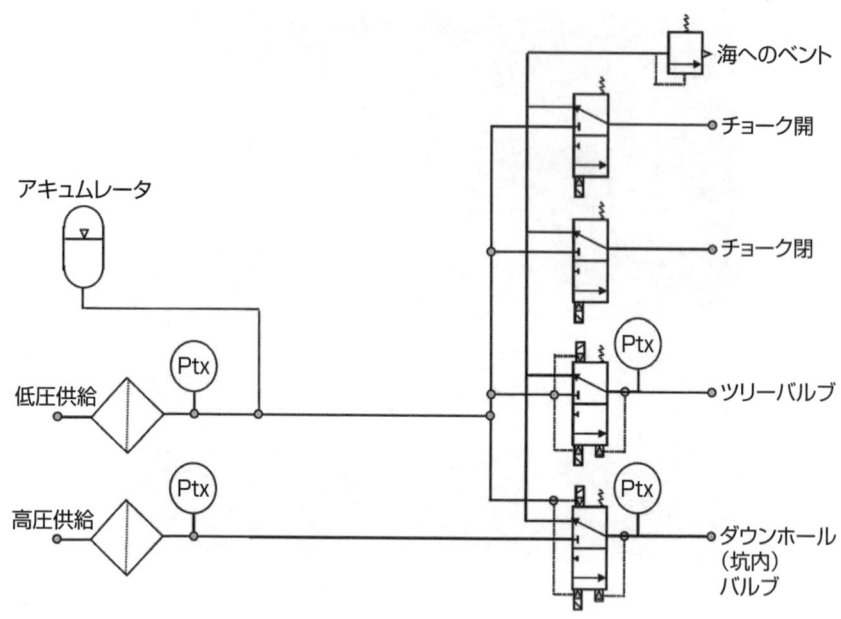

図7-16 SCMの油圧[1]

7.5.2.1　バルブの作動

パイロットバルブのほとんどは，「開」操作と「閉」操作のためにひとつずつ，計2つのソレノイドが付いている（図7-17）。ソレノイドは，SEM内にあるソレノイドドライバによって動かされる。

ツリーバルブを開けるために，適切なソレノイドがMCSから命令を受け，SEM内のマイクロプロセッサがソレノイドドライバを動かし，そして，「開」用のソレノイドを2秒間駆動する（一般的にMCSで調節される）。これにより，作動液が作動ラインを通って，ツリーバルブのアクチュエータに流入する。この線内の圧力は，バルブが油圧によりラッチを開かせる値まで，急速に上がる。その後，作動液供給圧がおよそ70 barより上にとどまる限り，バルブは開いたままである。

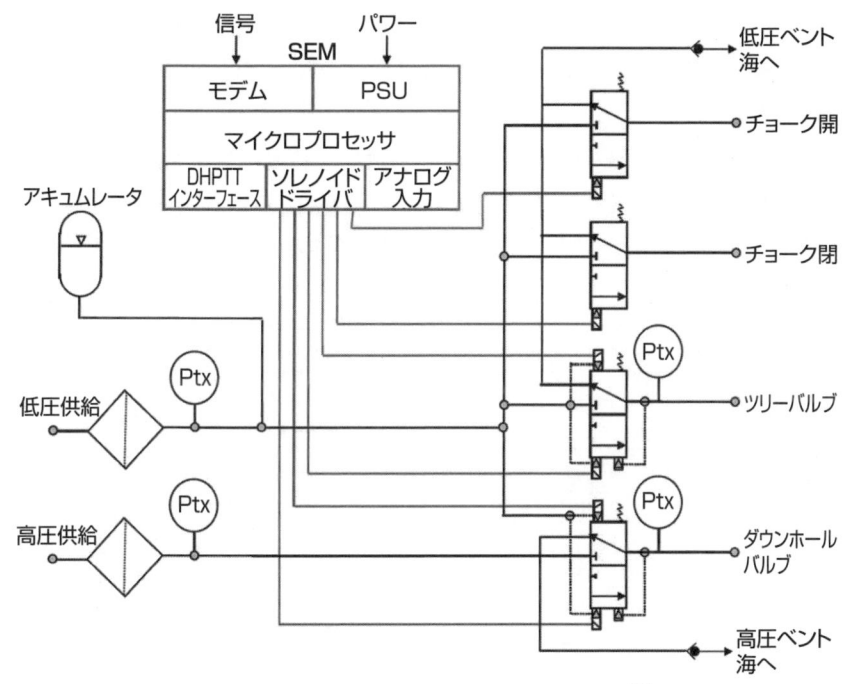

図7-17 SCMモードとバルブの作動チャート[1]

ツリーバルブを閉じるには，「閉」用のソレノイドが，「開」用のソレノイドと同様の方法で駆動される。これによりパイロット弁内のスプールが動き，ツリーバルブアクチュエータから作動液を排出する。使用済みの作動液は，逆流防止バルブを通って海に排出される。

7.5.2.2 チョーク操作

チョークは2つの油圧アクチュエータを持つ。ひとつは「開」用，もうひとつは「閉」用で，歯止め爪とラチェット機構によってチョークを動かす。

チョークは，一連の油圧圧力パルスを適切なアクチュエータに適用することによって動かされる。加圧・ベントのサイクルにより，チョークは1ステップずつ動く。これらの圧力パルスを発生させるために，SCMはチョークを開くためと閉じるためにそれぞれひとつずつ，計2つのパイロットバルブを持つ。

これらのバルブは油圧で閉められるのではなく，ソレノイドが駆動されている間，作動液を通すだけである．図 7-18 に，SCM のモードとチョークの作動チャートを示す．

チョークを操作するために，MCS は SCM に一連の命令を送る．たとえば，オペレータがチョークを 20 ステップ動かしたいならば，MCS は SCM に対して適切に時間設定された 20 のバルブ制御指令を送り，適切なソレノイドを駆動する．

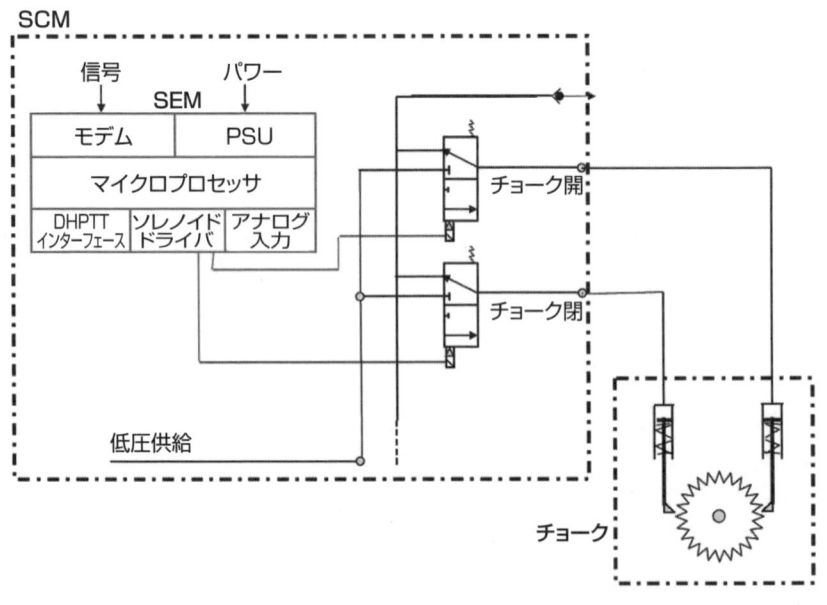

図7-18 SCMのモードとチョークの作動チャート[1]

7.6　サブシートランスデューサまたはセンサ

サブシーセンサは，ツリー，マニホールド，フローライン上の複数の場所にある．図 7-19 に，サブシーツリー上にあるサブシートランスデューサとセンサの場所を示す．ツリー上に設置された圧力センサと温度センサはチョークの

上流と下流で計測を行う．SCM のソフトウェアと電子機器は，固有アドレスとタイムスタンプ確認を用いてセンサのデータとシステムのステータス情報を統合し，要求された形でトップサイドの MCS に伝達する．

サブシー生産システムでは，いろいろなトランスデューサとセンサが使われる．

- 圧力トランスデューサ（圧力センサ）
- 温度トランスデューサ
- 圧力と温度の複合トランスデューサ
- チョーク位置表示器
- 油井内圧力温度トランスデューサ
- 砂検知器
- 浸食探知機
- ピグ探知器

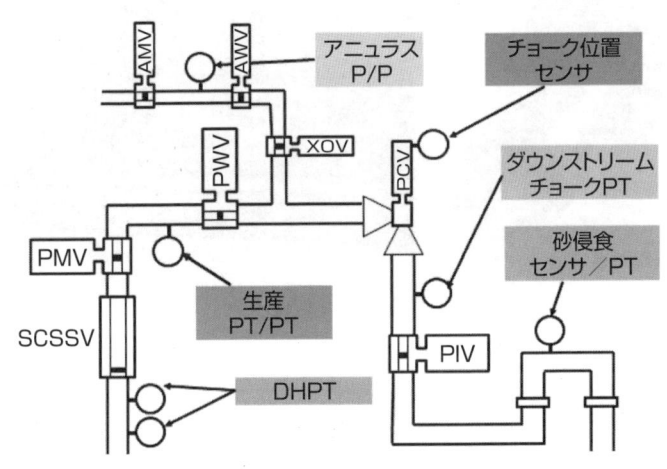

図7-19 サブシーツリー上にあるサブシートランスデューサとセンサ

7.6.1 圧力トランスデューサ (PT)

　圧力トランスデューサは図 7-20 で示すように，海底ツリーやマニホールドなどに配置される一般的なサブシーセンサである。サブシー PT は，一般的に力平衡のテクニックにより作動している。検出膜の動きに抵抗するために必要なコイルの電流によって，かかった圧力の計測を行う。したがって，膜は実際には変形せず，それゆえに，装置を高圧に耐えられるようにつくることができる。そのような装置は ±0.15％ の精度を達成できるが，出力用の電流回路によって精度が下がりうる。全体の誤差は ±0.5％ 程度まで下がりうる。

　圧力トランスデューサはフランジに取り付けられるため，故障してもサブシーで取り外しができない。しかし，ひとつのハウジングにデュアルゲージを持つトランスデューサを割り当てることで，二重の冗長性を持ったセンサとすることができる。

図7-20　圧力トランスデューサ (PT)

7.6.2 温度トランスデューサ (TT)

　ある種の TT は，熱電対の出力計測により作動する。熱い接合部と冷たい接合部の温度差に比例した出力を出す簡単な機器である。熱い接合部はプロセス流体を測り，冷たい接合部はヘッド自体に配置されている。

図 7-21 で示すような TT は，それ自身が設置されることによりジレンマが発生する。理論的には，検知素子はできるだけプロセス流体に近くなければならない。しかし，センサが単に生産孔にはめ込まれるならば，プロセス流体と外部環境との間に，センサそのもの以外に物理的な障壁がない。そこで，通常は温度計測用井を設置するか，ツリーブロックのなかにポケット穴をあけてそれを使う。

図7-21 温度トランスデューサ (TT)

7.6.3 圧力・温度トランスデューサ (PTT)

どの圧力と温度の要素をひとつのパッケージに結合するかによって，センサの設計が選ばれる。この設計では温度センサは，プローブ内に置かれ，プロセス流体配管に流されるように配置するよう設計されている。これも，ハイドレート生成によるエラーを減らすのを助ける。生産マスターバルブの上流にあるセンサについては，場所によっては温度測定が熱慣性の影響を受ける可能性があるので（圧力測定は影響を受けない），1 つか 2 つのブロックバルブをセンサの前に置くことを規則で要求されることがある。

7.6.4 砂検知器

生産流体の砂の検知は，下記への積極的戦略の重要な部分となりうる。

- 脆弱な器材（たとえば，チョーク）の短期的なダメージの管理
- パイプやフローラインの長期的なダメージの管理
- 貯留層崩壊の警告
- セパレータレベル制御問題の防止

砂検知器は，固体表面への砂衝突によって発生するノイズをモニターするか，フローに挿入された標的物の浸食損害を計測することで機能する，音響式と電気式の2種類がある。図7-22に音響式の砂検知器を示す。配管の壁に粒子が衝突することによって発生する音響信号が検知器によってモニターされる。検知器は配管の屈曲部を過ぎたすぐの場所に設置される。しかし，その精度はフローラインやポンプの雑音の影響を受ける。電気式の検知器は，砂によって浸食される薄い検知素子の電気抵抗の変化を検知する。このシステムは，浸食による影響を直接的に高い精度で読み取ることができる。ソフトウェアツールは，チョークのような重要なパイプの要素の最悪ケースの浸食予測に

図7-22　音響式の砂検知器

用いることができる。

7.7 高度圧力保護システム（HIPPS）

　HIPPS（high-integrity pressure protection system）は，IEC 61508[4] に沿って設計された安全計装システム（SIS：safety instrumented system）の特殊アプリケーションである。HIPPS の機能は大元を閉じることによって下流の機器を過大圧力から守ることである。通常，これは，ひとつまたは複数の専用停止弁を適時に閉鎖することにより，それらの弁から下流の管内圧力の増加を防ぐことで実現される。HIPPS はまた，広く「高信頼性パイプライン保護システム」とも呼ばれる。なぜならば多くの HIPPS の設計とコスト研究はフィールドレイアウトのパイプライン・フローライン設計に関係するからである[5]。図7-23 は，HIPPS がどのように海底油・ガス田開発に適用されるのかを示す。

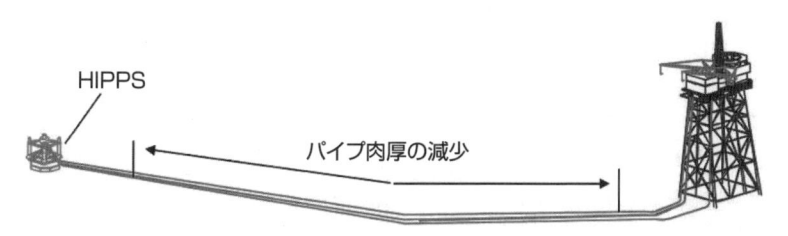

図7-23 サブシーフィールドでのHIPPSのレイアウト（提供：Vetco Gray社）

　HIPPS の適用によって坑口装置やツリー機器に比べてより低圧のフローラインを使用できる。長さ，壁厚，圧力レーティングがフローラインの主要なコスト増要因であり，フローラインは海底油・ガス田開発において高価な品目になりかねない。サブシー HIPPS をフローラインの上流に設置することで，その設計圧力を坑井閉止圧力よりも低くできる。こうすることで壁厚を削減することができ，それはコスト削減に直結する。

　図 7-24 にサブシー HIPPS の原理をチャートで示す。HIPPS はフローライン内の上昇圧力を検出し，圧力が高くなりすぎる前に，迅速にひとつまたは複数の隔離障壁弁を閉じるように設計されている。これには，速効性のあるシス

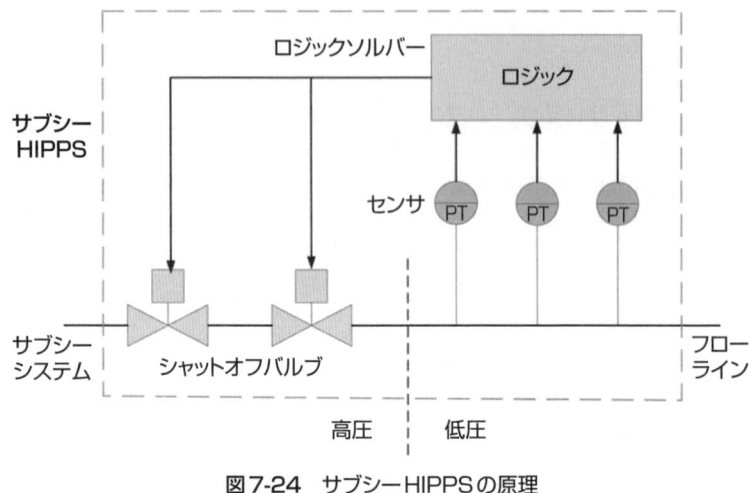

図7-24 サブシーHIPPSの原理

テムであると同時に，高度な信頼性と利便性があるシステムであることが要求される。したがって，HIPPSの主な構成要素は以下のとおりである。

- 圧力（または他の）トランスミッタ
- ロジック
- 冗長性隔壁弁（redundant barrier valve）

必要な電気および油圧パワーを供給するためにトップサイドの装置が必要である。それらのパワーはアンビリカルを通じてサブシー機器に伝達される。隔壁弁に隣接するサブシー機器は，実際の検出を伝えメカニズムを作動させる。2番目のHIPPS隔壁弁もまた，圧力トランスミッタのどちらか片側でモニターされる。2番目の弁は1番目の弁に故障あるいは漏れがあった場合の冗長性を与える。

トップサイドの装置は以下で構成される。

- マスター制御システム
- 電力ユニット
- 無停電電源装置（UPS：uninterruptible power supply）

- 油圧ユニット

サブシー機器は以下で構成される。

- アンビリカルと終端・分配ユニット
- HIPPS サブシー制御モジュールと搭載ベース
- SAM と搭載ベース
- 油圧ジャンパー
- プロセス流体隔壁弁と位置指示計
- 保守，排出，テスト用弁

可用性を確実にし，誤作動による停止（シャットダウン）を防止するために，通常，「3 信号中 2 信号同時」（2oo3）票決の三重設定にした 2 つ以上のトランスミッタが用いられる。また，よくある不具合モードを避けるために異なったつくりのセンサを用いることもできる。故障したトランスミッタは高圧と見なされ，トランスミッタ自体か検出ロジックが働きシステムを始動させる。図 7-25 に 2oo3 票決ループを示す。

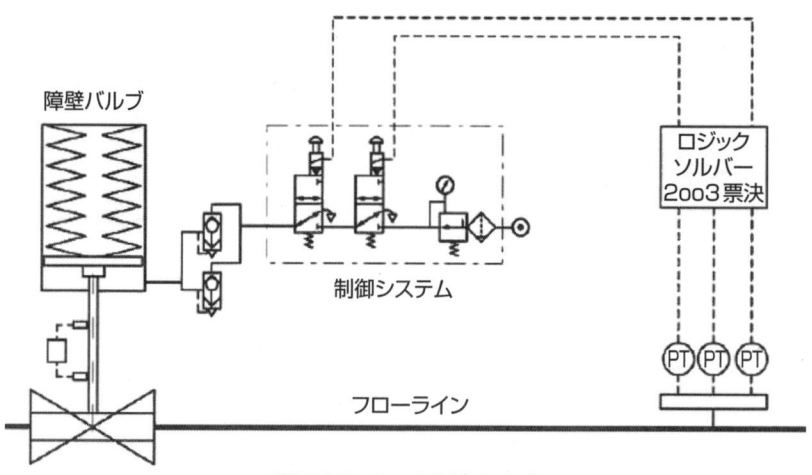

図7-25　2oo3票決ループ

制御ハードウェアは，トランスミッタをモニターしており，高圧が検出されたときに障壁弁を閉じる。検出と作動システムは必然的に電子的システムであり，他のいかなるプラットフォームまたはサブシーシステムとも独立していなければならない。ゆえに，通常は障壁弁近傍の SCM に収納されている固有のサブシー制御装置を使用する結果となる。HIPPS 制御モジュール（HCM）は，トランスミッタをモニターして，過大な圧力が検出された場合に弁を閉じる。これは，確立された固定論理の電気的システムを経由して働き，マイクロプロセッサまたは海上へのリンクに依存しない。したがって，それぞれのトリップは事前設定されており，制御装置に物理的にアクセスしない限り変更できない。油圧の設計においては，パルスが不注意にシステムを誤って始動すること

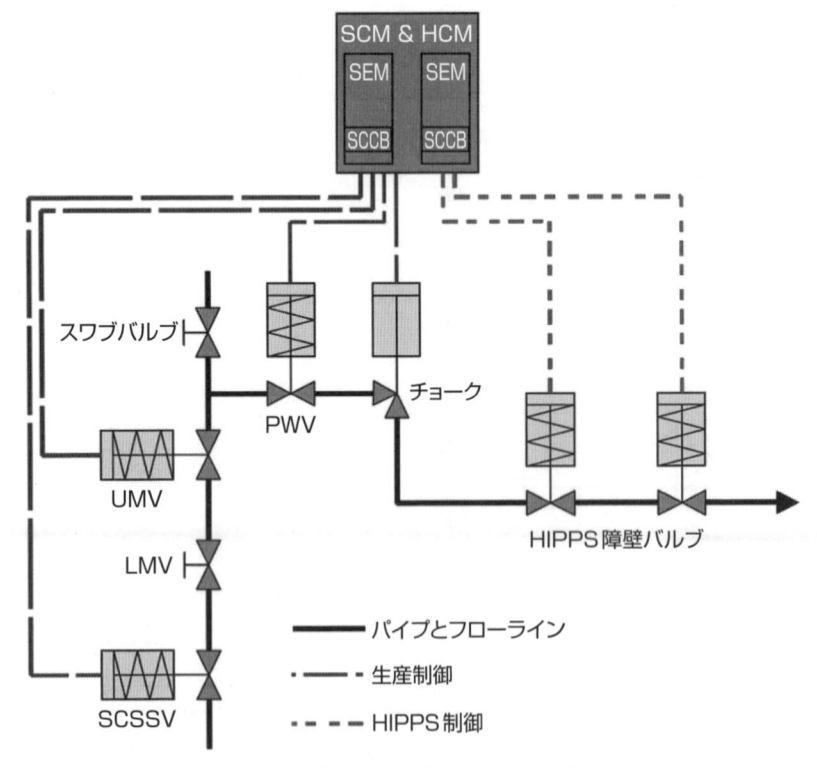

図7-26　単一井タイバックHIPPS制御システム（提供：Vetco Gray社）

のないよう，十分な注意が必要である。

図 7-26 と図 7-27 に典型的なサブシー HIPPS レイアウト（単一井タイバックとマニホールド・テンプレートタイバック）を示す。HIPPS 隔離障壁弁は，SCM にある HCM によって制御されることに留意されたい。

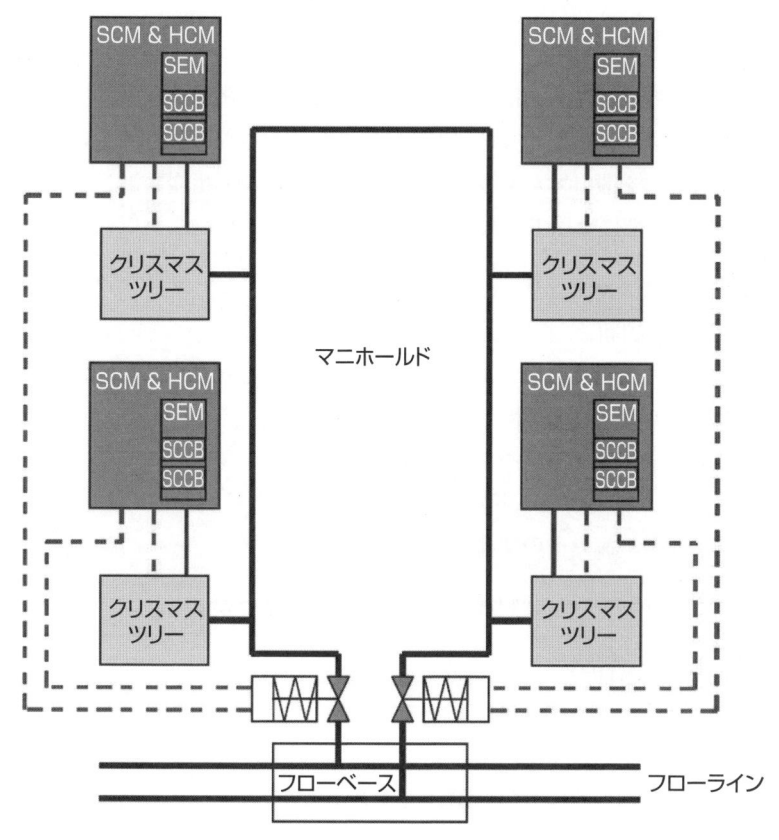

図7-27 マニホールドタイバックHIPPS制御システム（提供：Vetco Gray社）

7.8 サブシー生産制御システム（SPCS）

図 7-28 と図 7-29 に示すとおり，SPCS（subsea production control system）は一般的に 3 つの主要セクションに分けることができる。

- 海上に設置される機器
- アンビリカルとその終端
- 海底クリスマスツリーに設置される機器

サブシー生産システムの構成要素は，オペレータがインターベンションのためアクセスできず，また相互に協調して働かねばならないので，遠隔で動く統合制御システムを設計する必要がある。それがサブシー生産制御システムである。SPCS の機能には以下を含む。

- 海底クリスマスツリーの，生産，アニュラス，クロスオーバー弁の開閉
- SCSSV の開閉
- サブシー生産マニホールドのフローライン弁とピギング弁の開閉
- ケミカル注入弁の開閉
- サブシー生産チョークの調節
- ツリーとマニホールドに搭載された機器または坑井内の機器からの温度，圧力，流量その他のデータのモニタリング

一般的に，サブシー生産制御システムには 4 タイプがある。

- 直動油圧（DH）制御システム
- パイロット式油圧（PH）制御システム
- パイロット式の電子制御油圧（EH）システム
- 多重電子制御油圧（EH-MUX）システム

DH 制御システムは最も単純で安価な生産制御システムである。それは，海底クリスマスツリー上の遠隔作動弁と一対一でつながった専用制御ラインを持つトップサイドの HPU で構成される。このタイプの制御システムは，ホストプラットフォームから 3 マイル以内にある 1 井または 2 井のタイバックを持

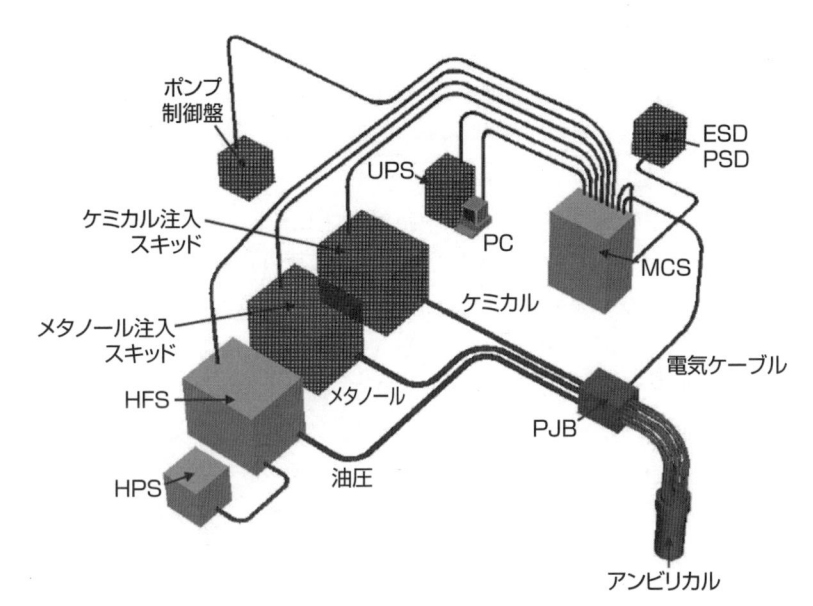

図7-28 生産制御システム（トップサイド）（提供：Vetco Gray社）

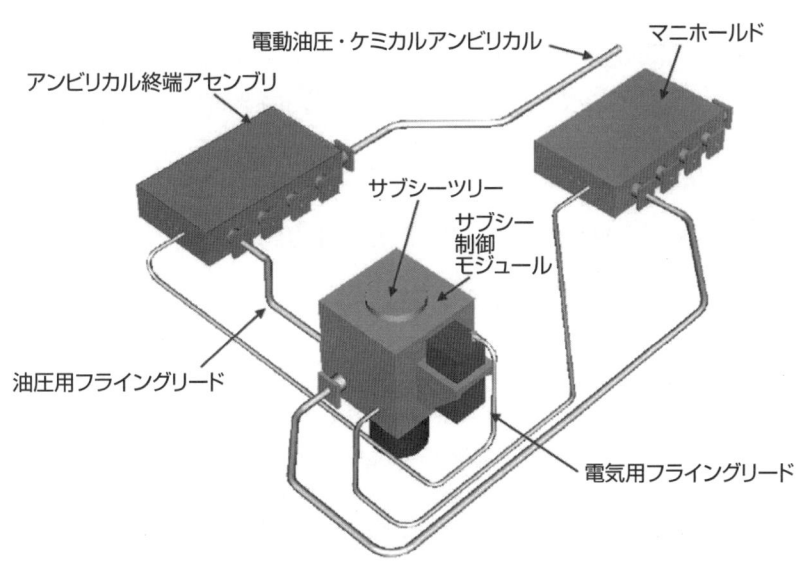

図7-29 生産制御システム（サブシー）（提供：Vetco Gray社）

つサブシー生産システム用に推奨される。

　PH 制御システムは，DH 制御システムに似ている。ただし，速い閉鎖時間が要求される弁にはパイロット弁を持ち，その閉鎖時には海へ排出する点が異なる。

　EH パイロット式制御システムは中距離オフセットタイバックで用いられる。それは，フィールドに向かうひとつまたは複数のサービスアンビリカルに結合されたトップサイドの電子制御油圧システムで構成される。各海底クリスマスツリーとマニホールドは，トップサイド機器による命令を受けたときに LP と HP の供給を受けてローカル弁に伝える SCM を持つ。

　EH-MUX 制御システムは中長距離のオフセットサブシータイバックで使われる。それは，ひとつまたは複数の海底クリスマスツリーとサービスアンビリカルを通じて結ばれたトップサイドの電子制御油圧システムで構成される。各ツリーとマニホールドは SCM を持つ。SCM は多重化された電気制御信号と LP および HP 作動液の供給を受ける。それらはツリーまたはマニホールド搭載の弁または他の機器に向かう。このシステムは大水深での大型の複数井開発において一般的である。主たる利点は，ただ一対のコンダクタに対して多重電気制御信号を用いることで，結果として，より小さい制御アンビリカルとなり，将来の拡張余裕を残し，アンビリカルのコストを顕著に引き下げることである。

7.9　設置・改修制御システム（IWOCS）

　図 7-30 に示すとおり，IWOCS（installation and workover control system）の主たる機能は以下のとおりである。

- 設置，回収，改修時のサブシー機器の制御・監視
- 仕上げ，フローテスト，改修時の坑井内機器の制御と監視
- 仕上げ，フローテスト，改修時のログデータ
- 適用可能ならば，設置時のテスト，マニホールドまたは PLEM

第 7 章 制御

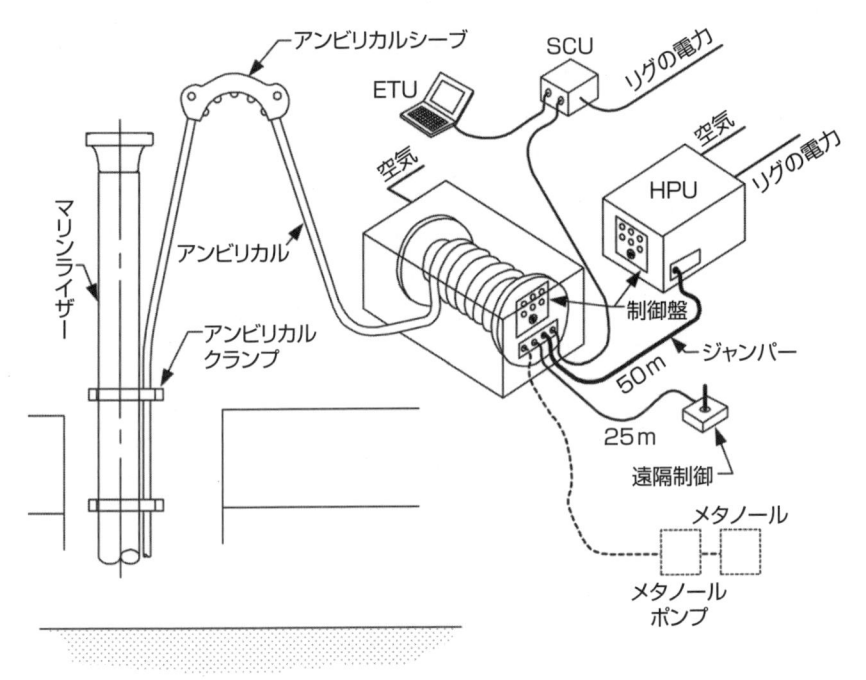

図7-30 IWOCS

　IWOCS は海底井へのインターベンションに使用されるので，一定の安全性が必要である。

- 緊急シャットダウン（ESD）：緊急時にシャットダウン（停止）の作動が可能でなければならない。シャットダウンは，システムが安全に停止され，炭化水素の流出を防止する自動的シーケンスであるべきである。ドリルフロア上で火災の発生または炭化水素の流出があっても，ESD が可能となるよう，リグでは異なるパネル上に ESD パネルを配備する。
- 緊急急速切断（EQD）：発生からある時間内で下部ライザーパッケージ（LRP）を切断可能でなければならない。LRP 切断に先立って ESD が自動的に実行されなければならない。

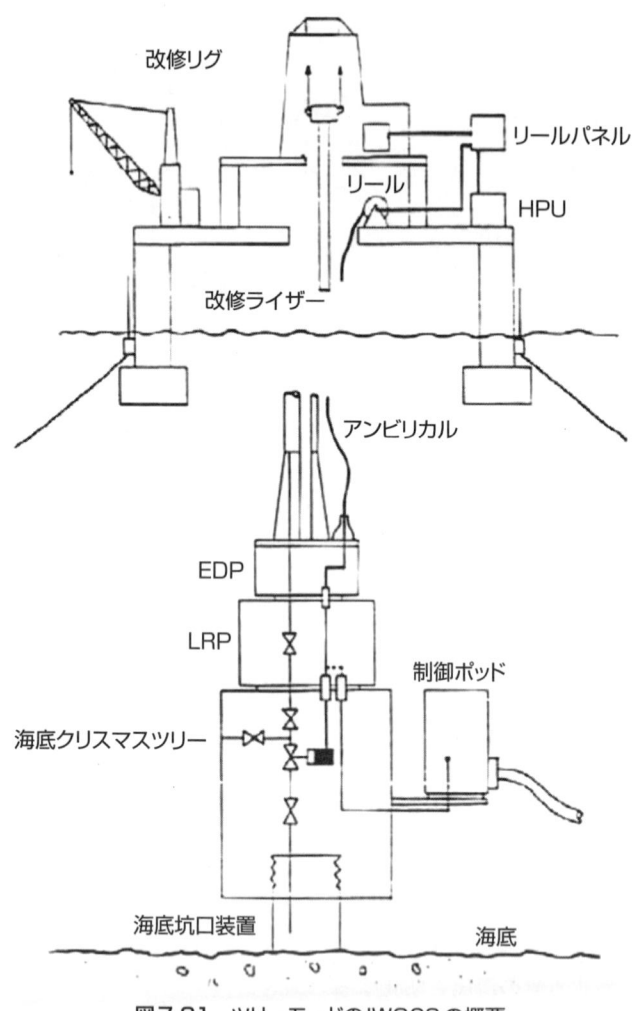

図7-31　ツリーモードのIWOCSの概要

IWOCS は通常，次の構成要素でできている．

- HPU
- 主制御盤（HPU 上）
- 遠隔制御盤（ドリルフロア上）
- 緊急停止パネル（主要避難ルートに）
- リール上のアンビリカル

IWOCS によって制御される主なツールは，チュービングハンガー稼動ツール，ツリー稼動ツール，ツリーキャップ稼動ツールである．

これらのツールを制御するために，LRP その他，各種のライザージョイントからなるライザーシステムが用いられる（ライザーシステムについては第 4 巻で述べる）．システム全体を図 7-31 に示す．

SPCS と同じように，IWOCS もまた 4 つのタイプがある．直接油圧，パイロット式油圧，電子制御油圧，多重電子制御油圧である．さらなる情報は 7.2 節を見られたい．

参考文献

[1] Society for Underwater Technology, Subsea Production Control, SUT, Subsea Awareness Course, 2008.
[2] B. Laurent, P.S. Jean, L. Robert, First Application of the All-Electric Subsea Production System Implementation of a New Technology, OTC 18819, Offshore Technology Conference, Houston, 2006.
[3] C.P. William, Subsea Control Module, U.S. Patent 6,161,618, 2000.
[4] International Electro-technical Commission, Functional safety of electrical/electronic/programmable electronic safety-related systems, IEC 61508, 2010.
[5] J. Davalath, H.B. Skeels, S. Corneliussen, Current State of the Art in the Design of Subsea HIPPS Systems, OTC 14183, Offshore Technology Conference, Houston, 2002.
[6] International Organization of Standards, Petroleum and natural gas industries – Design and operation of subsea production Systems – Part 6: Subsea production control systems, ISO 13628, 2000.

第8章

パワー供給

8.1 はじめに

　サブシー生産システムへのパワー供給は，サブシー制御システム（第7章）に従って設計される。異なる制御システムのタイプ（直動油圧，電子制御油

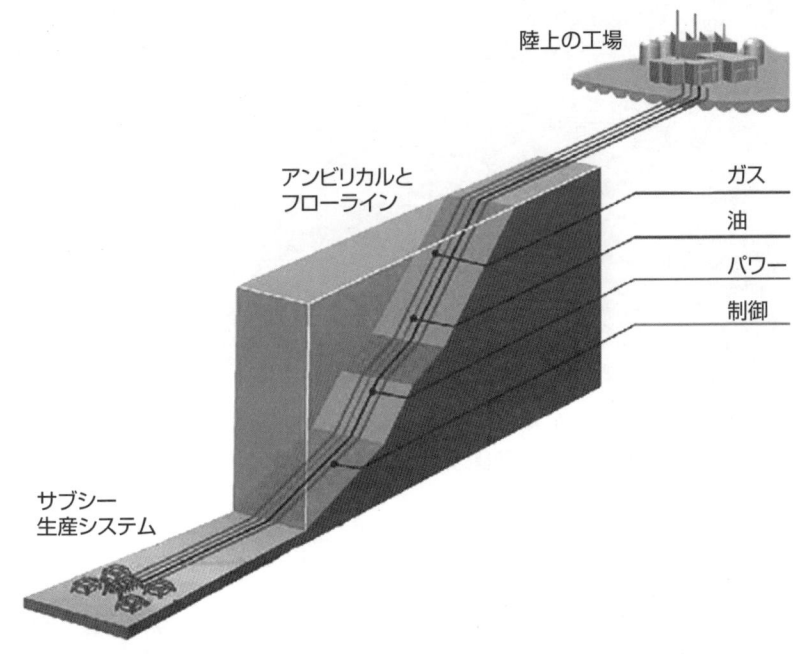

図8-1　陸上から海底へのパワー供給（提供：Vetco Gray社）

圧，全電動など）には，異なるパワーシステム設計が必要である．しかし，基本的には2つのタイプのパワーシステムが用いられる．電力システムと油圧システムである．

パワーシステムは，電気または油圧パワーのいずれかを海底の機器に供給する．ツリーやマニホールド上の弁とアクチュエータ，トランスデューサとセンサ，SCM，SEM，ポンプ，モーターなどである．パワー源は図8-1で示すように，陸上の工場（海底と岸を結ぶフィールドレイアウト）または現場（プラットフォームか海底発電機）のいずれかから供給できる．

図8-2は，サブシーパワー分配が海上の船からくる場合を示す．

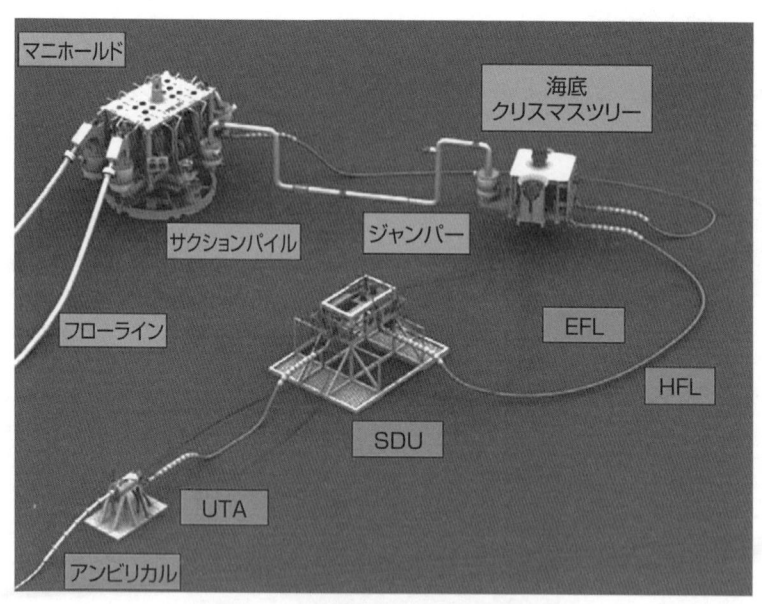

図8-2　典型的なサブシーパワー分配[1]

8.2　電力システム

サブシー生産システムにおける一般的な電力システムには，発電，電力分配，送電，電気モーターからの電気などがある．電力は，現場（プラットフォーム

から）または陸上（海底と岸を結ぶフィールドレイアウト）のいずれかで発電する。海底油・ガス田からの継続的生産を確保するために，サブシーシステムに随伴する電力システムの適切な設計はきわめて重要である。図 8-3 は，電力システムの設計プロセスを示す。

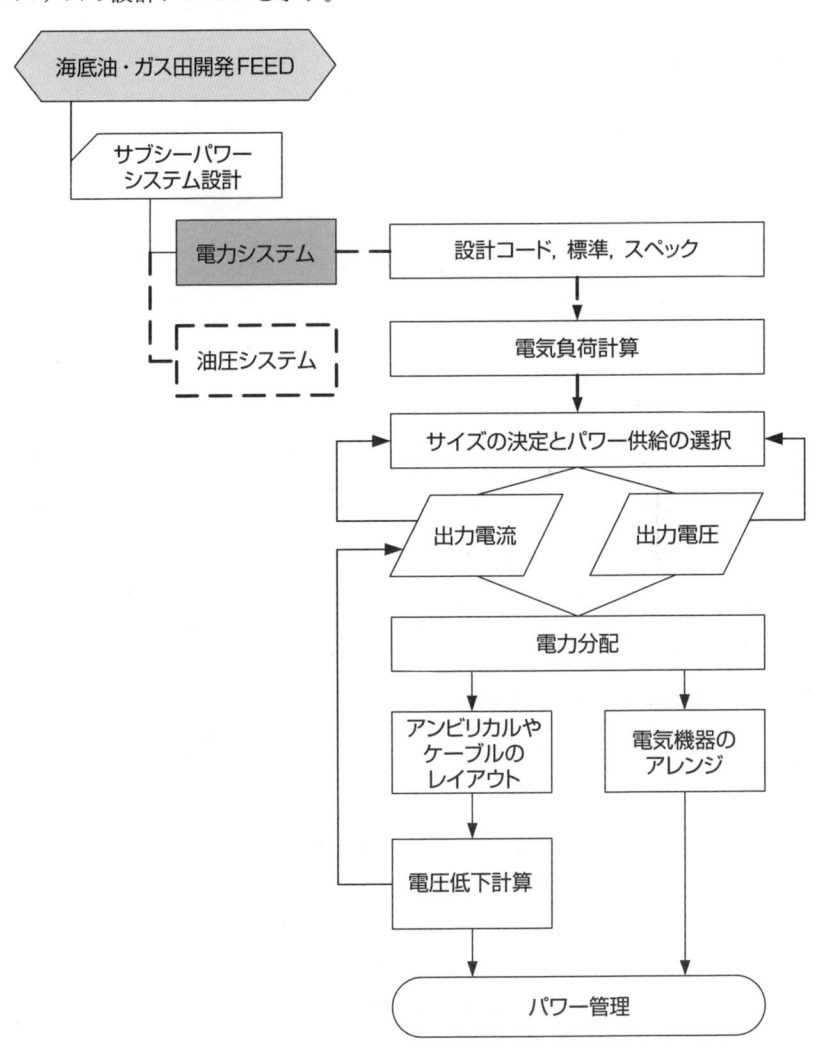

図8-3 電力システム設計プロセス

8.2.1 設計コード,標準,仕様

世界中の業界で受け入れられている多くの電気のコードと標準を,さまざまな組織が生み出してきた。これらのコードと標準は,電気システムの設計や設置のルールとガイドラインを示すものである。表 8-1 から表 8-4 に,海底フィールド開発で使用される主要な国際コードと標準を示す。

表8-1 米国石油学会 (American Petroleum Institute)

API RP 14F	未分類および Class I, Division 1 と Division 2 ロケーション向けの固定式および浮遊式洋上石油施設の電気システムの設計および設置の推奨される方法
API RP 17A	サブシー生産システムの設計およびオペレーションの推奨される方法
API RP 17H Draft	ROV の海底機器とのインターフェース
API RP 500	Class I, Division 1 と Division 2 に分類される石油施設における電気設備のロケーション分類に推奨される方法
API SPEC 17D	海底坑口装置とクリスマスツリー機器
API SPEC 17E	サブシー生産制御アンビリカルの仕様

表8-2 国際電気標準会議 (International Electrotechnical Commission)

IEC 50 (426)	国際電子技術用語 (International Electrotechnical Vocabulary : IEV) Chapter 426―爆発環境用の電気装置

表8-3 米国電気電子学会 (Institute of Electrical and Electronics Engineers)

Std.100	電気電子用語の標準辞書
Std.141	電力分配または工業プラント標準
Std.399	パワーシステム解析に推奨される方法

表8-4 国際標準化機構 (International Standards Organization)

ISO 13628-5	石油・天然ガス産業―サブシー生産システムの設計とオペレーション―Part 5:サブシー制御アンビリカル
ISO 13628-6	石油・天然ガス産業―サブシー生産システムの設計とオペレーション―Part 6:サブシー生産制御システム

8.2.2　電気負荷計算

電気負荷計算は，電力システムの設計の最も初期段階で行われるもののひとつである。エンジニアは，適切なパワー供給が選択できるように，電力を消費するすべてのサブシー要素について求められる電気負荷を評価しなければならない。

局所的な負荷は，いくつかの異なるカテゴリに分類される。たとえば，vital（致命的に重要），essential（必須），nonessential（非必須）などがある。個々の石油会社は，しばしば独自の用語を用いる。emergency（緊急），normal（通常）などの用語が頻出する。一般的に，負荷または負荷のグループを考える際，3つに分類する方法がある。表 8-5 に示す質問はそれを反映したものである。

表8-5　一般的な電気負荷分類 [2]

vital	パワーの喪失が人員の安全を危機にさらすか，またはプラットフォーム内，船内に重大な損害を与えるか？（YES）
essential	パワーの喪失が石油・ガス生産の悪化または損失を引き起こすか？（YES）
nonessential	パワーの喪失が安全または生産にまったく影響を及ぼさないか？（YES）

次に，vital，essential，nonessential のすべての負荷は，一般的に 3 つの任務カテゴリ（duty category）に分けられる [2]。

- continuous duty（継続的任務）
- intermittent duty（断続的任務）
- standby duty（待機的任務）

したがって，それぞれ固有のスイッチボード（たとえば EPU からの）は，通常 3 つの任務カテゴリのすべてをカバーする。continuous duty は C，intermittent duty は I，standby duty は S とする。これら固有のスイッチボードの合計をそれぞれ，C_{sum}，I_{sum}，S_{sum} とする。各「合計」はそれぞれ有効電力（active power）と対応する無効電力（reactive power）から成る。

この固有のスイッチボードの合計消費量を評価するには，それぞれの合計量に不等率（diversity factor）を割り当てる必要がある。これらの係数を D とする。合計負荷は 2 つの形式で表せる。総プラント操業負荷（TPRL：total plant running load）と総プラントピーク時負荷（TPPL：total plant peak load）である。すなわち

$$\text{TPRL} = \sum_{}^{n}(D_c \times C_{sum} + D_i \times I_{sum}) \text{ kW} \tag{8.1}$$

$$\text{TPPL} = \sum_{}^{n}(D_c \times C_{sum} + D_i \times I_{sum} + D_s \times S_{sum}) \text{ kW} \tag{8.2}$$

ここで
 n：スイッチボードの数
 D_c：C_{sum} に関する不等率
 D_i：I_{sum} に関する不等率
 D_s：S_{sum} に関する不等率

このアプローチ法をとっている石油会社は，彼らの長年のプラント設計から得た経験に基づいて，それぞれ異なる不等率の数値を持つ。そのほか，異なるタイプのホスト設備には異なる不等率が正しい場合がある[2]。一般的には，以下の値をとる。

$$D_c = 1.0 \sim 1.1$$
$$D_s = 0.3 \sim 0.5$$
$$D_i = 0.0 \sim 0.2$$

継続的負荷は，ある一時に生じるオペレーションにかかわりなく，システム寿命の間のコンスタントな電力消費に関するものである。このような電力消費をするものにはプラットフォーム上のサブシー生産通信ユニット（SPCU：subsea production communication unit）と監視センサが含まれる。

断続的負荷は，システムのオペレーション状態に依存する負荷と考えられる。典型的な例は弁の起動あるいは HPU システムのアクティブ化による負荷である。それぞれのオペレーションが持続する間，システムの必要電力はオペレーションをまかなうように増加する。瞬時負荷を定義するためには，対応す

る電力需要とは別に，ある一定期間におけるオペレーションの発生の統計的記述とともにオペレーションの持続期間と頻度を同定しなければならない。

サブシーパワーシステムは，一時的な生産停止の場合を除いて，その寿命期間のどの時点においてもアイドリング状態（無負荷）にはならないことに留意しなくてはならない。表8-6と表8-7にそれぞれ電子制御油圧システムおよび全電動制御システムのオペレーション期間中の，継続的および断続的負荷の一般的な数値を示す。データは電気負荷の形で示されている。チョークバルブの仕様についてはフィールドの必要に応じて，継続的あるいは断続的負荷になりうることに留意されたい。

表8-6 電子制御油圧システムの負荷スケジュール[3]

オペレーション	タイプ	パワー要件	頻度（1日当たり）	継続時間
HPU	断続的	11kW/ポンプ	2	2分
シングルバルブ起動	継続的	10W	1〜3	2秒
チョークバルブ起動	断続的または継続的	10W（断続的）	N/A	2秒（断続的）
SEM	継続的	最大80W	—	—
センサ	継続的	最大50W	—	—

表8-7 全電動制御システムの負荷スケジュール[3]

オペレーション	タイプ	パワー要件	頻度（1日当たり）	継続時間
シングルバルブ起動	断続的	3〜5kW	1〜3	45〜60秒
シングルバルブ正常オペレーション	継続的	20〜50W	—	—
チョークバルブ起動	断続的または継続的	1〜2kW（断続的）60W（継続的）	N/A	2秒（断続的）
SEM	継続的	最大80W	—	—
センサ	継続的	最大50W	—	—

8.2.3 電源供給の選択

電力負荷を注意深く評価した後，電力供給源のレーティングを選択しなければならない。オフショア油・ガス田に適用される電力システムでは，パワー伝送は陸上またはオフショアから可能であり，オフショアのパワー伝送は海上または海底から可能となる。

8.2.3.1 トップサイドUPSからのパワー供給

一般的に，サブシー生産システムへの電力供給はUPS（無停電電源装置）からである。UPSは固有の充電可能な蓄電池を持つ。

図8-4に電子制御油圧システムタイプを示す。UPSがMCS，EPU，HPUに電力を供給し，次にそれらがTUTU（トップサイドアンビリカル終端ユニット）へのパワーと他のデータを組み合わせる。

図8-5はUPSと電池ラックの写真を示す。UPSはシステムを電力サージや停電から守る。電力はホストプラットフォームの主供給源から供給しなければならない。UPSは一般的に入力電流を調整し円滑にしてDC（直流）に変換する。これによって関連する電池を充電することができる。次に電池からの出力

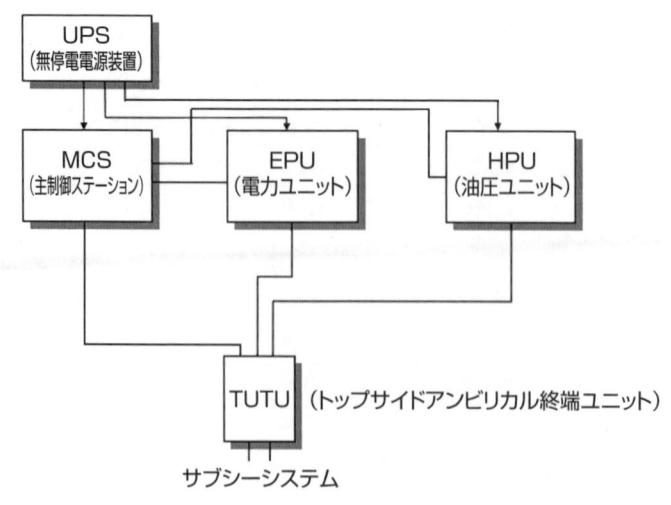

図8-4 サブシー生産システムへのUPSからの電力供給

図8-5 UPSと電池ラック

は AC（交流）に再変換されサブシーシステムを動かす準備が整う。メインの入力供給に故障が生じた場合，電池からの出力が，ただちに直交流変換器を動かすように切り替えられる。こうして安定した供給を確保する。

　UPS システムは製造業やオフィスではよく知られており，今日では家庭でも電力を消費する機器が電力供給を失ってはならない場合に採用されている。UPS は，100 W から数百 kW まで，数分から長時間まで電力供給できるものなど，細分化された仕様で手に入る。この時間の幅のなかで，電力供給を受けている重要機器は，無電源許容状態に移るか外部電源からの供給を受けるか，すなわち，送電電力を回復するか代替電力を供給するかしなければならない。普通，UPS はこの種の機器を製造している専門業者から購入する。サブシー制御システムのサプライヤでは製造していない。

8.2.3.2　海底 UPS からのパワー供給

　故障源を可能な限り減らすために，UPS はつねに，電力を消費する機器のできるかぎり近くに置かれる。そして通常，電力消費機器に責任を持つオペレータの制御下にある。

海底 UPS システムを設置することによって，海底の主電力供給で海底 UPS システムをまかなうことができる。トップサイドに UPS を置くよりもケーブルの数が少なくてすむのでコストを削減できる。UPS の短絡の（電圧）レベルは低い。サブシー設置において，正しいリレー保護と識別原理を達成するための十分な短絡電力を持たせるという課題は，海底 UPS を電力を消費する機器の近くに置くことで解決できる。

一般に，海底 UPS は，海底で要求される低電圧（一般的に 400 V）の電流を用いるすべての機器で使用可能である。以下は UPS によって供給される低電圧のサブシー電力を使用する一般的な機器である。

- 地理的に小さいエリアでの制御システム
- バルブ用電動アクチュエータ
- 電磁ベアリング
- スイッチギアの監視と制御
- スイッチギア，変圧器，モーター，その他の電気設備の電流・電圧の測定機器

通常の UPS はエネルギー蓄積手段と 2 個のパワーコンバータでできている。制御と監視システムも UPS の一部である。パワー変換は熱による損失を伴うので，UPS システムは，熱を熱シンクに移す冷却システムを必要とする場合もある。

UPS は，設置環境で安全に操作できるように設計しなくてはならない。UPS は，短いパワーロス（数秒から数分）でシステム乗り換えができるように，また必要な場合に余裕のあるシャットダウン（停止）に十分な時間を持てるように設計される。

8.2.3.3 海底発電機からのパワー供給

電力はまた海底発電機から得ることもできる。海底油・ガス田開発ではいくつかのタイプの海底発電機が使われてきた。

自律システムはひとつの電源で構成されるが，それは一般的に海水電池か熱電対である。パワー源は，抗井内の流体と周囲の海水の温度差を利用してい

る．海水電池では，電圧を，たとえば 1 V から 24 V に変換する直交流変換器を必要とする（SEM は 24 V の電気供給を要する）．海水電池は，システムを 5 年以上動かせる容量を持たねばならない．熱電対では，油井が生産していないときにシステムを動かせるアキュムレータを必要とする．

8.2.4　電力ユニット（EPU）

　図 8-6 に示す EPU は，コンポジットサービスアンビリカルを通して，MCS，HPU 用の電力供給モジュールとともに，サブシーシステムに二重の，分離された，単相の電力を供給する．

　EPU は，サブシーのユーザに望ましい電圧と周波数で電力を供給する．送電は，電気アンビリカルとサブシー電気分配システムによって実行される．

　EPU は，設置環境で安全に働くように，また個々のペアの結合・分離と点検・修理のために，個々の電力システムへのアクセスが容易であるように設計しなければならない．モデムが MCS 内に置かれない場合には，ユーザにシステム監視，操作，再構成を許容するよう，EPU は冗長性を持った通信モデムとフィルタを含まなくてはならない．EPU は，電圧のノイズとゆらぎにより引き起こされる（サブシー制御モジュールと MCS への）潜在的ダメージを防ぎ，UPS

図8-6　電力ユニット（EPU）

からの入力電圧を受ける。

EPUは，通常DC母線ラインとACラインの2つの出力ラインを持つ。エネルギー蓄積装置はDC母線につながれ，一方AC出力はSEMにつながれる。EPUの一般的な特徴は以下のとおり[5]。

- 全密閉式で，専用の粉体塗装鋼で囲まれ，MCSのセットに編入され，前後にアクセス点を持つ。
- 標準的設計のものは，安全なエリアに適する。すなわち無害ガスエリアと空調された環境である。
- サブシー電子モジュールの故障検出を含む専用の2チャンネル電力供給
- 「電力線上通信」伝達システムを有効とするモデムと信号の分離
- マスター制御ステーションの制御と監視
- MCSとEPU双方への電力供給が停止された場合の電力バックアップの入力ターミナル

8.2.5 電気分配

サブシー電気分配システムは，アンビリカル終端ヘッドからそれぞれの坑井へ電力と信号を送る。第3章で紹介したように，電力（油圧，ケミカル供給，通信も同様）は電気油圧アンビリカルを通じてサブシーシステムに供給される。

SUTA（海底側アンビリカル終端アセンブリ）は，サブシー生産システムのさまざまな構成要素への電気供給（作動液とケミカルも）の主たる分配ポイントである。SUTAは恒久的にアンビリカルに装着されている。アンビリカルからの作動液とケミカルの管は専用の行き先を持つか，または複数のツリー，マニホールド，またはフローラインスレッド間で共有される。

アンビリカルからの電気ケーブルもまた，固有の行き先を持つか，複数のSCMまたは他の機器によって共有される。電気接続は，電気用フライングリード（EFL）の電気コネクタを通じて行われる。連続する電気コネクタの数は最少に抑えなければならない。可能であれば，冗長性を持たせるルートは異

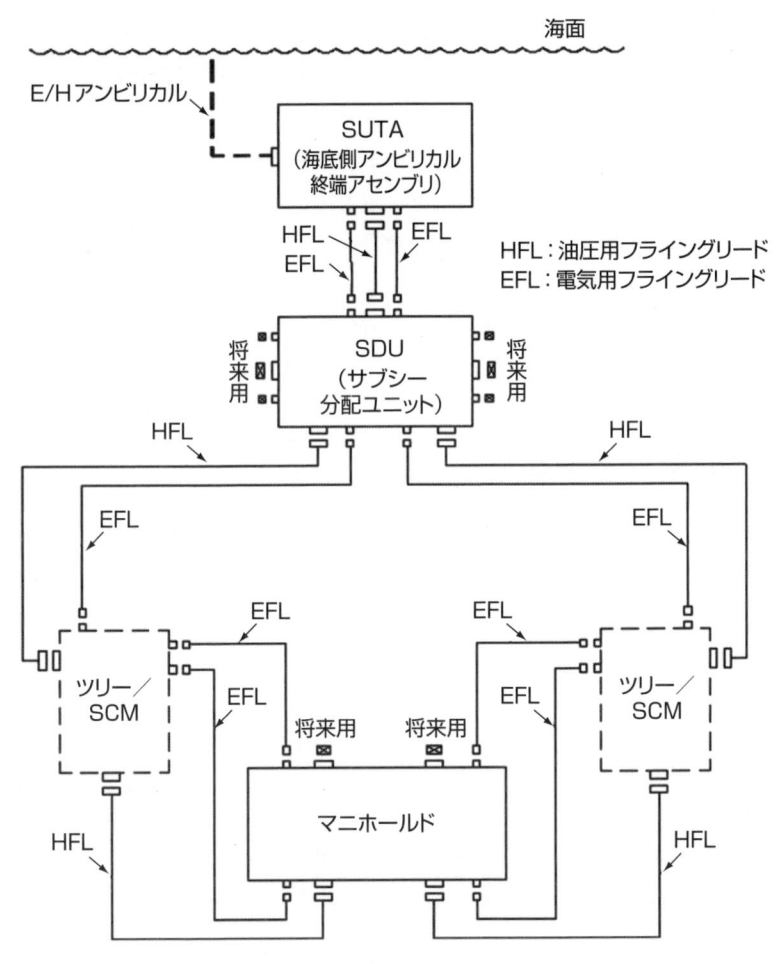

図8-7 サブシー生産システムの電気分配

なる経路を通るようにする。導電コネクタの電気的ストレスを最小化するには、電圧レベルをできるかぎり低く保たなければならない。図8-7にサブシー生産システムの油圧分配システムとともに電気分配システムを示す。

電気分配ケーブルと電気ジャンパーの接続は，ROVか潜水士によってシンプルな道具を用い，リグや船の使用時間を最小限とするように行わなければな

らない．アンビリカル終端から SCM へのマニホールドの電気分配ケーブルとジャンパーケーブルは，ROV または潜水士によって修理可能か再構成可能でなくてはならない．

サブシー電気分配システムは，経路の選択肢が限定された 2 地点間システムである点でトップサイドのシステムとは異なる．要求される柔軟性を失うことなく，構成要素の数を最少に抑えなければならない．あらゆる負荷条件（全負荷，負荷なし，急激な負荷変化，短絡）下での高電圧の分配ネットワークのオペレーションと伝送を保証するために，詳細な電気的計算とシミュレーションが必須である．

8.3 油圧システム

サブシー生産システム用の油圧システムは，遠隔で操作される海底のバルブに，安定で清浄な作動液を供給する．作動液は，アンビリカルを経由して海底の油圧分配システムとサブシー制御モジュール（SCM）に供給され，海底のバルブアクチュエータを作動させる．図 8-8 に標準的な油圧システムの概要を示す．

サブシー生産システムを制御する油圧システムは，2 つのグループに分類される．

- 制御モジュールからの回帰液が海に放出される開回路
- 回帰液が回帰ラインを通って HPU に戻ってくる閉回路

開回路はシンプルなアンビリカルを使用するが，オペレーションの間，システムの復路内の真空を防ぐ装置が必要である．この装置がないと，海水がシステムへ浸入するのを防ぐために搭載されている排出ライン内のチェックバルブによって真空が生じてしまう．真空の発生を避けるため，回帰路には外部の海水に対し圧力を補償するためのブラッダー（嚢）が取り付けられている．

油圧システムは，異なる圧力レベルを持つ 2 つの異なる供給回路からなっている．LP 供給は一般的に 21.0 MPa の差圧を持つ．HP 供給は一般的に 34.5〜69.0 MPa（5000〜10000 psi）の差圧範囲を持つ．LP 回路はツリーとマ

ニホールドの機構に，一方HP回路は海上制御の海面下の安全バルブ（SCSSV：surface-controlled subsurface safety valve）に用いられる。

　油圧制御システムで使われる制御弁は一般的に3方向2位置（three-way, two-position）切替弁である。作動油圧喪失の場合に「閉」位置にリセットする（フェイルセーフ閉）。制御弁は一般的に，主セレクタ弁を作動させるソレノイド駆動のパイロットステージを持つパイロット作動式である。パワー消費を減らし，ソレノイドのサイズを縮小したいが，一方信頼性も向上させたい場合，HPバルブ用に低圧供給のパイロットステージオペレーションを用いることが一般的である。

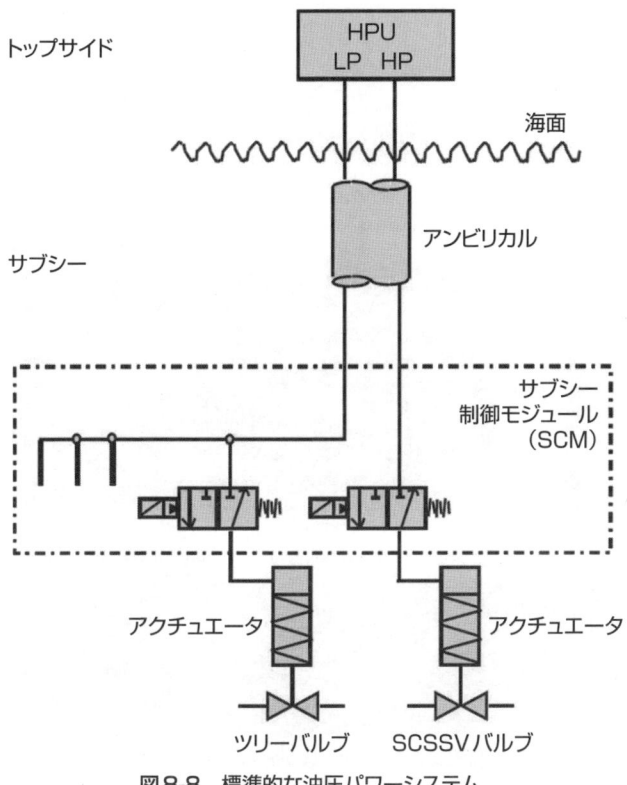

図8-8　標準的な油圧パワーシステム

8.3.1 油圧ユニット（HPU）

HPU は，海底機器を制御する水ベースの生分解性の流体，あるいは鉱物油の油圧用流体を供給するために設計されたスキッド搭載（skid-mounted）装置である。海底機器は油圧で海底の弁を制御する。図 8-9 に典型的な HPU を示す。

HPU には通常，次の構成要素がある。

- 圧力補償された貯留槽
- 電動モーター
- 油圧ポンプ
- アキュムレータ
- 制御弁
- 電子機器
- フィルタ
- ポンプの始動・停止を制御する装置

図8-9 油圧ユニット（HPU）（提供：Oceaneering社）

第 8 章 パワー供給　277

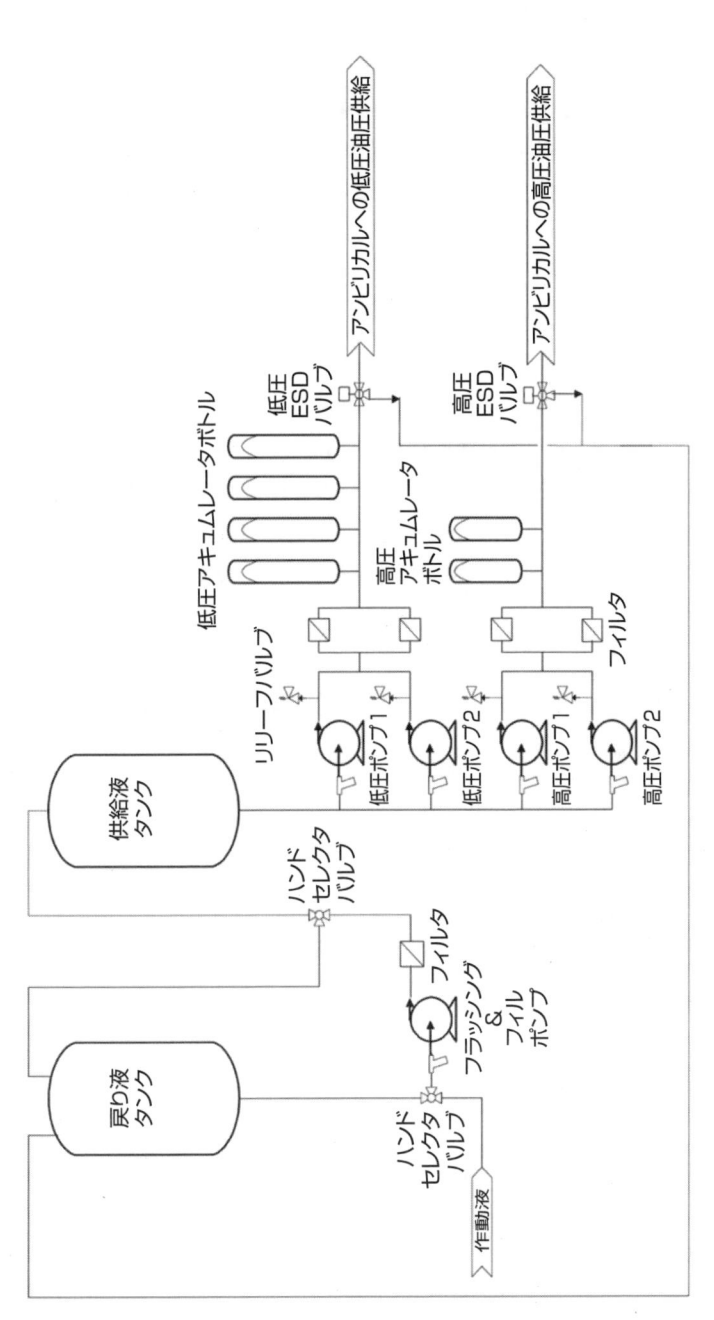

図 8-10　典型的な油圧ユニットの構造図

図 8-10 は典型的な油圧ユニットの構造図である。先に紹介したとおり，油圧ユニットは 2 つの別々の作動液貯留槽を持つ。ひとつの貯留槽は，新しい作動液，海底からの戻り液（実装された場合），システムの減圧からの戻り液用に使われる。もうひとつの貯留槽はサブシーシステムへ清浄な液を供給するために使用される。

HPU はサブシーシステムに LP 液と HP 液の供給を提供する。自己内蔵型で全密閉であり，HPU は，本務用とバックアップ用の電動油圧ポンプ，アキュムレータ，二重冗長性フィルタ，LP と HP それぞれの作動液循環用機器を含む。HPU は，それに固有のプログラミング可能論理制御器（PLC：programmable logic controller）の制御下で自律的に働く。PLC は，インターロック，ポンプモーターの制御，MCS とのインターフェースを提供する。

2 本の油圧供給は，高圧（SCSSV 供給）と低圧（他のすべての機能）の両方で行われる。LP 供給は，方向制御切換弁を経由して内部 SCM ヘッダに送られる。切換弁は，ヘッダがどちらの供給にも接続できるように HMI（human machine interface）から独立して操作できる。供給圧の測定値が表示される。HP 供給も同様な方法で制御，監視される。各機能の液の排出圧はモニターされ，HMI 上に表示される。

8.3.1.1　アキュムレータ

HPU のアキュムレータは，ポンプ圧減衰能力を持たなければならない。アキュムレータは，HPU ポンプが使用不能なときに，ツリーのすべてのバルブを操作するに十分な能力を備えるべきである。アキュムレータは，システムのサイクル速度を保ち，ポンプを再チャージするに十分な能力を持つべきである。アキュムレータは，ポンプへのすべての電力が失われても，一定の冗長性を与える十分な能力を持つ。

8.3.1.2　ポンプ

すべてのポンプは，アキュムレータを最初にチャージするとき，あるいは始動で最初にシステムを満たすときに運転可能でなければならない。ポンプ（とアキュムレータ）のサイズは過度なポンプサイクルと初期故障を避けるように

最適化すべきである。

供給回路あたりのポンプ（と他の構成要素）の数は，信頼性分析に基づき決定される。ポンプのサイズは油圧分析で決定される。どちらの分析も HPU の詳細設計を始める前に行われる。HPU の正常な運転のために，もし必要であれば，パルス制動装置がポンプのすぐ下流に用意される。

すべてのポンプは，電動とし，プラットフォームの電力システムから供給を受ける。ポンプは，システム全体の油圧が抜かれた後，素早く作動圧力を回復する能力を持たねばならない。

ポンプには異なるタイプのものがあるが，最も一般的なタイプは，固定ポンプからチャージを受けるアキュムレータを用いている。これらのポンプは，事前にプログラムされたさまざまな圧力で始動・停止し，PLC によって制御される。

8.3.1.3　貯留槽（reservoir）

HPU は，制御作動液を貯める低圧作動液貯留槽と高圧（3000 psi）貯留槽を持つ。2 つのうちひとつの貯留槽は，新しい作動液，海底からの戻り液（実装された場合），システムの減圧からの戻り液の貯留に使われる。もうひとつの貯留槽はサブシーシステムへ清浄な液を供給するために使用される。

作動液貯留槽は，ステンレス鋼でつくられ，循環ポンプとフィルタを備えていなければならない。貯留槽の最下点とポンプ出口にはサンプルポイントを設ける [6]。作動液貯留槽にはレベルのモニター表示計を備える。タンクの水位伝送器の測定は，排水なしで可能としなければならない。

HPU の貯留槽には，水位伝送器，水位計，排水口，フィルタ，通気孔，清掃に適した開口部が必要である。供給と戻り液の貯留槽は，清浄液と汚損液を分離する仕切板を用いて共通のタンクを分用する場合もある。仕切板は，貯留槽の天井まで伸ばしてはならない。作動液の過剰貯留あるいは ESD（緊急シャットダウン）の排出のときに反対側の貯留槽にあふれ出すようにするためである。

＜水位センサ＞

貯留槽の水位検知システムは，以下の要求を満たす必要がある。

- 低位スイッチは最低 5 分のポンプ運転時間を与えるに十分なレベルとしなければならない。
- 低位スイッチは，ポンプが吸入口に空気を吸い込まないよう排水口より上の高さに置かなければならない。
- 高位スイッチは，貯留槽の容量の 90 ％ と同じレベルに置かなければならない。

＜制御作動液＞

制御作動液は，オイルベースまたは水ベースの液体であり，制御や油圧のパワーを，海上の HPU あるいは現場の貯留槽から，SCM と海底のバルブアクチュエータに伝達するのに使われる。油圧システムでは，水ベースとオイルベースの作動液のどちらも使われる。

合成炭化水素作動液の使用は近年ではまれになり，通常，電子制御油圧方式での使用に限られる。水ベースの作動液が最も広範に使われる。高水分含有ベースの作動液は，エチレングリコールの含有量（一般的に 10〜40％）に依存し，温度によって粘度は変わる（一般的に 2〜10 ℃）。米国の場合，規則は鉱物ベースのオイルを海に排出することを許していないので，もしシステムがこのタイプの作動液を使用するのであれば，それは閉ループシステムでなければならず，アンビリカルに別のもう一本の導管を加えることになり，複雑さが増す。求められる制御システムの作動液の清浄度は米国航空宇宙規格（NAS）1638 のクラス 6 である [7]。

水ベースの作動液は水溶液でなければならない。オイルベースの作動液は均一に混和した溶液でなければならない。作動液は，製造時からフィールドでの操業期間を通した温度の範囲内でその特性を維持した均一な溶液でなければならない。

最初の合成炭化水素作動液は，1980 年代初めに Shell 社の Cormorant Underwater Manifold Centre で使用された。このタイプの作動液は粘度が低く，安定

度がきわめて高く，システム材料との両立性，海水混入への寛容性を持つ。この作動液は，戻りラインとオイル清浄化システム（フィルタ，水を除くための真空脱水）を組み込んだ制御システムを必要とする。合成炭化水素作動液のコストは鉱物性作動油の約 4 倍である。

最初の水ベースの作動液は，1980 年代初めに，Statoil 社の Gullfaks の開発で使用された。このタイプの作動液はとても粘度が低く，使用後は海に放出される。この作動液に関する高度なスペックを満たすために，金属，プラスチック，高分子弾性体の制御システムを必要とする。水ベースの作動液のコストは鉱物性作動オイルの約 2 倍である。

作動液の性能は，制御システムの安全性，信頼性，保有コストに影響する。作動液はまた環境に影響を与える。作動液の性能は次のとおりである。

- 作動液は，作動システム内で遭遇するすべての環境や物質と共存可能であること。
- 作動液は，構成要素間とサブシステム間の主たるインターフェースである。作動液は異なるが接続されているシステム間のインターフェースでもある。
- 制御システムの性能を維持するために，システムの構成要素は，その性能限界の範囲でシステム寿命の間，機能し続けなければならない。それには作動液も含まれる。
- いかなる作動液の性能減退も制御システム全体に副作用をもたらしうる。使用中の作動液の性能を減退させうる要因は以下のとおりである。
  - 作動液の作動パラメータを超える条件
  - 製品の安定性の低さ。時間経過で作動液性能の減退をもたらす。
  - 作動液が働く能力に影響する不純物の混入

8.3.1.4　制御とモニタリング

HPU は，一般的にデジタルディスプレイのある小さな PLC，制御ボタン，ステータスランプを含む電子制御パネルを持つ。電子装置は，遠隔モニタリング・制御のために他のシステムモジュールとインターフェースする。

安全自動システムからモニターされる HPU のパラメータは一般的に以下のとおりである。

- 制御されていない供給圧力
- 制御されている供給圧力
- 作動液のレベル
- ポンプの状態
- 戻り液流（適用可能ならば）

制御パネルは，スタンドアローンまたは HPU の一体部品として存在しうる。制御パネルは，一連のバルブを使って油圧や電気信号またはパワーを適切な機能に送る。

HPU からトップサイドのアンビリカル終端（または分配）装置，ライザーアンビリカル，SCM へ個別の油圧供給を行うサブシー分配の接続を表示するディスプレイが必要である。個別の油圧回路を表示するためのリンクが必要である。

参考文献

[1] U.K. Subsea, Kikeh – Malaysia's First Deepwater Development, Subsea Asia, 2008.
[2] A.L. Sheldrake, Handbook of Electrical Engineering: For Practitioners in the Oil, Gas and Petrochemical Industry, John Wiley & Sons Press, West Sussex, England, 2003.
[3] M. Stavropoulos, B. Shepheard, M. Dixon, D. Jackson, Subsea Electrical Power Generation for Localized Subsea Applications, OTC 15366, Offshore Technology Conference, Houston, 2003.
[4] G. Aalvik, Subsea Uninterruptible Power Supply System and Arrangement, International Application No. PCT/NO2006/000405, 2007.
[5] Subsea Electrical Power Unit (EPU). http://www.ep-solutions.com/solutions/CAC/Subsea_Production_Control_System_SEM.htm., 2010.
[6] NORSOK Standards, Subsea Production Control Systems, NORSOK, U-CR-005, Rev.1. (1995).
[7] National Aerospace Standard, Cleanliness Requirements of Parts Used in Hydraulic Systems, NAS, 1638, 2001.

第9章
プロジェクトの遂行とインターフェース

9.1 はじめに

　プロジェクトの成功はどのようにプロジェクトを遂行するかにかかっている。よく計画されたプロジェクトの遂行では，適時の是正措置やプロジェクトの方針変更などが可能である。いったんプロジェクト遂行計画が決定すると，定期的な報告や確認の公式的なプロセスが必要になる。プロジェクトの遂行は，プロジェクト内のすべての段階と関連があり，活動の数や種類，実行する場所の広がりが増すに連れてより複雑になる。プロジェクトマネージャーは，プロジェクトチーム内のメンバーがプロジェクト遂行システムとそのために利用可能な情報の質について理解するようにしなければならない。プロジェクトの遂行は自然に行われるものではなく，プロジェクトマネージャーが率先して行わなければならない。

　本章では，サブシープロジェクトの遂行とその管理のなかで発生するインターフェース部分について説明する。さらに，本章では，切れ目のないインターフェース構築への挑戦と，さまざまな機能グループ間で発生するインターフェースの問題を特定するための手法やツールの構築についても説明する。

9.2　プロジェクトの遂行

9.2.1　プロジェクト遂行計画

　プロジェクトを成功裏に終わらせるためには，プロジェクトの範囲（scope）は達成しようとする目標の姿を反映していなければならず，またプロジェクトのすべての側面が説明できるように計画を立てなければならない。プロジェクト遂行における必要条件の全体的な理解によって，プロジェクト成功の確率を高めることができる。

　プロジェクト遂行計画はプロジェクトの進捗，とくに設計変更によって変更されるものである。このような設計変更の項目としては以下のものが挙げられる。

- プロジェクトに必要なリソースや期間
- 開発や製造の手法
- 重要な作業項目の識別
- プロジェクト内の特定の項目に対する偶発事故対策計画
- 最適化する要素

　プロジェクトで必要なすべての構造は，標準の構造として（トップダウン分析により）定義される。そして，プロジェクト内の活動はそれぞれの構成項目により定義され，論理的な計画ネットワークが作成される。時間分析に従って，プロジェクトのスケジュールは（ボトムアップ分析により）作成される。いったんプロジェクトが立ち上がると，プロジェクトのライフサイクルを通して監視（monitoring）と報告が行われる。

9.2.2　スケジュールの種類とベースラインの更新

　プロジェクトを制御可能とするために，2つの異なるスケジュールのバージョンを比較できるように持っておく。オリジナルバージョン（初期計画）とベースラインバージョン（承認された現在の計画）の2つである。現在のバージョンのスケジュールは，新たな進捗と日程の予測を含めて定期的に，少なく

とも月に 1 回は更新される。プロジェクトの範囲変更（たとえば設計変更命令など）による追加の仕事はすべて現在のバージョンのスケジュールに含まれる。

　ベースラインの更新は必要に応じて実施され，新しいバージョンのスケジュールが，ひとつ前のベースラインのスケジュールと取り替えられる。その承認については，クライアントと会社間で時々行われるスケジュールレビューによって行われる。ベースラインの更新は以下に基づいて行われる。

- 以前のベースライン
- 以前には含まれていなかったベースラインの切断に至る変更命令
- 以前には含まれていなかった契約オプションの実施

9.2.3　プロジェクトの組織

　ほとんどのプロジェクトは最初に目的と契約義務によって定義される。プロジェクトを遂行するために，契約義務を履行する責任を持つプロジェクト組織を設立する。プロジェクトのさまざまな機能を担う個々の責任については以降で議論する。

9.2.3.1　プロジェクトマネージャー

　プロジェクトマネージャーは，プロジェクトの範囲に従って，許可された時間と予算のなかでプロジェクトを実施する責任を持つ。仕事の詳細には以下のタスクが含まれる。

- それぞれの部門間で最善の協力が図れるようにプロジェクトを組織する。
- コスト管理による支援とプロジェクトスケジュールによって構築された計画と予算を確立する。
- プロジェクト計画のなかの各マイルストーンが予定どおり完了し，統合することで，全体としてプロジェクトが完了することを確認する。
- 契約に従って会社に報告し，計画，技術解決，調達，製造，経理，報告，

法律上の制限，各人員の状態などを含むプロジェクトの進捗または逸脱について情報を提供する。

9.2.3.2　プロジェクトマネージャー代理

プロジェクトマネージャー代理は，プロジェクトマネージャーが出社していないときなどに代理で仕事を行う。また，プロジェクトマネージャーから委任されたタスクの監視と報告に関する責任を持つ。

9.2.3.3　主任技術者

主任技術者（lead engineer）（他の分野の組織ではシステムエンジニアと呼ばれることもある）は，プロジェクトにおける技術的な統合と必要なスキルの特定に関する確認の責任を持つ。主任技術者は，顧客と一緒になってプロジェクトの成果物を定義する役割を持つことになる。また，いったんプロジェクトが開始されたら，技術開発の役割も担当する。今日の産業界では，主任技術者の役割はプロジェクトマネージャーの役割と統合され，同じ人材によって担当されることが多い。

9.2.3.4　製造管理者

製造管理者（manufacturing manager）は以下の仕事に関する責任を持つ。

- 求められている目標を達成するために製造チームと設備チームを管理する。
- 原料の在庫，進捗，最終製品を計画，制御する。
- 会社の目標を満たすために製品の効率，品質，費用，安全を管理する。
- 奨励プログラム（従業員や作業のためのトレーニング計画など）を指揮する。
- 管理命令に従って，作業中の点検を実施する。
- 生産廃棄物の手続きを計画し管理する。
- プロジェクトの円滑な運用のために，材料とその物流を監視する。生産廃棄率を管理し，向上を図る。

- スケジュールからの逸脱について報告する。
- 製造に関する標準化された管理業務を監視し実施する。製造能力が製造要求を満たすようにする。
- 操業上の活動を管理する。
- 製造能力を向上させコストを減少させるために，進んだ製造技術，設備，備品を発見し使用する。

9.2.3.5 財務管理者

財務管理者（cost and finance manager）は以下の項目の責任を持つ。

- 製造寄与益，予算と予測とのずれ，コスト削減計画について分析する。
- 必要な外貨交換など，プロジェクト管理のためのコスト管理を行う。
- 財務的な評価と意思決定を通じてプロジェクトマネージャーとすべての従事者を支援する。
- 基準となるコストを決める。
- プロジェクトマネージャーとともに，内部向けの報告（スケジュールからの逸脱を含む）を作成する。
- 実際の製造コストと基準となるコストの定期的な分析を行う。

9.2.3.6 計画管理者

計画管理者（planning manager）はプロジェクトマネージャーと密接に協働し，プロジェクトの主計画の立ち上げと更新，契約による要求に従った報告書の作成を担当する。

9.2.3.7 品質管理者

品質管理者（quality manager）は以下の項目の責任を持つ。

- 目標，目的，方針と手順，品質保証に適するシステムに関する決定と実行の定義と管理
- レビューと監査の実施により，仕様書に従った品質保証システムの機能性を検証する。

- 会社の品質システムおよび方針が品質システムの要求に合致するように，品質計画を作成し，実行，調整，整備する。
- 品質保証に関する事柄についてプロジェクトマネージャーやプロジェクトの人員を支援する。
- 品質システムのガイドラインに従って文書を管理する。
- 損失費のデータに関する分析と報告を行う。
- 品質保証と品質改善の奨励を行うためにリーダーシップを発揮する。
- 労働安全衛生・環境（以下，HSE (health, safety and environmental)) に関する項目を，プロジェクトの HSE プログラムに従って調整する。

9.2.3.8　調達管理者

調達プログラムはプロジェクト計画の統合部分とならなければならず，調達管理者（procurement manager）はこの計画に従って進捗を報告しなければならない。また，調達管理者は，プロジェクトに必要な全調達品目を発注する。

9.2.3.9　秘書

秘書（secretary）は，往復の文書の保管，伝送処理やレビュープロセスにある全文書の追跡などの文書管理を担当する。また，プロジェクトチームを日々の業務で支援する。

9.2.3.10　契約管理者

契約管理者（contract manager）は契約関連事項とプロジェクトの立ち上げに関してプロジェクトマネージャーを補佐する。

プロジェクトマネージャーは，異なる専門性を持ち，異なる部署や会社に所属する人員を含む複雑な組織を管理しなければならない。最善の環境であったとしても，プロジェクトの管理は非常に難しい仕事となりうる。プロジェクトマネージャーはプロジェクトを成功させるために，計画し，組織し，調整し，意思疎通を図り，先導し，そしてプロジェクトの人員の動機付けをしなければならない。

典型的なプロジェクト組織では，すべての人が一緒に働くが，多くの人々はプロジェクトマネージャーと直接のライン上の責任関係はない。プロジェクトマネージャーは，彼らの成績評価，指導育成，昇進，昇給，福祉およびその他のライン上の責任は持たない。プロジェクト内の個々の人は異なる忠誠心と目的を持ち，おそらくこれまで一緒に働いたことはなく，今後も再び一緒に働くことはないだろう。そのような彼らをつなげているのがプロジェクトの組織構造である。したがって，プロジェクトマネージャーは，プロジェクトで働くために集まった多様な集団からプロジェクトチームを編成するという，人間の問題に取り組まなければならない。これには，多くの部門や会社の管理者たちとの複雑な関係性が含まれる。彼らのすべてがプロジェクトから直接雇用されているわけではないこともある。

　一時的であるというプロジェクト組織の特性から，日常的なオペレーション管理とは違い，安定的な人間関係を築くに十分な時間が取れないことがある。しかし，プロジェクトのはじめから良いグループパフォーマンスが必要である。なぜならば，初期のミスや時間のロスを取り戻すのは難しく，不可能な場合すらあるからである。また，プロジェクトの全体管理グループは，新しい人員の参加やプロジェクトのライフサイクルにおける他のメンバーの役割の減少などによって頻繁に変化する。このような不安定さや困難にかかわらず，プロジェクトマネージャーは，時間，コスト，目標達成のプレッシャーの下で働かなければならない。かかわる人員とグループに対してもプレッシャーか，またはモチベーションを高める手段を用いることになる [1]。

9.2.4　プロジェクトマネジメント

　プロジェクトマネジメントは，同意された成果測定の下でプロジェクトを効果的，効率的に実施することが求められる。成果測定指標は，究極的にはそのビジネス事案（business case）とプロジェクトの概要説明書（project brief）からくる要求に基づいたものとなる。プロジェクトマネジメントチームは，開発管理活動の領域における主体であり，プロジェクトマネジメントの専門家によって構成される。プロジェクトマネジメントチームは，究極的にはプロジェ

クト遂行計画を準備し，プロジェクト成功に向けて他の活動領域からすべての関連する入力情報を集めて，嚮導・統合する責任を持つ。

プロジェクトマネジメントとは，目的にかなったやり方で目的を達成するために，リソースの管理，割り当て，時間調整を行うプロセスである。目的は，時間，金銭，技術的な結果の形で記述される。プロジェクトマネジメントは，利用可能なリソースを結合した能力を利用して目的を達成するために用いられる。すなわち，プロジェクトの目的達成には体系立ったタスクの遂行が必要であることを意味する。プロジェクトマネジメントは以下の基本的な機能を含む。

- 計画（planning）
- 組織（organizing）
- スケジューリング（scheduling）
- 管理・制御（control）

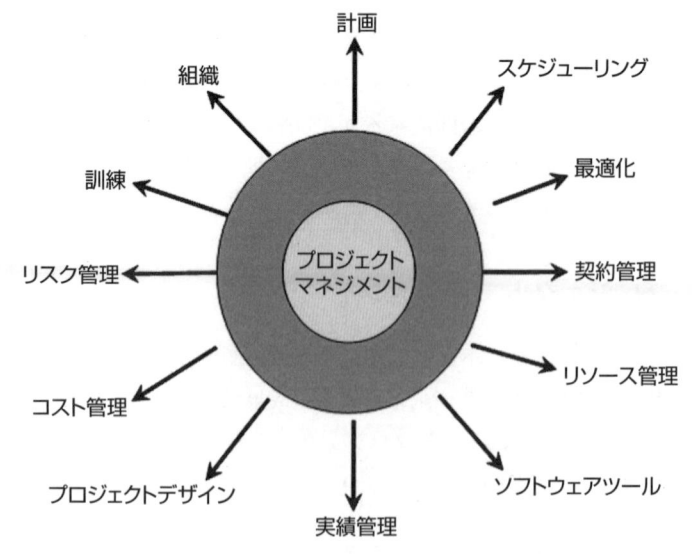

図 9-1 はプロジェクトマネジメントの多次元性を表現している。

図9-1　プロジェクトマネジメントの多次元性 [2]

9.2.5 契約戦略

プロジェクトにおける実際の契約戦略は，「複数のコントラクター（contractor））というアプローチ方法の結果である。マネジメントチームは，それらのコントラクター（契約者）にプロジェクトの主要な各部分（segment）を遂行するように指示する。ひとつのアンブレラ協定によって，個別の契約を相互に結び付けて，インターフェースを管理し，提携を進め，共通システムを使用して管理する。それぞれのコントラクターは自身の業務範囲のなかで適した部分の下請契約（subcontract）を結ぶことが可能である。

プロジェクトの契約戦略は，「主契約」および無償で交付される（free-issue）「設備・機器の買い注文」の両方の競争的入札が基盤となる。また，他の鍵となる戦略としては，マニホールドやジャンパーシステムなどの特定要素を社内（in house）で設計するというプロジェクトチームの決定が挙げられる。話を続ければ，このようなシステムの重要要素をマニホールド組立業者（fabricator）に無償交付するというようなことがありうる。マニホールドの組み立ては，バルブと接続システムで成功したサプライヤと交渉することによって，インターフェースや建造のエラーと遅延を減らすことができる。こうする主な２つの理由は，①ハードウェア供給者を含む複数の（外部）インターフェースと掘削や搭載を含む内部のインターフェースに対してチームがより良好な統制力を維持すること，②設計業務をするための専門技術を社内で保持することの優位性を利用すること，が挙げられる[3]。

9.2.6 品質保証

プロジェクトには，完了に向かってそれぞれ異なる節目となるフェーズがあり，それぞれのフェーズは時に並行して，時に順々に行うように計画されている。それらのフェーズを通して，プロジェクトチームは進捗をモニターし，契約に従って会社に報告する。予定からの逸脱は指定された品質保証（QA：quality assurance）システムによって分析され，プロジェクトチームは調整作業を行う。

仕事を完成させる契約当事者は，製品またはサービスを，合意された仕様および法定要件に従って届けることを保証するためにQAシステムを持ち，維持しなければならない。それによって顧客や内部ユーザのニーズを満足させる。QAシステムとは，組織を強化するために使うことのできる公式の管理システムのことを指し，仕事の標準（standard）を定め，すべてが矛盾なく進むことを確認するためのものである。QAシステムは，品質管理を行う組織が満たさなければいけない期待値を設定する。一般的に組織がQAシステムを導入する目的としては以下の項目が挙げられる。

- 標準について合意するため。標準化される項目は，スタッフや役員やユーザが組織に期待するパフォーマンスに関するものである。
- 自己評価を実行するため。自己評価とは，プロジェクトチームのパフォーマンスを標準によって設定された期待値と比較することである。
- アクションプランを描くため。アクションプランは，何をする必要があるのか，誰がするのか，いつどのようにするのかを含む。
- 実際に作業を実行するため。
- レビューを行うため。プロジェクトチームはレビューを通じて，どのような変更が生じたかやチームの達成期待と違っていないかを確認する。

QAシステムの実践は製品やサービスのすべてにわたる活動に適用される。「あらかじめ定めた要求に従ってすべての活動が遂行され，何らかの変更が受け入れられたときには承認プロセスを経ているべきである」。

プロジェクト管理チームは，必要に応じてシステムと主契約当事者や副契約当事者の監視と監査を行い，品質管理者と品質管理部門を積極的に支援する。監査の結果は適切にトップマネジメントに報告されなければならない。

プロジェクトで品質プログラム（QP：quality program）の実施を計画し，実施するときには，さまざまな問題が生じる。サブシーシステムにおける大きな課題はしばしばコントラクターとベンダーが地理的にとても離れて分散していることである。

プロジェクト開始時におけるQAの哲学（philosophy）は，プロジェクトコントラクターの既存のQPによる。そのQPはISO 9001と生産・検査・試験

手順を含む独自の品質計画の開発に基づくものである。QA と品質管理プログラムの初期の役割はモニタリングの監督者（monitoring overseer）として機能することであるが，プロジェクトが進むにつれて増加する複雑度に対応して監視（surveillance）のレベルを上げていかなければならない。

サブシーグループにおける品質チームは QA コーディネータと，サブシー管理者へ報告する品質エンジニア（QE）で構成される。QA コーディネータの責任は，QP および関連する手順を開発し実施を監督し，内部および外部品質監査を実施することである。QE は，サードパーティの調査者との日常的なやりとりと，コントラクターとベンダーの調査とテスト計画実行の監視の役割を担う。

サードパーティの調査者は，主任技術者と QE が連携して準備したベンダー検査実行計画基準に基づいて選ばれる。検査者契約の基本的考え方は，検査機関との総括的協定によるよりも，知識があり有能な検査者を，地理的エリアを勘案して採用するというものである。

QP は，プロジェクト内のサブシーシステムグループにおけるすべての側面をカバーし，プロジェクトのサービス部門によってつくられた一般的な品質管理システムを補足しようとするものである。また QP は，プロジェクトが従う計画変更に関するガイドラインを保証するためにも用いられる [3]。

9.2.7　システム統合試験

すべてのサブシー機器の製造と試験の品質管理は，プロジェクトの QA 計画に厳密に従わなければならない。機器の重要性とその後の高い修理コストから，機器自体のコストに比べて不釣り合いなほどの検査水準が求められる。品質管理業務と必要な検査やテストを実行するためのリソースを確保するために，堅固な組織スタッフ計画が必要となる。プロジェクトのチームメンバーはサブシーの各構成機器の製造と引き渡しに対する明確な責任を割り当てられるべきであり，要求される水準の検査や監視を確実に行わなければならない。サブシーシステムは多くの独特な構成要素から成り立っており，それゆえに全体状態のモニタリングを難しくしており，性能管理システムはこの点を考慮して

設計しなければならない。プロジェクト計画は，設置のために指定された期日の近くで多くのサブシー機器の品目の引き渡しがあるだろうことを認識しなければならない。したがって，不測事態対応計画（contingency plan）も立てておかなければならない。不測事態対応計画とは，（電気などの）用役の中断や労働力不足，重要機器の故障や故障返品（field return）といった緊急事態において顧客の要求を満たすために準備するものである。製造計画は，編成（stack up），統合システムテスト，欠陥の修正などを見越して，設置前に十分な時間を見積もっておかなければならない。計画者は，必要なテスト作業とダミーの部品をテストのために利用できるように保証しなければならない。

システム統合試験（SIT : system integration testing）プログラムは，オフショアに行く前に陸上で，全体を通して，設置や操作の主要点をテストするために設計される。陸上での良い準備と高いレベルでのテスト作業は，効率的な設置とシステムがオフショアに移動したときのスムーズな始動につながる。

SIT はマニホールドの組み立て業者（fabricator）の構内で行われ，2 つのフェーズで完了する。最初のフェーズは，パイプラインエンドマニホールド，サクションパイル，マニホールド，サブシーツリー間におけるすべての機械的なインターフェースの性能試験である。各サイズのフローラインとウェルジャンパーが組み立てられ，テストで最大または最悪のケースの許容編成が確認される。SIT の 2 つめのフェーズはマニホールド，ツリー，フライングリードと生産制御システムの統合である。

SIT の全体の計画と実行はサブシーシステムグループの責任となる。計画の取り組みには，SIT 計画の開発も含まれる。すなわち作業の範囲や詳細なテスト計画，機器のテスト，ハンドリングの仕様，人員要件，スケジュールとコスト管理，安全作業などである。

SIT を実行している間，組み立て業者は基本的には労働力，機器，施設のみを提供する。詳細な手順，スケジュール，管理予算，日々の活動は，統合プロジェクトチームが計画指示し SIT コーディネータが執行する。コントラクターが行う作業は，時間と材料契約の下で行われる。SIT ではサブシーシステムチームに常勤のスタッフが配置され，実行中，ピーク時には 4 つの個別チームができる。

SITプログラム期間中は，設置，掘削グループ，設置コントラクター，オペレーション要員のそれぞれの代表者が立会人として招かれ，実際のSITテストに参加する。これは，さまざまな部門の人員を機器になじませ，実機訓練（hands-on training）の機会を与えることになる。

SITプログラムの計画と実行を成功させるためにはサブシーグループに相当の専門性を持たせることが望ましい。SITの実行の間は，適切な人材（サブシー，オペレーション，設置の人材）を含めることと，計画の段階からできるだけ早くSITを開始することが非常に重要である[3]。

9.2.8 設置

設置作業はプロジェクトの主要イベントであり，詳細な計画とマネジメントが必要となる。プロジェクトマネージャーは，計画とインターフェース管理プロセスが，エンジニアリングチーム，設置チーム，設置コントラクター，設備組み立て（facility fabrication）チームの間で共有されるようにしなければならない。

設置作業のマネジメントは専門的な活動であり，チームのなかに専門の知識と能力が求められる。設置作業のマネジメントのための準備には以下のものが含まれる。

- 基本設計の間に，積み出しと設置方法を決定する。なぜならば，これは設備設計に大きな影響を与えるからである。
- 調達サプライチェーンマネジメント（PSCM：procurement and supply chain management）部門のチームを引き込んで，会社の業務範囲と規模を拡大強化する。
- 設置方法が，利用可能な設置船とPSCM戦略に合っていることを確認する。また早い段階で船を確保し，必要なときに使用可能な状態とする。
- 設置コントラクターを早期に関与させて，設置要件が設備設計と統合されているかを確認する。設置コントラクターは設計の後期段階や建造プロセスで設備をレビューする傾向がある。これは，再設計や再建造を招

くことがありうる。
- 詳細な設置戦略を進展させるに先立ち，提案された設置活動と設置契約を処理するために設置マネージャー（installation manager）を任命する。

以下の計画活動も考慮しなければならない。

- 作業開始前に，十全な連携を確認するために，エンジニアリング，設置，建造（construction）チーム間で適時の詳細計画のレビューを行うことを確認する。
- 提案された設置設計と方法のピアレビュー（peer review）を開始する。
- 実装前に，設置チームによって設置手順の詳細なリハーサルを確実に実行する。
- 搬出や出港，搭載の実行前にすべての要求が満たされていることを確認するために，go/no go process（前進か停止かの判断プロセス）を実行する。続行の承認責任が絶対的に定義されていることを確認する。
- 海象と気象予想の専門家による設置計画と go/no go process への支援を確実に行う。

サブシー機器の設置は，建造グループ内のサブグループとして機能する設置グループが全責任を持つ。

設置グループの責任は，主として，サブシー設置作業にかかわるさまざまなコントラクターとの交渉，契約，調整，スケジューリング，予算管理で構成される。この組織は，2フィールドの設置作戦において，船の利用の最適化，現場の安全，全体の建設管理などでシナジー効果を実現する。技術的なインプット，レビュー，コントラクターの設置手順へお墨付きを与えること，詳細テストの指示を行うことなどによって，技術的な責任はサブシーグループにある。

全体として，プロジェクトによって顕著なコスト節減を実現することで，上記のような組織構造はサブシー機器の設置に成功することができる。設置コントラクターをできる限り早期に特定し選択することは，早期に設置オプションを決めて詳細化を進めることと，サブシー機器設計への取りかかりを早くすることにつながる。また，設置にかかわる課題やリスクの特定にもつながる。主

要要素についての設置リスク評価の実施は，計画段階において非常に大事であることが知られている。計画段階で重要課題と潜在的ギャップがオフショアでの作業実行に先立って特定され，解決策が立てられる [3]。

9.2.9　プロセスマネジメント

プロセスマネジメント（process management）は，それぞれのフェーズでの計画と監視の責任を持つ開発管理活動の主体である。プロセスマネジメントの責務には以下のものが含まれる。

- プロジェクトマネジメントチームと密接な関係を持ちながらプロセス実行計画をまとめる。
- フェーズレビュー計画をレビューし報告する。
- それぞれのフェーズでの成果物に関して，プロセスにおけるインプットとアウトプットの決定と調査を行う。
- 製品引き渡しに向けて当該プロセスが満足に実行されるように，進捗管理活動領域（development management activity zone）に対して専門的勧告を行う。

プロセスマネジメント活動の領域はプロジェクトとは独立した専門家で構成すべきである。

9.2.10　HSE マネジメント

9.2.10.1　HSE の哲学

健康の保護，安全の確保，環境の維持は，法律の対象になることを別としても，資産の構成要素となりプロジェクトに付加価値をもたらす。ひとつの哲学として，HSE（health, safety, environmental）は商品やサービスにとって必須で不可分な一部であることを知る必要がある。HSE の哲学は，プロジェクト内の安全を確保するための全体のガイドラインとして機能すべきである。

プロジェクトチームは，エンジニアリング，設計，調達，製造（manufacturing），

終了作業，試験に関して，実践的，経済的に実行できる限りにおいて，技術，オペレーション上の健全性の達成を目指さなければならない[4]。

9.2.10.2　HSEマネジメント計画

無事故，人への無危害，環境への無悪影響を達成するためには，プロジェクトの規模と複雑さに見合った計画が必要となる。

HSEマネジメント計画は，設計，建造 (construction)，組み立て (fabrication)，設置，オペレーションのフェーズ全体を通して，安全と環境に責任を持ったオペレーションを保証するために策定される。HSEマネジメント計画は，コントラクターやその他も含めたプロジェクトチーム全体に，HSEの懸念と問題がどのように特定され，除去され，やわらげられ，または管理されるかを理解させ，さまざまな管理レベルにおいてどのように責任が構築されているかを理解できるようにするために必要な情報を提供する。また，プロジェクトチームのメンバーのためにHSEの訓練ツールとしても使われる。

HSEマネジメント計画の目的は以下のとおりである[5]。

- プロジェクトにおけるHSEの目的と期待を明確に述べることと，プロジェクトチームがそれらを達成するためのツールを得られること。
- プロジェクトの組織，責任，HSEと関連するマネジメントの管理手法を詳細化すること。
- HSEの研究と成果物を明確にすること。
- HSEに関するレビューと監査の実施とそのタイミングを明確にすること。

9.3　インターフェース

9.3.1　概要

インターフェースとは，2つの機能グループ間における責任の範囲，情報の交換の定義に関することである。または，2つの機能グループによって供給された機器間の物理的なインターフェースのことである。プロジェクト成功の鍵

となる要素は，インターフェースの違いを管理することである。プロジェクトにかかわるさまざまな製造者やコントラクター，サブコントラクター間におけるインターフェースの違いは，インターフェース活動における調整の複雑さなどの深刻な問題につながることがある。異なる作業要素（work element）間のすべてのインターフェースは，相互に受け入れられる解決策の提案によって互いに認識，特定される。作業要素とは，フル契約の範囲，よく定義された部分的またはサブの契約まで含めた範囲，設備・便益（facility）やオペレーションのことを指す。これらは，それぞれ当事者間で議論され，必要に応じて調整される。会社は，合意できるインターフェースの境界線を明確にし，仕事と供給の問題の範囲内で的確な工学的解決法を特定する。そして，各インターフェースは詳細化され，それぞれの当事者の合意を得る。インターフェース登録（interface register）が確立されると，プロジェクトの進展と各インターフェースの解決策を反映して維持される。

　サブシーの設備（facility）チームは，プロジェクトマネジメントインターフェースの全体に参加しなければならない。サブシーの設備インターフェースは，チームインターフェースコーディネータによって管理されなければならない。コーディネータは単一の接触点となり，対応処理が必要な事項の責任の所在についての応答の責任を持つ。この目的のための管理ツールは，インターフェース責任マトリクス（interface responsibility matrix）である。このマトリクスは全プロジェクトフェーズの活動について責任者となるべきキーパーソンを割り当てる。チームメンバーはインターフェースデータベースのなかに質問や答えを入力する。そして，その質問は，すべての関係者の満足と同意によって成功裏に閉じられるまで登録・維持される。たとえて言うならば登録（register）は，違反行為に対する法的な保護と償還請求を目的として所有権の公式記録をつくる著作権局のように，法的に認められたものである。登録には，普通は行政事務に対する料金が発生し，所有権の記録としての証明書や照会番号が発行される。データベースは単に検索可能な記録の集合でしかない。これらの記録は，所有権の公式の記録かもしれないし，図書館から借りることが可能な本かもしれないし，インターネット上で日付を検索する人々の記録かもしれない。しかしながら，データベース内にある記録は，それに所有権の公

式記録の地位を与えるものではない.

9.3.2 役割と責任

9.3.2.1 プロジェクトマネージャー

プロジェクトマネージャーは，すべてのインターフェース活動における調整の全体責任を持ち，プロジェクトチームのメンバーに日々のインターフェースシステムの運用を委任する.

9.3.2.2 インターフェースマネージャー

インターフェースマネージャーは，直接インターフェースに関連するプロジェクト活動の管理と調整を行う責任を持つ．インターフェース課題(interface issue)の特定，インターフェース登録の維持，定期的なインターフェースミーティングの開催，さまざまな機能グループ間での情報交換を通じたインターフェース事項の終結などである.

9.3.2.3 インターフェースコーディネータ

インターフェースコーディネータはそれぞれの機能グループのなかから，インターフェースマネージャーとの接触点として任命される．インターフェースコーディネータは，インターフェース課題の特定，機能グループ内の他のメンバーとのコミュニケーション，インターフェースマネージャーや他の機能グループとの情報交換を通じてインターフェース課題を終結させるための補助をする.

9.3.2.4 主任技術者

主任技術者はプロジェクトに従事する機能グループのメンバーである．主任技術者は，担当する仕事に影響のあるインターフェース課題を特定し，これらの課題を機能グループ内のインターフェースコーディネータに報告する．また，インターフェース調整者として作業することもある.

9.3.2.5　プロジェクトコントロールコーディネータ

プロジェクトコントロールコーディネータはスケジュールと予算の報告を維持する責任を持つ。

9.3.3　インターフェースマトリクス

サブシーのインターフェースマトリクスは，会社と，サブシー設備の詳細設計，建造，設置に従事する主要なコントラクターの間の接触点を定義するものである。インターフェースマトリクスはプロジェクト内のすべてのインターフェースのリストであり，コントラクターのチームメンバーはプロジェクト活動内で使用するための最新の情報を照会して入手できる。インターフェースマトリクスは生きている書類であり，新しいインターフェースは強調して表示され，すでにあるインターフェースの状態が変わるなど継続的に更新される。

インターフェースマトリクス上のそれぞれのインターフェースは，インターフェースに関する質問や対応，他の照会などからの曖昧さを除くために特定の項目番号が割り振られる。表9-1 はインターフェースマトリクスの例である。

表9-1　インターフェースマトリクスの例

インターフェース番号	インターフェース項目	詳細説明	発出会社	受信会社	要請日	状態	コメント
			会社名	会社名		懸案中・終了	

9.3.4　インターフェーススケジューリング

各インターフェースは，会社が情報を受けてプロジェクト活動に組み入れるのに十分な時間をかけられるようにスケジュールされる。この日付はインターフェース登録やインターフェースマトリクス内において，要請日（required-by date）と呼ばれる。

9.3.5　インターフェース管理計画

　インターフェース管理計画（interface management plan）は，プロジェクトにおける組織および機器間のさまざまな機能的，物理的なインターフェースの管理と位置づけられる。計画の目的は，異なる部門間での早期のコミュニケーションを確立することである。そのために必要なのは，システムと手続き，インターフェースを適時に完了し解決するために必要な活動または成果物に関する情報である。早い段階でこの情報を明確にして宣言することは，プロジェクトスケジュールが崩壊する可能性を最小化することになる。プロジェクト全体を横断したインターフェース課題の効果的なハンドリングは全員の利益につながる。

　プロジェクトのために，さまざまな機能グループが，設計，調達，組み立て，設置，設備の試運転（commissioning）などのさまざまな面に従事している。インターフェース管理計画は，さまざまな機能グループ間のインターフェース課題を特定，記録，追跡し，終結させるための手法とツールを確立するものである[6]。

9.3.6　インターフェース管理の手順

　すべてのインターフェース課題項目は，追跡，報告のためにインターフェースデータベースのなかに登録される。すべてのインターフェース管理者と選ばれた作業者はこのシステムにアクセスする権限を与えられる。

9.3.6.1　プロセス

　インターフェース管理では，プロジェクトのコスト，スケジュール，品質への悪影響を避けるために，早い段階でインターフェースを特定し，優先順位付けして迅速に解決する必要がある。インターフェース管理プロセスは，すべてのインターフェースにおける計画，特定，評価，監視，制御，完了作業を含む。

インターフェース管理プロセスは，書類管理やプロジェクト管理プロセス，知識管理システムなどにおいて，他の会社やコントラクターのプロセスにも影響を与える。

インターフェース管理は始動時から終了時を通して詳細なエンジニアリングプロジェクトのすべてのフェーズに影響を与える。インターフェースはすべてのプロジェクトのフェーズに存在し，積極的に管理してコントラクターの進捗と実行を支援するように解決されねばならない[7]。

9.3.6.2　コミュニケーション

可能な限り早い段階でインターフェース課題を特定し，課題項目へのタイミングの良い決定を行うために，すべてのコントラクターおよび顧客となる会社間での開かれたコミュニケーションが求められる。実際に，契約によってプロジェクトにかかわるすべてのインターフェース関係者間で，開かれたコミュニケーションが行われるべきである。

また，外部インターフェースチーム同士が同一箇所にいて仮想チームを形成しているフェーズのときには，定期的に会うことが望ましい。対面のミーティングはコントラクターと顧客企業間のコミュニケーションを促進し維持する上で非常に重要である[7]。

9.3.6.3　ミーティング

参加しているインターフェースマネージャー全員で毎週ミーティングを開くべきである。ミーティングの目的は，現在あるインターフェース課題，「ニーズ」と「予想」の日時の決定，終了項目の状態について，直接的なディスカッションを行うことである。

9.3.6.4　データベースツール

会社のネットワーク外で働くスタッフにとって，データベースへのアクセスは，普通，共有書類（shared documentation）とインターネットを通じて行われる。

9.3.6.5　インターフェースクエリ

各インターフェース課題は明確なインターフェースクエリ（query, 質問）として提起されるべきである。インターフェースクエリは機能グループのいずれから提起されてもよいが，グループのインターフェースコーディネータによって提出されなければならない。クエリがインターフェースマネージャーによって提出された後に，受け取った順番にクエリ番号が付与され，クエリのコピーがすべての関係者に配られる。

9.3.6.6　アクションプラン

複雑で難しいインターフェース課題はアクションプランによって提起される多段階による解決策が必要になる。機能グループのひとつがアクションプランの作成責任を持たなければならず，インターフェース登録に注記される。

9.3.6.7　インターフェース課題の終了

インターフェース課題が終了するとき，インターフェース登録の「終了日」の列に日付を記入し，また終了の参照（close-out reference）を記載しなければならない。終了の参照は通信（correspondence）の番号または書類番号である。

9.3.6.8　インターフェースの凍結

インターフェースを定義する文書が「設計開始承認（approved for design）」あるいは「建造開始承認（approved for construction）」として出されたときには，インターフェースは「凍結（frozen）」とみなされる。未解決のインターフェースの領域は「保留（HOLD）」の注記で識別され，対応するインターフェース課題は追跡のためにインターフェース登録に入れておかなければならない。

9.3.7　インターフェース登録

インターフェース登録は，コントラクターから提起されたインターフェースクエリのすべてのリストから成らなければならない。行方不明となったクエリが容易に特定できるように，会社から受け取ったクエリは別にインターフェー

ス登録する。

9.3.8　内部インターフェース管理

　内部インターフェースは，特定の会社内や設計の分野で発生するインターフェースとして定義される。内部インターフェース管理の責任はコントラクターにある。設計，調達，設置，試運転のプロジェクトコントラクターか，大きい契約の一部分のコントラクターかにかかわらない。

9.3.9　外部インターフェース管理

　外部インターフェースは，ある特定の会社と外部の組織間で発生するインターフェースとして定義される。外部インターフェース管理は生産会社による政策手段として，あるいはプロジェクトグループ内のオペレーションを管理する手段として採用される。

9.3.10　インターフェースの解決（interface resolution）

　外部インターフェースに関する解決は，最初は特定のインターフェースに属する当事者間で試みられるが，特定の課題の解決を助けるためにサブチームを利用することも可能である。もし，チーム内で解決を得ることができないのであれば，外部インターフェースチームにその責任を委ねるべきである。インターフェースの衝突が依然として解決できない場合は，顧客企業が仲介者として課題を解決させる。

9.3.11　インターフェースでの引き渡し（interface delivery）

　プロジェクトのために，会社はインターフェースでの引き渡しのできるデータベースを考案し，維持・管理する必要がある。データベースはさまざまなコントラクター間の課題を明示したインターフェースすべてについてニーズとソースの日付を一緒に含んでいなければならない。

参考文献

[1] H. Frederick, L. Dennis, Advanced Project Management: A Structured Approach, fourth ed., Gower Publishing, Aldershot, 2004.
[2] A.B. Badiru, Project Management in Manufacturing and High Technology Operations, John Wiley & Sons, New York, 1996.
[3] N.G. Gregory, Diana Subsea Production System: An Overview, OTC 13082, Offshore Technology Conference, Houston, 2001.
[4] International Association of Oil & Gas Producers, HSE Management-Guidelines for Working Together in a Contract Environment, OGP Report No.423, 2010, June.
[5] M.G. Byrne, D.P. Johnson, E.C. Graham, K.L. Smith, BPTT Bombax Pipeline System: World-Class HSE Management, OTC 15218, Offshore Technology Conference, Houston, 2003.
[6] J.J. Kenney, K.H. Harris, S.B. Hodges, R.S. Mercie, B.A. Sarwono, Na Kika Hull Design Interface Management Challenges and Successes, OTC 16700, Offshore Technology Conference, Houston, 2004.
[7] U. Nooteboom, I. Whitby, Interface Management — the Key to Successful Project Completion, DOT 2004, Deep Offshore Technology Conference and Exhibition, New Orleans, Louisiana, 2004.

第10章
リスクと信頼性

10.1 はじめに

　油・ガス田の探査や生産には，さまざまなリスクを伴う。十分に管理されていない場合には，重大な事故が発生する可能性がある。

　サブシー油・ガス田開発の設計，製造，サブシー設備のオペレーションに含まれる手続きは，その信頼性が低い場合には経済的な打撃を受けやすい。探査や生産中における設備の信頼性は，安全性や生産，保守コストを左右する要因のひとつである。設計の初期段階では，信頼性と生産の目標レベルは組織的で厳密な信頼性を持つ管理プログラムを適用することで制御できる。

　本章では推奨するリスクマネジメントプログラムを提示し，さらに信頼された工学ツールを用いることで，システム設計の信頼性を高め，運営費用を削減するためのフィールドの全体構成の解析方法について述べる。

10.1.1　リスクマネジメントの概要

　リスクは望まれない，悪い結果が起こる可能性と定義される。リスクは出来事とその結果（consequence）がどの程度生じやすいのかで測ることができる[1]。リスクマネジメントとはプロジェクトのリスクを特定し，分析して，対応するプロセスのことである。それにはプロジェクトの目的に照らし，不都合な出来事の可能性や影響を最小化し，望ましい出来事の可能性や影響を最大化することが含まれる。

サブシービジネスは多くの点でユニークな産業である．しかし，そのユニークさはどんなプロジェクトにも内在する多様性や，すべてのプロジェクトが異なるということに限らない．サブシービジネスの多様性にはその産業で働く人々も含まれる．全体として，これらの人々は高リスクだが高い見返りも望める産業にいる．それゆえ全体としてサブシー産業にとっては，プロジェクトの成果を最大化できる共同の努力を活用するために，総合的なリスクマネジメントの方法論や哲学を採用することが有益であると考えられる[2]．

リスクマネジメントはプロジェクトの設計から建造，運営，メンテナンス，そして廃止までの継続的な評価のプロセスと見なすことができる．リスクマネジメント全体の流れを図10-1に示す．

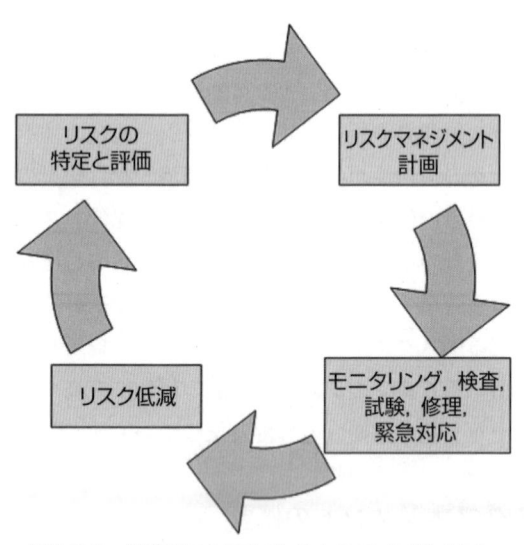

図10-1 統合リスクマネジメントのライフサイクル

10.1.2 サブシープロジェクトにおけるリスク

サブシープロジェクトは複雑であり，多くの要因から不確実性が伴う．最も重要な不確実性に着目して組織的で効率的な方法によってこれらの不確実性を

管理することが成功するリスクマネジメント計画の目的である。考慮しなければならない不確実性がある領域には次のようなものがある[3]。

- 技術的なもの
- 経済的なもの
- 組織的なもの
- 契約・調達
- 下請け業者
- 政治的・文化的なもの，など

　油・ガス田開発の経済性評価にあたっては多くのコスト問題を考慮する必要がある。油・ガス田開発プロジェクトにおける異なる投資機会の順位付けにおいては以下の問題を考慮する必要がある。

- 資本支出（capital expenditure）と運営費（operating expenditure）のコスト
- プロジェクトのタスクとマイルストーン完了のスケジュール
- 税と減価償却
- 健康，安全，環境への配慮（規制と企業の要求）
- 構造的な信頼性（要求に合った設計）
- フローアシュアランス（可用性の要求に合った分析）

10.2　リスク評価

10.2.1　概要

　リスク評価（risk assessment）は，プロジェクトの安全のレベルに影響を与えるリスクと因子を評価するプロセスである。それには危険な事象や状態がどのように発展し，事故につながるのかを調査・研究することが含まれる。リスク評価の努力は，対象とするプロジェクトおよびプロジェクトの段階に内在する技術的リスクのレベルや原因に合わせてなされなければならない。技術的リスクの評価はプロジェクトの異なるステージごとに異なる形をとる。以下に例

を挙げる [1]。

- シンプルで高度な技術レビューで技術的不確実性のある機器を選別する。
- 影響度・重大度分析（consequence/severity analyses）は生産または安全，環境に大きな影響を及ぼす機器を特定するために用いられる。
- 潜在的な故障モードや故障リスクを特定する。
- 技術的リスクレビューは，機器のどこが現在の経験を超えて設計されているのかを特定するために用いられる。

10.2.2　評価パラメータ

評価するリスクが明らかになれば，表10-1に示すパラメータを評価しなければならない。

10.2.3　リスク評価手法

リスクを評価する際，総合的な評価を得るために蓋然性の確率（probability）パラメータを考慮しなければならない。なぜならば，リスクのすべてがプロジェクトの確実性に影響を与えるまで進展するわけではないからである。全体像を捉えるために評価の過程でリスクが取り除かれる。この方法は機能部門の専門知識に基づいており，固定計算値（fixed scoring value）がバランスのとれた結果を得るために使用される。たとえば，あるリスクが1～20%の確率で起きると評価されたとすると，その平均値である10%が計算に使われる。表10-2にリスク評価におけるさまざまなレベルごとの確率の幅と使用される確率値を示す。

確率0%はこの表のなかには出てこないが，それは0%というのはプロジェクトが確実なことを意味するからである。リスク評価では，起きるかもしれないシナリオのみを扱う。確率を定めてリスクレベルを決めたら，取るべき行動の優先順位を付ける。

表10-1 評価パラメータ[4]

評価パラメータ	評価のキーワード
要員の把握	• 要員の資格と経験 • 組織 • 配置業務 • シフト体制 • 代理・バックアップ体制
プロジェクト全体の特有事項	• 遅延 • 置換に要する時間とコスト • 修理の可能性 • インターフェース，コントラクター，サブコントラクターの数 • プロジェクト開発期間
フィールドの現存インフラ	• 海上および海底のインフラ
取り扱う対象物	• 価値，構造強度，頑健性
海洋オペレーションの方法	• 斬新さ，実現可能性 • 頑健性 • オペレーションのタイプ • 以前の経験 • 導入の容易さ
使用機器	• 限界，頑健性 • 状態，保守管理 • 以前の経験 • 適合性 • オペレータ，コントラクターの経験（実績）
操業面	• 機器の動員，展開コスト • 言語障壁・障害 • 季節，環境条件 • 地域の海洋交通 • 海岸への近接性

表10-2 リスク評価における確率[2]

リスク	確率	使用する確率
ありそうにない (improbable)	＜20%	10%
おそらくない (not likely)	20〜40%	30%
ありうる (possible)	40〜60%	50%
ありそうな (probable)	60〜80%	70%
ほぼありうる (near certain)	＞80%	90%

10.2.4 リスクの受容基準

リスク基準は，そのリスクが受け入れられるあるいは耐えうると考えられるレベルを定義する。この基準は，意思決定の過程において，リスクが受け入れられるか否か，適度に実用的レベルにまで低減させる必要があるかどうかを決定するために用いられる。リスクの数値基準が定量的なリスク評価のために必要である。

先に述べたように，リスク評価は不確実性を伴う。リスク基準を杓子定規に用いるのは適切ではない。入力情報の不確実性のために，リスクの数値基準の適用はつねに適切であるとは限らない。リスク基準は個人によって異なるかもしれないし，また，異なる社会によっても，時間や事故の経験，変化する余命によっても変わるかもしれない。したがって，リスク基準は情報として判断材料を提供できるだけであり，意思決定プロセスにおいてはガイドラインとして利用すべきである[5]。

リスク分析においては，最初にリスク受容基準を検討して定義しなければならない。DNV-RP-H101 では 3 つの潜在的なリスクのカテゴリが提案されている[4]。

- 低（low）
- 中（medium）
- 高（high）

分類は因果関係（consequence）と蓋然性（probability）の両方の評価に基づいており，量的用語が使用されている。カテゴリは以下の面について定義されなければならない。

- 人的安全
- 環境
- 資産
- 評判

リスク受容基準を定義するためにリスクマトリクスの利用が推奨されてい

る。図 10-2 にその例を示す。

段階	影響				蓋然性（蓋然性の増大→）			
	人	環境	財産	評判	remote (A) ほとんど生じない	unlikely (B) あまり生じない	likely (C) 生じうる	frequent (D) しばしば生じる
1. extensive 大規模	死亡	グローバルまたは国単位の影響 修復の時間 >10年	プロジェクト生産影響コスト >千万US$	国際的にインパクトのある負の露出	A1=S	B1=S	C1=U	D1=U
2. severe 過酷	重傷	修復の時間 >1年 修復のコスト >百万US$	プロジェクト生産影響コスト >百万US$	大規模な国内インパクト	A2=A	B2=S	C2=S	D2=U
3. moderate 中程度	軽傷	修復の時間 >1月 修復のコスト >千US$	プロジェクト生産影響コスト >10万US$	限定的な国内インパクト	A3=A	B3=A	C3=S	D3=S
4. minor 小規模	病気または軽微な傷害	修復の時間 <1月 修復のコスト <千US$	プロジェクト生産影響コスト <千US$	地域的インパクト	A4=A	B4=A	C4=A	D4=S

■ 高リスク
緩和措置がとられた後も，望ましくない事象が受容できないレベルのリスク（unacceptable risk）（U）と評価された場合はオペレーションを継続してはならない。もしオペレーションを継続する場合には，定められた手続きに従って「逸脱（deviation）」の公式申請を提出しなければならない。

■ 中リスク
コスト効率の良い策が講じられ，分析チームがリスクを満足（satisfactory）（S）と評価した後にオペレーションを行ってよい。

■ 低リスク
ALARP（as low as reasonably practicable，無理なく実行可能な低さ）原則に照らして受容できるリスク。

図10-2 リスクマトリクスの例[4]

10.2.5 リスクの特定

リスクを特定する際には多くのツールや技術が用いられる。ここではそのうちのいくつかを紹介する。

10.2.5.1　潜在的危険源特定分析

潜在的危険源（ハザード）の特定（HAZID：hazard identification）分析技術は重大な事故を引き起こすような潜在的なすべての危険を見つけるために用いられる。潜在的危険源の特定はプロジェクトの初期段階で行われるべきであり，構想段階やフロントエンドエンジニアリングの段階で行われるべきである。HAZID は，訓練された，経験のある人員を使用することも含めて，プロジェクトに関連する危険を特定するための技術である。重大なリスクは，同定されたすべてのリスクをふるいにかけて HAZID によって選別する。この技術はプロジェクトの初期段階における潜在的なリスクの評価にも用いられる。

10.2.5.2　設計レビュー

設計レビューはさまざまな段階において専門家の意見に基づいて設計を評価するために用いられる。また，特定のシステムや構造，構成要素の設計の脆弱性を同定するためにも用いられる。

10.2.5.3　FMECA

故障モード・影響・重大度解析（FMECA：failure mode, effects, and criticality analysis）は潜在的な故障モードを同定し，処理し，可能であれば故障モードを設計から除くために行われる。（高リスクのオペレーションに限定されるが）タスクを完遂するために（リスクを減らす）より良い方法を見いだすという観点から，それぞれの手順で生じうる潜在的な故障を同定するために FMECA のプロセスを用いることを考えるべきである。詳細設計の FMECA とピアレビューからの手順に関するすべての措置行動はプロジェクトに組み込まれるべきである[1]。

FMECA の利点は次のとおりである。

- すべてのプロジェクトステージに適用できる。
- 多目的であり，高度なシステムや構成要素，プロセスに適用できる。
- 設計の脆弱な部分を優先化できる。
- すべての故障モードの組織的な同定ができる。

一方で，FMECAは2つの弱点を持つ。

- 故障モードの実際の原因を特定しない。
- 時間のかかるタスクになりうる。

10.2.6 リスクマネジメント計画

リスクマネジメント計画にはリソース，役割，責任，スケジュール，マイルストーンなどが含まれる。しかし，計画にはスケジュールや予算の制約内で達成できるもののみを含めるべきである。全体の開発プロジェクトにリスクマネジメントを適用することでリスクは軽減され，全体のリスクや生じうる結果をより深く理解して意思決定を行うことができる。

10.3　環境影響評価

サブシーでの流出が起きると，環境への影響は深刻になりうる。環境破壊損失の評価は，除染効果や民事罰や罰金のコストの推算に多くの要素が含まれているために極めて困難である。一般的には，環境破壊損失は，流出した物質と場所ごとにバレル当たりドルベースの推算で評価される。

プロセス機器やパイプラインからの流出が招く結果は，物質の物理特性やその毒性，可燃性，天候状態，流出期間，軽減処置などの要因によって変わる。その結果はプラントの作業員や設備，周辺住民や環境に影響を与えるかもしれない。

環境影響評価は4つのフェーズで評価される。

- 流出量（discharge）
- 拡散度（dispersion）
- 除染コスト（cleanup cost）
- 生態系への影響（ecological effect）

10.3.1　流出量の計算

危険な流出の出所には，パイプや船からの漏れ，破れ，ポンプシール漏れ，油圧調整弁のベントが含まれる。物質の量，流出率，流出時の物質と大気の状態がその結果を計算する重要な要素となる。

流出は，壊滅的な船体断裂の事例のように瞬時のものもあれば，一定期間にわたって相当量の物質が流出する場合のように絶えず続くものもある。この流出の特徴も結果に影響を与える。適切な計算によって，この瞬間的な流出と断続的な流出という2つの状況をモデル化することができる。

海底流出の場合，漏出量（leak rate）と発見までの時間が流出量を決定する上での大きな要素になる。

$$V_{rel} = V_{leak} \times t_{detect}$$

ここで

V_{rel}：装置から排出された液体の体積

V_{leak}：単位時間当たりの漏出量

t_{detect}：発見までの時間

10.3.2　最終液体量の評価

気化ガスや揮発性の液体が流出した場合，ガス雲を形成し，それは目に見えることもあるし見えないこともある。ガス雲はガスや浮遊する液滴として風下に運ばれる。雲は空気と混ざり合い拡散し，濃度が安全レベルに到達するか発火する。

まず，ガス雲は物質の内部エネルギーによって急速に拡大する。拡大は物質圧が周囲の環境圧に達するまで続く。重いガスの場合，物質は地面に沿って広がり，運動量を解放することによって空気がガス雲と混ざり合う。雲中の乱気流によって混合が助長される。

濃度が低下するにつれて，大気中の乱気流が混合のメカニズムの大半を占めるようになり，濃度分布はガス雲全体に広がる。この濃度分布がガス雲の影響を決定する重要な特性になる。

いくつかの要因が拡散現象を決定する．

- 密度：空気に対する雲の密度は雲の挙動に影響を与える非常に重要な要因である．もし空気より密度が大きければ，最初の運動量解放が雲を散らすとすぐに雲は自身の重さで落ちて拡散する．軽いガスの雲は落ちることはなく流出点よりも上昇する．
- 流出の高度と方向：煙突のような高い位置からの流出は，軽いガスも重いガスも地面では低い濃度になりやすい．また，上向きに放出された場合は，水平や下向きに放出された場合に比べて早く拡散する．これは地面によって空気の流入が制約されないからである．
- 流出速度：可燃性物質など，高濃度でのみ危険な物質は，初期の流出速度が非常に重要である．可燃性の高速度のジェット（噴気流）は，初期の混合運動量によって急速に拡散する．
- 天気：大気の混入速度は流出時の天候状況に大きく左右される．天候条件は3つのパラメータによって決定される．風向，風速，風の安定性である．

液体が環境中に漏出したときの最も大きな影響は環境汚染であり，それは水中に残留している液体によって決まる．

流出に続いて，軽い炭化水素の一部は蒸発することがある．蒸発によって，除染すべき液体の量は減る．残留要素である F_liquid は蒸発していない液体の量である．一般に，F_liquid は以下のようになることがわかっている．

$$F_\mathrm{liquid} = e^{-kt}$$

ここで

t：半分の除染作業に必要な時間，単位は hr

k：蒸発率定数，単位は hr^{-1}

時間 t は除染を始めるまでの時間も含み，除染方針の策定や機器の準備を含む除染作業を開始するのに必要な最短時間で評価される．

純成分と混合物の蒸発率定数の計算方法を表 10-3 に示す．

表10-3　純成分の蒸発率定数[6]

炭化水素成分	蒸発率定数 (hr^{-1})		
	40°F	60°F	80°F
n-C9	0.231	0.521	0.777
n-C10	0.0812	0.2	0.311
n-C12	0.0103	0.0302	0.0514
n-C14	0.0013	0.0046	0.0085
n-C16	5.64E-05	3.30E-04	7.60E-04
n-C18	2.46E-05	1.20E-04	2.70E-04

10.3.3　除染コストの決定

一般に環境への漏出の除染コストは以下の式で評価される。

$$\text{Cost}_{\text{cleanup}} = V_{\text{env}} \times F_{\text{liquid}} \times C$$

ここで

V_{env}：環境中に排出された量
F_{liquid}：残留液体部分
C：除染のコスト単位

さまざまな液体が流出した際の除染コストの評価は環境影響評価において最も不確実な変数である。除染コストを評価するためのあらゆる妥当な方法が試みられるべきである。歴史的に見ると，外海（open water）での深刻なオイル流出の除染コストは1ガロン当たり$50から$250までさまざまである。

10.3.4　生物への影響評価

海水面への原油流出は多くの海の生物に影響を与えうる。オイリング（流出油による汚染）を最も受けるのは海鳥，海生哺乳類，ウミガメである。流出した炭化水素が作用するのは海水面で過ごす時間に依存するとしても，彼らは炭化水素に直接接触する可能性がある。海鳥や海生哺乳類，ウミガメのオフショ

ア環境での正確な分布や餌場はわかっていない。鯨類やカメなどの大きくて泳ぐ動物は移動性であり，流出油から離れることも可能であり，影響を受ける可能性は低い。水面よりも下で暮らす魚は水中の油を察知して避けることができ，あまり影響を受けない。

- 魚と無脊椎動物
    - Atlantic cod（大西洋タラ）
    - capelin（シシャモ）
    - American lobster（アメリカンロブスター）
    - Atlantic herring（大西洋ニシン）
    - lumpfish（オコゼ）
    - snow crab（ズワイガニ）
    - redfish（サケ，アカウオ）
    - yellowtail flounder（黄色い尾を持つアメリカ産カレイ）
    - sea scallop（大型のイタヤガイ）
- 海関連の鳥
    - northern gannet（シロカツオドリ）
    - greater shearwater（オオミズナギドリ）
    - cormorant（鵜）
    - common eider（ホンケワタガモ）
    - black guillemot（ハジロウミバト）
    - harlequin duck（シノリガモ）
    - bald eagle（ハクトウワシ）
    - greater yellowlegs（キアシシギの変種）
    - purple sandpiper（イソシギの一種）
    - piping plover（北米東部の小型チドリ）
- 海生哺乳類
    - river otter（カワウソ）
    - fin whale（ナガスクジラ）
    - Atlantic white-sided dolphin（大西洋カマイルカ）

- humpback whale（ザトウクジラ）
- harbor seal（ゼニガタアザラシ）
- blue whale（シロナガスクジラ）
- white-beaked dolphin（カマイルカの一種）
● ウミガメ

これらの種については次の項で，彼らの習性，ライフステージ，油流出に対する脆弱性について，それぞれ述べる。

10.3.4.1　魚と無脊椎動物

沿岸や浅瀬はいくつかの重要な魚種の産卵や成長の初期段階において重要な場所であり，油流出のタイミングによっては流出の影響を受けやすい場所になりうる。

10.3.4.2　海関連の鳥

海鳥はオイリングの影響を受けやすい種である。上に挙げられた種はすべて海水面と接触し，それゆえ潜在的に流出した油とも接触する。ウミガラスやハジロウミバトは，めったに飛ばず大部分を海水面で過ごすため，とくに影響を受けやすい。

10.3.4.3　海生哺乳類

アザラシやカワウソ，ホッキョクグマを除くと，海生哺乳類はオイリングにとくに影響を受けやすいというわけではない。ゼニガタアザラシの子供はオイリングの影響を受けやすいかもしれない。海生哺乳類には分類されないが，カワウソがリストに含まれているのは海環境でかなり多くを過ごしているからである。

10.3.4.4　ウミガメ

ウミガメのオイリングへの脆弱性はわかっていない。

10.4 プロジェクトリスクマネジメント

　大水深開発に関する大きな不確実性のひとつは，プロジェクトをスケジュールどおりに進行させ，油・ガスの初生産が遅れないように，確実に時間どおりに機器を届ける能力である。しかし，プロジェクトには多数のインターフェース，機器のサプライヤ，サブコントラクターがかかわるために，このプロセスの管理は複雑で困難なものとなる。プロジェクトリスクマネジメントはこれらの困難を組織的に管理するための優れたツールを提供する。

　プロジェクトリスクマネジメントは具体的なプロジェクトに関連する脅威や機会を分析し管理するための体系的なアプローチであり，それによってコスト，スケジュール，稼働率の面でプロジェクト目標の達成可能性を向上させる。また，プロジェクトリスクマネジメントプロセスの使用は，主なリスクドライバとそれらがどのようにプロジェクト目標に影響を与えるかについての理解を促進させる。この洞察によって意思決定者は潜在的なプロジェクトの脅威を管理，緩和して，潜在的なプロジェクト機会を開拓するための適切なリスク戦略や行動計画を展開することができる。

　油・ガス田開発プロジェクトのプロジェクトリスクマネジメントには以下のような目標がある。

- スケジュール，原価目標，成績といった定められたプロジェクト目標の達成を脅かすリスクを特定，評価，制御する。これらのリスクマネジメント行動は，重要な決定場面での意思決定を効率化すると同時に日々のプロジェクトの管理を支援する。
- プロジェクトを通してリスクマネジメント行動の開始・遂行を確実にする枠組み，プロセス，手順を開発し実行する。
- プロジェクトの他のプロセスフローとの相互作用が切れ目なく論理的な方法で進むように，枠組み，プロセス，手順を適用する。

　プロジェクトリスクマネジメントプロセスは，プロジェクトのプロセスを支援する一連のツールを活用し，プロジェクトのスケジュールと計画に潜在的に影響を与えるリスクの図形表現も許容すべきである[3]。

10.4.1 リスク低減

リスク低減プロセスは，意思決定の過程での代案生成，コスト効率化，マネジメントの関与に焦点を当てている。これらのプロセスの使用は，無視できない重大な危険（hazard）に関連するリスクを減らすように設計されている。

安全性分析において，安全性に基づいた設計・操作の決定は，不測のコストや遅延を減らすために最も初期の段階でなされることが期待される。しかし，設計の早期段階でコスト効率的だったリスク低減方法が，後の段階においても同じくらい安価で実用的なものであるとは限らない。「労働安全衛生・環境（HSE）」は，必要な変更に要するコストが低いときにできるだけ早くリスク低減方法を確立・実行することを目的としている。安全性に基づいた設計・操作を決定する際は，伝統的に，リスク低減方策に掛かるコストはリスクを減らすことによる利益と比較される。もし利益がコストよりも大きければそれはコスト効率的であるし，小さければコスト非効率的である。このような単純比較に基づいたコスト・利益分析が安全性分析において広く利用されている[5]。

図 10-3 は安全性向上の道筋を描いている。

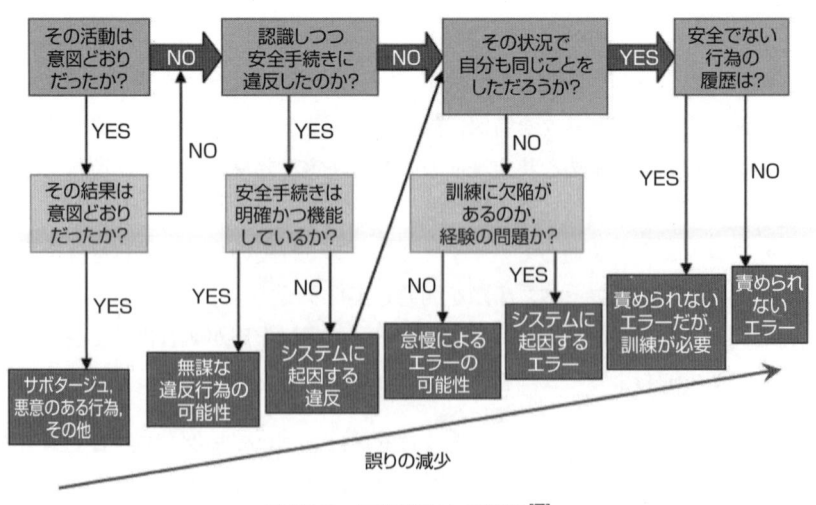

図10-3　安全性向上の道筋[7]

10.5 信頼性

10.5.1 信頼性の要求

信頼性（reliability）とは，機器やシステム，プロセスが，決められた環境の決められた期間においてそれが正しく操作されたときに，与えられた時間に故障することなく要求された仕事をする能力のことをいう。

現在，プロジェクトの入札段階の案内では，信頼性の数値的要求が盛り込まれることはめったにない。一般的に数値的分析は後の詳細設計の段階で行われる。

信頼性要求は，しばしば特定の故障の事例・経験があった後の新たな契約に課せられる。これは理解できる反応である。しかし，サプライヤは，もし彼らが提起された問題にすでに対処していた場合，「信頼性要求をすでに満たしている」と感じてしまうかもしれないので，これは信頼性を達成するための健全な戦略ではない。

もし信頼性の目標がまったく設定されていなければ，サプライヤに対して，「どんな信頼性のものでも最低コストで実現できるものを供給するように」と暗に示していることになる[8]。

10.5.2 信頼性プロセス

API RP 17N は 12 個の連結した主要なプロセスを挙げており，それらはよく定義された信頼性工学とリスクマネジメント能力のために重要だと認識されている。これらの信頼性の主要なプロセスは信頼性の活動のための支援環境を与える。これらが組織全体で実行されたとき，各プロジェクトの信頼性および技術的リスクのマネジメント努力が増す。図 10-4 は信頼性マネジメントのための主要なプロセスである。12 個の信頼性の主要なプロセスは以下のようになる[1]。

- 可用性（availability）の目標と要件の定義：プロジェクトの目標が，全体のビジネス達成目標と連動しており，可用性と信頼性を保証する設計

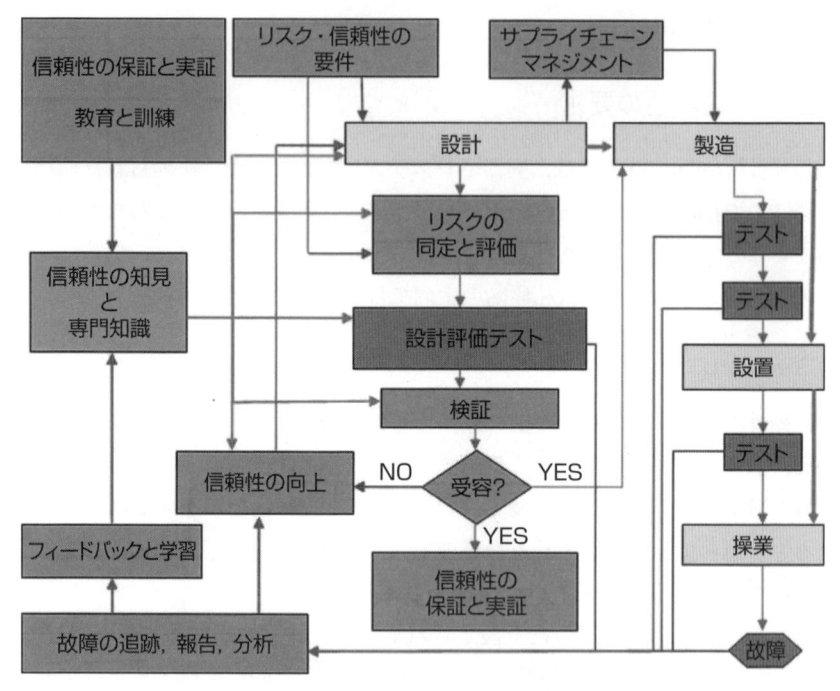

図10-4 信頼性マネジメントのための主要なプロセス [8]

や製品に焦点を当てるものであることを確認する。信頼性の向上を考える際，購入コストと運用費との間のトレードオフをよく理解する必要がある。そしてこれは目標と要件を設定するときに考慮すべきである。

- 可用性のための組織と計画：リーダーシップと資源を必要な信頼性活動に配分する場合には，プロジェクト全体に価値を与えるように，またプロジェクトのスケジュールに逆行しないようにする。特定された信頼性行動は，プロジェクトマネジメントシステムにおいて工学プロセスの不可欠な部分と考え，既存の工学タスクと統合すべきである。
- 可用性のための設計と製造：良い工学手法の延長線上にあるものと考えるべきだが，運転時の事故がどのように，なぜ生じたのかを理解することに，より焦点を当てることが求められる。信頼性分析で集められた情

報は，設計プロセスにおいて指定の可用性要求を満たし，実現するための設計能力を高めるものと考えるべきである。
- 信頼性の保証（reliability assurance）：これは技術的リスクを管理する上で本源的な要素である。システムの技術的効率に影響するリスク情報を同定し，評価し，正当性を示し，最も重要なこととして，そのリスク情報を共有するプロセスであり，それゆえ技術的リスクを管理する上で不可欠な要素である。
- リスクと可用性の分析：潜在的な欠陥や故障のメカニズムおよびそれらのシステムへの影響を運転に先立って同定し，リスクと信頼性を定量化することで信頼性マネジメントを支援する。分析とモデルは普通，機能またはハードウェアまたはプロセスに焦点を当てる。
- 検証（verification）と動作確認（validation）：所与のすべての活動が正しいものであり正しく実行されているか確かめる。
- プロジェクトリスクマネジメント：プロジェクトのライフサイクルにおける非技術的リスクについて，すべてのリスクを特定，定量化し，管理して，望ましく排除できるよう処理する。
- 信頼性の適格性評価（qualification）とテスト：これはシステムを精査して，採用された技術が，意図した使用のための指定要件を満たしていることを証明する証拠を提供するプロセスである。いくつかのプロジェクトでの適格性評価プロセスは，もしフィールド開発のために特定のまだ無資格のハードウェアが必要だとわかっているならば，可能な限り早くフィージビリティの段階で始められる。
- パフォーマンス追跡とデータマネジメント：信頼性や可用性，生産効率の評価を支援するために，すべてのプロジェクトのすべてのステージからの信頼性パフォーマンスデータを収集してまとめる。過去の信頼性と可用性のデータは，現場で実証された機器とともに，可用性の目標とプロジェクトの要件を決定するために使うことができる。また，経験したあらゆる故障を理解し，信頼性分析と設計の改善に生かすことができる。
- サプライチェーンマネジメント：信頼性と技術的リスクマネジメントの

目標，要求事項，達成事項，教訓がプロジェクトにかかわるすべての組織で共有されているかを確認する．顧客とサプライチェーンの下部にあるサプライヤ間のさまざまなインターフェースを管理する能力が期待される．
- **変更のマネジメント**：あらゆる変更がプロジェクトの信頼性と技術的リスクマネジメント目標と矛盾しないこと，その影響が完全に評価・管理されていることを確かめる．
- **組織的学習**：設計とシステム統合にかかわるすべての組織に情報をフィードバックし，またすべての組織が失敗から得られた教訓を理解するための材料を提供する．教訓は，普通，戦略的検討からプロジェクト遂行を通じた意思決定，利益を届けるところまで，プロジェクトの全過程をカバーしている．教訓には良い事例も悪い事例も含まれているべきである．

10.5.3　先見的信頼性技術（proactive reliability technique）

先を見越した対応が求められる現在の環境においては信頼性に取り組む指針も変化する．信頼性担当エンジニアは，信頼性の問題や懸念を特定した時点で製品設計に加わり，設計コンセプトが現れてくればそれに含まれる信頼性の評価を開始する．信頼性と可用性の向上がつねに要求されるので，現在は信頼性に焦点を当てた統合システム工学（integrated system engineering）的アプローチが，製品とシステムの設計において最先端のものになっている．システム全体の故障特性について理解し予期できることが望ましい．

信頼性や可用性は一般に以下のような方法で向上する[9]．

- 故障に強いハードウェアやソフトウェア設計への改善．
- より効率的なスクリーニングテストを製造過程で実行し，生じる故障の件数を減らす．
- 明確な故障原因がわからない事象の数を減らす．
- 途中の予防メンテナンス作業の時間を増やす．

10.5.4 信頼性モデリング

　システムの信頼性を予測するためには，サブシステムの信頼性を評価し，信頼性モデリングによってそれらを統合して，ひとつのシステムとその実行環境を数学的に記述できるようにしなければならない。一度システムの信頼性が計算されれば，意思決定のための入力として他の方法も評価することができる。この状況で，システムの数学的記述はシステムの故障定義モデルを構成する。すなわち，そのモデルはシステムが実際に故障しうるさまざまな場合を表現している。信頼性モデルの複雑さはシステムとその使用の複雑さだけでなく，大部分は，分析によってそれに答えようとする手元にある疑問（の複雑さ）にも依存している。故障の影響とそのコスト，保全性や休止時間，その他の考慮事項などがモデルの複雑さに加わり，将来におけるシステムの設計・使用の経済的現実性に影響を与えるだけでなく，意思決定者の関心の指標にもなる。

　信頼性モデルはできる限り現実を反映するようにシステムやその使用法を表現しようとする。役立つ結果をタイムリーに生み出すためには，モデルはより現実を反映させることと実用的に単純化することをバランスさせなければならない。このことは，モデルはしばしば複雑さを減らすために工学的判断や論理的議論に基づいた近似法（approximation）を含んでいることを意味する。これは，正確さについて「誤り（false）」の印象を与えかねず，高度に複雑な数学的モデルを用いて入力データの質が同等に高くない場合には結果について不正確な解釈を招きかねない。信頼性モデルの主たる目的は，量的なツールではあるが，システムの弱点を改善箇所として同定することである。よって最終的な結果についてのこまごました疑問よりも，さまざまなシステム設計のために結果と比較することに焦点を当てる必要がある。この点で信頼性モデルは設計決定のための貴重なツールになりうる。

　信頼性モデルのプロセスはつねに分析の目的に関する質問で始まる。目的や期待成果物が明確に定まって初めて適切なモデリング技術を選べる。最もありふれた分析技術には，これに限ったわけではないが，信頼度ブロック図（reliability block diagram），フォルトツリー解析（fault tree analysis），状態時間解析（state-time analysis）として知られるマルコフ（Markov）解析がある。

分析の目的を適切に扱うために，稀にこれらのツールを組み合わせることが必要になる [10]。

10.5.5 信頼度ブロック図（RBD）

一般的な RBD の目的は，ハードウェア開発の設計局面で信頼度を予測することと，システム信頼度の論理のグラフ表現を提供することである。

10.5.5.1 コンセプト

RBD はシステム信頼度の完璧な予測をするというよりは，設計トレードオフ分析の基本を確立するものである。他の信頼性工学ツールのように，RBD は設計が終わる前に製品の問題箇所を評価・同定してくれる。ひとつの RBD はシステムの機能とインターフェースを明確な図として表現しており，所与のシステムの故障の論理を示している。それによって論理システム要素の相互依存をモデル化し，システム全体の信頼性を見積もることができる。その結果はシステムレベルの要求範囲内のサブシステムの応答を確認するのに使える。とくに冗長な複雑システムの場合は，RBD は役に立つツールである。

信頼性工学ソフトウェアを使うことで，使用者は，アクティブ（active）[*1]，スタンバイ（standby）[*2] その他の冗長性の種類を考慮に入れることができる。不完全なスイッチの失敗確率もモデルに含めることができる。一度モデルが確立されてしまえば，構成を変えたり冗長性を追加したりメンテナンス方法を修正したりして感度分析を行って，オプションを少数に絞ることができる。その結果はさまざまな競合する構成のなかから設計を決定するための準備に役立つ。信頼度ブロック図はシステム構造を可視化し，訓練やトラブルシューティングに役立つ [11]。

[*1] 訳注：システムの多重化において，系統を同時に稼働して並列に処理を分散するもの。
[*2] 訳注：用意した系統のいくつかを待機状態にして，故障時に切り替えて処理を引き継ぐもの。

10.5.5.2　適用のタイミング

最上位の RBD はシステムのレイアウトが決まったらすぐにつくれる。RBD は設計 FMECA を行うときにはつねに必要になる。信頼度ブロック図を使う最適なタイミングは設計プロセスのできるだけ早期である。

10.5.5.3　要件

RBD の使用者はシステムの構成や機能性だけでなく冗長性のさまざまな種類についても理解しておくべきである。さらに言えば，システムがどのように作用し，信頼性パラメータ（たとえば危険率）が図中のそれぞれのブロックにどう作用するかについての深い知識が必要である。

10.5.5.4　強みと弱み

API RP 17N は RBD の強みと弱みを示している[1]。

- 強み
  - 複雑システムの論理をグラフ的に表現する最良な方法である。
  - システム論理の冗長性をよく可視化している。
  - 他のすべての分析手法の良い先例となる。
- 弱み
  - RBD の作成は複雑システムでは難しい。
  - RBD のたくさんの評価はとても時間がかかる（手作業で行われたり，複数の RBD 群が出てきたりした場合）。
  - 階層が深くなったときデータ集中的になってしまう。
  - 複数の機能モデルに対しては複数の RBD が必要になりうる。

10.6　フォルトツリー解析（FTA）

FTA は，信頼性工学ツールキット内のもうひとつのツールである。FTA の一般的な目的は，指定された不要な事象の技術的問題を特定したり，システムの信頼性の性能を評価したり，予測することである。FTA は，システムやパッ

ケージの可能な限りの故障モードを論理的に表す。

10.6.1 コンセプト

FTA は，ひとつの望ましくない事象を定めたとき，その事象を発生させる可能性のあるすべての原因を明らかにする体系的かつ演繹的な方法である。望ましくない事象は，フォルトツリー図の最上位の事象を構成し，一般的に製品やプロセスの全面的または致命的な障害を表す。FTA は，FMECA と同様に製品の安全性の問題を特定するために使用することができる。

FTA は，ボトムアップ解析手法である FMECA とは対照的に，障害の影響を評価するためにトップダウンアプローチを採用している。FTA は以下のようなことに応用できる。重要ではない事象が同時的に起きた場合のトップ事象への複合的影響の分析，システムの信頼性評価，設計上の潜在的欠陥や安全上の問題の特定，メンテナンスやトラブルシューティングの単純化，根本原因故障解析時の根本原因の特定，観測された故障原因の論理的な排除などである。また，潜在的な是正措置，設計変更の影響を評価するためにも利用することができる[11]。

10.6.2 タイミング

FTA は，基本設計（FEED）段階の予備設計変更を行うかどうかの評価ツールとして最も適している。FTA は，すでに製品が開発されている，あるいは市場に出ているとき，システムの故障モードとメカニズムを特定するのに役立つ。

10.6.3 入力データ要件

システム論理についての詳細な製品知識がツリー構築のために必要とされ，基本ユニットと事象それぞれについての信頼性データが定量分析で必要とされる。

10.6.4 強みと弱み

API RP 17N は，FTA の強みと弱みを示している[1]。

- 強み
    - 共通原因故障解析を支援できる。
    - 特定の事象が発生する確率を予測できる。
    - 根本原因解析を支援できる。
    - 原因，結果分析のためのイベントツリーと互換性がある。
    - 重要性分析を支援する。
- 弱み
    - 複雑なシステムの手動での管理，解決が困難になることがある。
    - 連続的なイベントの検討には適していない。

10.6.5 信頼性能力成熟度モデル（RCMM）レベル

信頼性能力成熟度モデル（RCMM : reliability capability maturity model）は，信頼性，安全性，効果的なリスク管理の助けとなる組織内の行動の成熟度レベルを評価する手法を提供する。

図 10-5 に示すように，信頼性能力は 5 つの成熟度レベルに分類される。各レベルは，付加された，あるいは高度なプロセスを表しており，より信頼性能力の高いレベルへと向かう。RCMM レベルの概要を表 10-4 に示す。

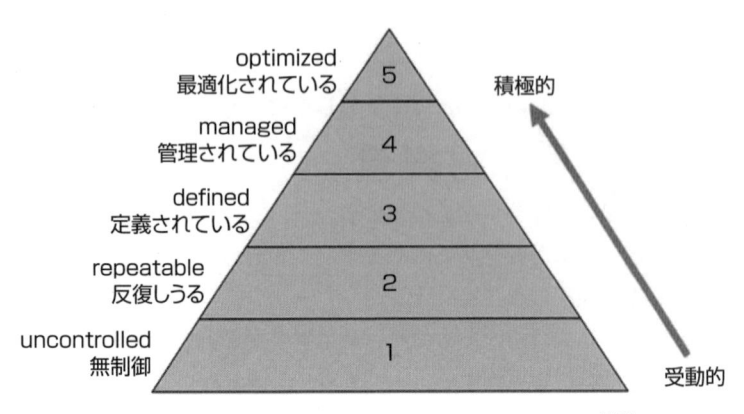

図10-5　信頼性能力成熟度モデル（RCMM）レベル [12]

（ピラミッド図：下から上へ）
1 uncontrolled 無制御
2 repeatable 反復しうる
3 defined 定義されている
4 managed 管理されている
5 optimized 最適化されている

（矢印：受動的 → 積極的）

表10-4　RCMMレベルの概要 [1]

信頼性レベル	概要
1	信頼性の概念についての理解がない。
2	反復しうる規範手続きはあるが，直接的に信頼性に関連しない。
3	信頼性に関する過去の実績を理解しているが，教訓から学び信頼性を向上させる能力は限定的である。
4	可用性のある設計について理解しており，また故障の観察から信頼性を向上させるためにどのように設計を修正すべきかを理解している。
5	可用性のある設計と積極的で継続的な向上プログラムの実行について理解している（管理とオペレーションの両方で）。

10.6.6　信頼性中心設計解析（RCDA）

信頼性中心設計解析（RCDA：reliability centered design analysis）は，ステップバイステップのプロセスに従う正確な方法論である。RCDAは，最も信頼性の高い安全，環境に準拠した設計であり，障害の確率を低下させる。

FEEDにRCDAを使用する直接の利点は次のとおりである [13]。

- メンテナンスによって主要機能の停止間隔が長くなることでもたらされ

る高い機械の可用性が，大幅に収益を増加させる。
- リスクの低減。RCDA は，障害の確率と影響を減少させる設計をもたらす。
- RCDA は機能に基づく分析である。これは，プロセスの主要な機能を維持するために必要な重要な構成部品の信頼性の最大化に焦点を当てている。
- より短いメンテナンスのための停止。停止時間の減少は，製造できない日を減らして，大幅に収益を増加させる。
- 一時的なプロセスの不調に応答する能力を持つ，より安全で信頼性の高い動作，より良い品質管理，より安定した動作。
- 少ない運営費用。RDCA は資産の耐用期間内の運用維持コストを低くする設計をもたらす。
- 最適化された予防・予知保全プログラムとその実行。包括的なプログラムは RCDA 中に作成される。これらの実行訓練は事前に行われ，その資産はプロジェクトが試運転を始めたときから維持される。
- 状態監視保全（condition-based maintenance）実践の重視。機器の状態を継続的に監視して，資産の潜在的可能性を最大化し，不要な検査や費用のかかるオーバーホールを避ける。
- RCDA はオペレータやメンテナンス担当者のためのトレーニングツールとして使用することができる。RCDA は，プラットフォームの構築に先立って，主な故障とその結果のモード，障害の原因を文書化している。
- 予備部品の最適化。各機器について有力な故障原因が特定されるため，予備部品の要件もわかる。この分析はプラットフォーム全体について実行されるので，在庫水準および再注文の水準も決めることができる。

RCDA プロセスは，まさに FEED のプロジェクト管理段階に統合されている。RCDA プロセスは統一された一組の規則と原則に従う。図 10-6 は RCDA プロセスの流れ図を示す。

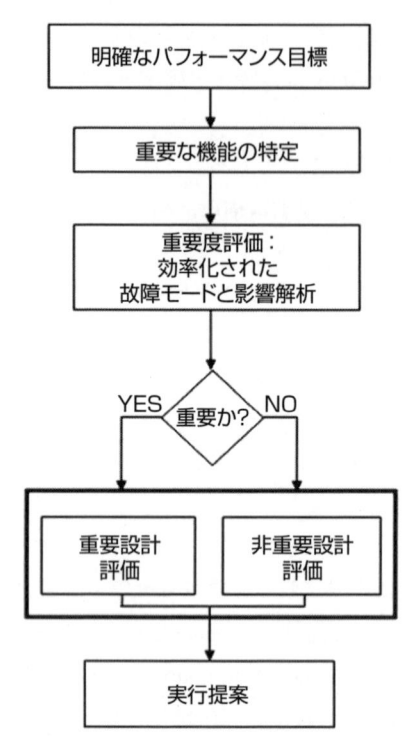

図10-6 RCDAプロセスの流れ図[13]

10.7 故障を減らすための適格性評価

サブシーにおける故障を減らすための方法論はDNV-RP-A203に定められている[14]。これは適格性評価（qualification）のための体系的なリスクベースアプローチを提供する。

適格性評価プロセスは以下に記述する主な取り組みを含む[15]。プロセスの各ステップでは，追跡可能な文書を作成することが必要である。

- 適格性評価のための全体的な計画を確立する。これは，連続的なプロセスであり，各ステップの後に，適格性評価状態に関する利用可能な知識

を用いて更新していく必要がある。
- 要件，仕様，説明を含む適格性評価基準を確立する。機能と制限パラメータを定義する。
- 故障のメカニズムとその危険因子の同定に基づく技術，および関連する不確実性が最も高いところへ焦点を当てようとする新しさの度合いに応じた技術の分類を選別する。
- メンテナンスの評価状況を監視し，適格性評価基準に対するそれらの効果について可能な修正をレビューする。
- 計画と信頼性に関するデータを収集する。データは，経験，数値解析，テストを通して，仕様を満たさない際に伴うリスク分析に使用される。
- 信頼性，機能要件に関連する故障モードのリスクを分析する。

参考文献

[1] American Petroleum Institute, Recommended Practice for Subsea Production System Reliability and Technical Risk Management, API RP 17N, 2009, March.
[2] R. Cook, Risk Management, England, 2004.
[3] H. Brandt, Reliability Management of Deepwater Subsea Field Developments, OTC 15343, Offshore Technology Conference, Houston, 2003.
[4] Det Norsk Veritas, Risk Management in Marine and Subsea Operations, DNV-RP-H101, 2003.
[5] J. Wang, Offshore Safety Case Approach and Formal Safety Assessment of Ships, Journal of Safety Research No.33 (2002) 81-115.
[6] J. Aller, M. Conley, D. Dunlavy, Risk-Based Inspection, API Committee on Refinery Equipment BRD on Risk Based Inspection, 1996, October.
[7] International Association of Oil & Gas Producers, Managing Major Incident Risks Workshop Report, 2008, April.
[8] C. Duell, R. Fleming, J. Strutt, Implementing Deepwater Subsea Reliability Strategy, OTC 12998, Offshore Technology Conference, Houston, 2001.
[9] M. Carter, K. Powell, Increasing Reliability in Subsea Systems, E&P Magazine, Hart Energy Publishing, LP, Houston, 2006, February 1.
[10] H.B. Skeels, M. Taylor, F. Wabnitz, Subsea Field Architecture Selection Based on Reliability Considerations, Deep Offshore Technology (DOT), 2003.
[11] F. Wabnitz, Use of Reliability Engineering Tools to Enhance Subsea System Reliability, OTC 12944, Offshore Technology Conference, Houston, 2001.
[12] K. Parkes, Human and Organizational Factors in the Achievement of High Reliability, Engi-

neers Australia/SPE, 2009.
[13] M. Morris, Incorporating Reliability Centered Maintenance Principles in Front End Engineering and Design of Deep Water Capital Projects, http://www.reliabilityweb.com/art07/rcm_design.htm, 2007.
[14] Det Norsk Veritas, Qualification Procedures for New Technology, DNV-RP-A203, 2001.
[15] M. Tore, A Qualification Approach to Reduce Subsea Equipment Failures, in: Proc. 13th Int. Offshore and Polar Engineering Conference, 2003.

第11章

機器のRBI

11.1 はじめに

サブシー機器には，ウェルヘッド（坑口装置，wellhead），ウェルヘッドコネクタ，ツリー，マニホールド，ジャンパー，PLET，パイプラインコネクタ，パイプライン，ライザー，アンビリカル，UTAといったものがある．この章では，サブシー機器の健全性を確保するように設計されたサブシーシステムのリスクベース検査（RBI：risk-based inspection）の概念を述べる．

サブシーのオペレーションが以前より大水深に移ってきたことに伴い，サブシーシステムのコストと課題はより厳しくなりつつある．したがって，サブシーシステムの健全性確保に大きく役立つサブシー機器のRBIを開発することが重要である．

サブシー機器RBIは，保守検査を確立するための基準として機器の重要度（equipment criticality）と故障モードを使用する手法である．

11.2 目的

サブシー機器RBIの主たる目的は，主要な故障のタイプを明らかにし，サブシーシステムの信頼性と可用性を最大化するための緩和（mitigation）法と制御計画を確立すること，また，予後不良の回避，頻度減少によって，同じシステムの健全性を確保することである．サブシー機器RBIは，プロジェクト全体の多くのレベルで行われる．主要なリスクに関する情報は，それを集約し

優先順位付けして管理することができる登録センター（central register）に向かって上向きに流れることが必須である。RBIシステムの範囲は，学際的でなければならず，技術，商業，金融，政治的リスクを含み，脅威と機会の両方を，同等に考慮しなければならない。

サブシー機器RBIの目的は以下のように要約される。

- 設備パフォーマンス向上のための慎重な手順定義
- 体系的な機器データベースの利用
- 技術的進歩の速やかな組み込み
- 検査，テスト，保守作業の最適化
- 予想外の機器障害の排除
- プラントパフォーマンスの向上
- コストの削減

費用対効果の大きいサブシー機器の検査計画を策定するために，すべての重大な故障原因と故障モードが同定，分析される。

11.3　サブシー機器RBIの方法論

11.3.1　概要

RBIのアプローチは，検査費用と利益（リスク低減）を比較考量して，検査作業の優先順位付けをして最適化する。RBI計画の結果には，次の視点で将来の検査の仕様を含む。

- どのサブシーシステムを検査するか
- 検査する劣化モードは何か
- どのように検査するか
- いつ検査するか
- どのように検査結果を報告するか
- 欠陥が見つかった場合，見つからなかった場合の行動の方向

RBI計画は「living process（継続進行するプロセス）」である．将来の検査を最適化するために，分析ではサブシーシステムの設計，建設，検査，維持に関する最新の情報の利用が不可欠である．検査結果から得られる新しくより良い作動条件の知識は，構造信頼性更新の基礎を提供し，次の検査までの時間を修正する．

サブシー機器 RBI は 2 つの方法で分析することができる．ひとつは，マニホールドやジャンパーなどのサブシー装置がパイプラインであると仮定して，パイプライン RBI を使用することである（OPR によって開発された PaRIS ソフトウェアは，サブシー機器 RBI を実行できる）．もうひとつは，構成部品の故障にかかわるメカニカル RBI を使用することである．

メカニカル RBI ではサブシー機器の部品の劣化メカニズムに主な焦点を当てることに努め，その後で部品に基づいてサブシー機器の故障条件が決定される．図 11-1 に，メカニカル RBI の階層分析図を示す．

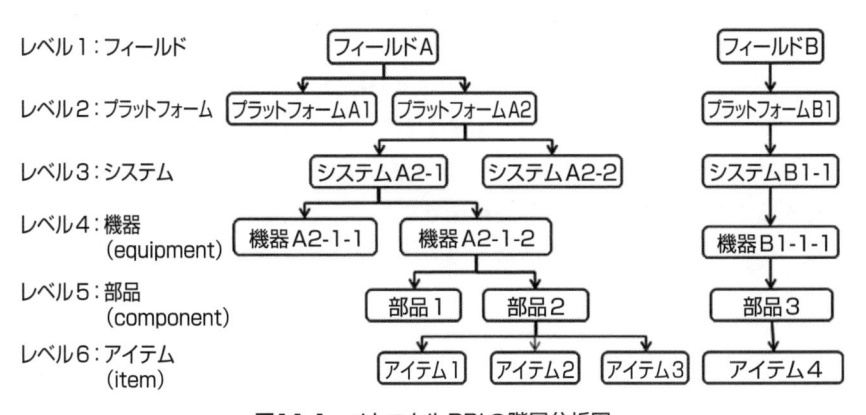

図11-1　メカニカルRBIの階層分析図

11.3.2　サブシー RBI 検査管理

サブシー機器 RBI の計画，実行，評価は，1 回で終わる活動ではなく，継続的なプロセスである．図 11-2 に示すようにプロセスと検査作業，保守作業，運用作業活動の情報とデータは，計画プロセスにフィードバックされる．

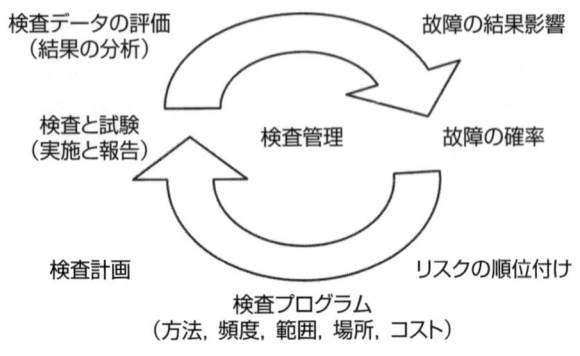

図11-2　サブシー機器RBI管理プロセス[1]

(図中のラベル：検査データの評価（結果の分析）／故障の結果影響／検査と試験（実施と報告）／検査管理／故障の確率／検査計画／リスクの順位付け／検査プログラム（方法，頻度，範囲，場所，コスト）)

11.3.3　リスク許容基準

　リスク許容基準は，それを超えるとオペレータが設置のリスクを容認できない限度のことである。これらの基準は，評価するリスクのタイプごとに定義する必要がある。従来のパイプラインRBIと同様に，サブシー機器RBIは安全，環境，経済性の観点からリスクを定量化する。最も重要なことは，安全性レベルが生産流体，有人か否かの状態（manned condition），場所の等級（class）に依存することである。生産流体が毒性である，または場所が要注意（sensitive）地域内にある場合には，安全等級は高い（つまりリスクが大きい）と考えるべきである。

　リスク許容基準は，受容限界が超えられる前に実施される検査時間の導出に使われる。これは，より良い情報に基づくリスクレベルの再評価，損傷の詳細な評価やタイムリーな修理，劣化成分の交換などを可能にする。

　許容基準は異なる結果カテゴリごとに定義される。許容基準は，過去の経験，設計コード要件，国の法令，リスク分析に基づいている。ある機能の許容基準は，機能を構成する個々の品目の性能の許容基準に「分解」される。

　一般的に，主なリスクとして，多くのバルブやセンサの迅速な反応能力によるサブシーツリー，マニホールドの経済的損失がある。しかしながら，パイプラインとライザーについても安全性，環境，経済的リスクを考慮すべきである。

各品目のタイプや劣化プロセスごとの人的リスク，環境への影響，経済的リスクに関する許容基準は，図 11-3 に示すようにリスクマトリクスで表すことができる。

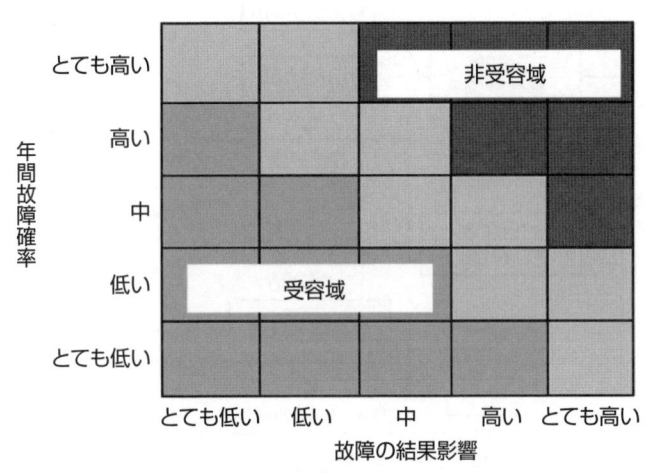

図11-3　許容基準の原則とリスクマトリクス[2]

(縦軸：年間故障確率　とても高い／高い／中／低い／とても低い)
(横軸：故障の結果影響　とても低い／低い／中／高い／とても高い)
非受容域／受容域

11.3.4　サブシー RBI ワークフロー

図 11-4 は，次の項目から構成される RBI ワークフローを示している。

- データ収集
- 初期評価
- 詳細評価
- 検査基準計画（IRP：inspection reference plan）と保守基準計画（MRP：maintenance reference plan）

データ収集は，RBI の検討において最初に行う基本的な作業である。実際に必要とされるデータは，詳細な RBI 評価レベルに依存する。選別のためにはいくつかの基本的な情報だけが必要となる。評価レベルが上がれば，より多くの文書が必要となる。

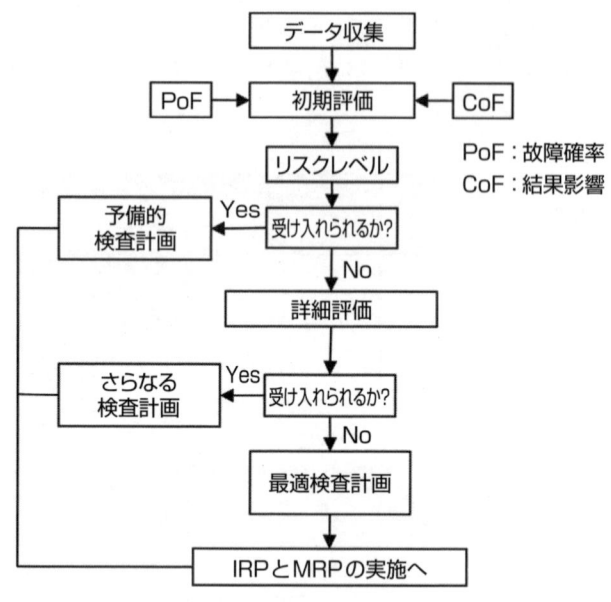

```
         ┌─────────────┐
         │  データ収集  │
         └──────┬──────┘
                ▼
    ┌────┐ ┌─────────┐ ┌────┐
    │PoF ├─┤ 初期評価 ├─┤CoF │    PoF：故障確率
    └────┘ └────┬────┘ └────┘    CoF：結果影響
                ▼
           ┌─────────┐
           │リスクレベル│
           └────┬────┘
  ┌─────────┐   ▼  Yes
  │ 予備的  │◄─┤受け入れられるか？│
  │ 検査計画 │   └────┬────┘
  └────┬────┘        │ No
       │             ▼
       │        ┌─────────┐
       │        │ 詳細評価 │
       │        └────┬────┘
  ┌─────────┐        ▼  Yes
  │ さらなる │◄─┤受け入れられるか？│
  │ 検査計画 │        │ No
  └────┬────┘        ▼
       │       ┌──────────┐
       │       │最適検査計画│
       │       └────┬─────┘
       └──────────► ▼
            ┌────────────────┐
            │IRPとMRPの実施へ│
            └────────────────┘
```

図11-4 サブシー機器のRBIワークフロー

RBI分析に必要な代表的なデータは，これに限定されるものではないが次のものが含まれる．

- 機器のタイプ
- 建設の材料
- 点検，修理，交換記録
- プロセス流体の組成
- 流体の在庫量（inventory）
- 作動条件
- 安全システム
- 検出システム
- 劣化メカニズム，劣化速度（率），重症度
- 人的密度（personnel density）
- コーティング，クラッド（圧着してつくった金属の合板），絶縁のデータ

- ビジネスの中断コスト
- 機器交換費用
- 環境損傷（修復）コスト

　初期評価は，システムの詳細な記述を必要としない初期の効率的な定性的評価を意図している．詳細情報やモデルが利用できない多くの場合，あるいはもっとコストのかかる評価を行ったとしても成果が得られるかわからない場合，このレベルでの評価が，検査計画のための最も適切なアプローチである．RBI 初期評価は，主に音響工学的判断に基づいている．

　詳細評価は構成部品レベルで行われる．サブシー機器の異なる部分を定義し，個々の劣化メカニズムの原因分析を行うことで最適化された検査計画の開発につなげる．これは，各サブシー機器を一体の要素として捉える初期評価とは異なる．詳細評価は，高度で正確な予測モデルを用いて，異なる詳細レベル評価のために行われる．詳細評価には，故障可能性について決定論的，確率論的評価の両方が組み込まれている．

　MRP は，RBI 詳細評価での「高リスク」の項目に対する行動計画を包含している．MRP は，部品の残りの寿命を延長しリスクを低減するための修復措置を含む緩和法の概略を示す．IRP は RBI 初期評価の実施方法を記述する文書である．IRP の後には，パイプラインシステムで発生した障害が，費用対効果の高い方法で管理され，安全性と経済的リスクの許容範囲内で保たれていることを確認する．

11.3.5　サブシー機器リスクの決定

11.3.5.1　サブシー機器 PoF の同定

　オフショア信頼性データ（OREDA：offshore reliability data）データベース[2]は，サブシー機器の故障率を計算するための出発点として使用することができ，そのプロセスは次のように要約できる．

- OREDA からの故障データベース
- 機器作動状態評価

- 故障データベースの修正
- サブシー機器部品の故障確率（PoF：probability of failure）の同定
- サブシー機器の PoF 計算

イギリスの PARLOC データベースは，以下の 2 つの仮定に基づいて，パイプラインの故障率を予測することができる [3]。

- 故障率の生成は，PARLOC データベースの歴史的な統計結果と整合している。
- 北海の PARLOC データベースは，パイプライン–海事空間解析（pipeline maritime space analysis）に適用可能である。

パイプラインハザードの同定，漏れ穴の大きさの予測，PoF 計算のための出発点として，PARLOC データベースを使用することは妥当である。

サブシー機器の故障率を計算する前に，OREDA に記録された故障データを修正するために，腐食速度，浸食速度，フローアシュアランス問題，機器の特徴や特性などの作動条件を評価しなければならない。

Norsok コード M-506 における CO_2 腐食率算出モジュールは，腐食速度を計算するために使用される [4]。

- ウォーターカット（含水率）
- 圧力
- CO_2 濃度
- pH 値
- 温度
- 酸素濃度
- 抑制剤の効率
- 流動様式
- 生物学的活性
- その他

浸食率は以下の項目に基づく式によって決定され，継続的に監視することができる [5]。

- 液体の密度と粘度
- 砂の大きさと濃度
- 砂の形状と硬さ
- 液体と砂の流量
- パイプの口径
- 流動様式
- 幾何学的形状
- その他

フローアシュアランスは，ワックス，アスファルテン，ハイドレート（水和物），スケールなどの形成を解析する。チョーク操作の予測は，フローアシュアランスの知識に基づいている。分析では，以下の項目を考慮すべきである。

- ワックスの出現温度
- 流動点温度
- ハイドレート生成曲線

観測された圧力と温度に従って，フローアシュアランスソフトウェア（PIPESIM や OLGA）を監視圧力条件におけるワックスまたはハイドレート出現温度の決定に使用することができる。そして，この温度は，ワックスまたはハイドレートが生じうるかどうか判定するために，観測された温度と比較される。

統計的故障データを使用したサブシー機器構成部品の PoF の計算方法は，次のように要約される。故障率の評価値は以下の式によって与えられる。

$$\lambda = n/t$$

90 % 信頼区間は次のように与えられる。

$$(\text{low}, \text{high}) = \left(\frac{1}{2t} \times z_{0.95, zn}, \frac{1}{2t} \times z_{0.05, 2(n+1)}\right)$$

最後に，サブシー機器故障率は次のように決定される．

$$\text{PoF} = 1 - \sum_{i=1}^{n}(1-p_1)(1-p_2)\cdots(1-p_i)$$

また，いくつかのサブシー機器は，その構造や特性に応じて簡略化することができる．たとえばマニホールドはパイプと同じで，マニホールドの故障率計算はパイプの PoF を利用して行うことができる．

11.3.5.2　サブシー機器故障の結果影響（CoF）の同定

サブシー機器の故障によって大量の漏えいが生じることは考えにくい．漏えいは多数のバルブやセンサの迅速な反応によって制限される．したがって故障によって生じるのは，主に必要な修理に起因する遅延による経済的損失と修理コストである．しかし，時にはサブシー機器の故障が重大な漏えいの原因となる．2010 年のメキシコ湾の事故は BOP システムの故障によって起きた環境災害であった．経済面へのサブシー機器故障の結果影響（CoF：consequence of failure）は，以下に基づき分析することができる．

- 生産流体のタイプ
- 流量
- 生産の遅延時間

表11-1　定性的な経済的 CoF

生産物	経済（%）				
	<2	2~5	5~10	10~20	>20
ガス（坑井流体）	A	B	C	D	E
ガス（部分処理済）	A	B	C	D	E
ガス（ドライ）	A	B	C	D	E
油（坑井流体）	A	B	C	D	E
油（部分処理済）	A	B	C	D	E
油（ドライ）	A	B	C	D	E

また，サブシー機器部品の修理時間は，OREDA データベースから得られる。フィールド全体の生産処理能力に対する処理量の相対比（%）は CoF を決定するために用いることができる。表 11-1 は，ツリーの障害の定量的 CoF 推定値の一例である。

11.3.5.3 サブシー機器リスクの同定

リスクは，リスク ＝ PoF × CoF によって算出される。サブシー機器のリスク基準は，エクスポートパイプラインよりもはるかに厳格にすべきである。リスクは定性的または定量的でありうる。

11.3.6 検査計画

サブシー RBI 検査の結果は，サブシー機器システムのための提案検査計画を明確にする。

このフェーズで提案されたすべての項目の提案検査計画を収集し，適切な検査間隔にグループ化する。この作業による成果物は，検査スケジュールのための推奨ハンドブックである。これらのハンドブックは，検討されるパイプラインシステムについて以下のことを挙げている。

- いつ検査するか（検査時期）
- どこを検査するか（検査すべき項目）
- どのように検査するか（検査方法と検査精度のレベル）

図 11-5 は，時間ベースの損傷原因と事象ベースの損傷原因の両方の検査間隔の設定を示している。限られた評価モデルとデータが，RBI 評価における故障確率および結果影響の格付けのために利用される。したがって，RBI からの検査計画には，実際的な考えと健全な工学的判断を適用する必要がある。前述したように，計算された PoF は，いくつかの損傷原因については時間と共に増加し，他は時間が経過しても一定に維持される。これは検査計画に何らかの影響を与えることになり，2 つの基本的な方法論が適用される。

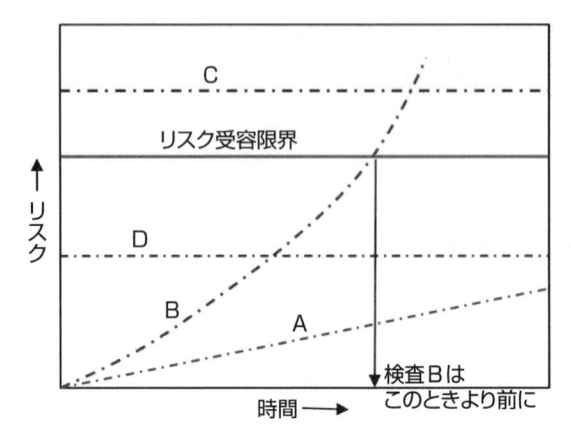

図11-5　検査間隔の設定
（注：線Aと線Bは時間ベースの損傷原因を表す。線Cと線Dは事象ベースの損傷原因を表す）

- 時間ベースの損傷原因
- 事象ベースの損傷原因

　1つ目の方法は，PoFが時間の経過とともに増加する場合に対応している。検査を開始する基準は，リスクが定められた許容レベルを超えたときである。時間とともにPoFが増加していき，リスクが増加する。リスクが許容限界を超えるときが検査時期として決定される。

　検査計画の2つ目の方法は，PoFが時間とともに一定であり，リスクも時間とともに一定である（結果事象にもばらつきがないと仮定）場合をカバーしている。この場合では，リスクは，初期評価値が許容可能であることを条件とすると，検査の日程を生成せず，許容可能なリスク限度を超えることはなくなる。しかしながら，リスクが一定以上である場合には定期的に検査を行う必要がある。また高リスクの機器は低リスクの機器よりもより頻繁に検査を行う必要がある。

　RBIの専門グループは，検査スケジュールを見て，期間中，内部腐食による劣化メカニズムのPoFが限界PoFを超えた場合には検査を行わなければならない。

11.3.7 オフショア機器の信頼性データ

OREDA プロジェクトは，ノルウェー石油総局と協力して 1981 年に始まった [2]。OREDA の当初の目的は，安全装置の信頼性データを収集することで，現在は，石油・ガス探査・生産設備の設計，操作における安全性とコスト効率の向上に貢献することを目的としている。OREDA の範囲は，石油・ガス探査・生産に使用される広範な機器からの信頼性データをカバーするために拡張された。

OREDA データベースは 4 つのレベルに分けることができる。

- フィールドと設置箇所：これは，海底油・ガス田の開発場所と設置箇所（複数可）の識別子である。各フィールドには複数の設置箇所が含まれている場合がある。
- 機器ユニット（equipment unit）：これは，OREDA で使用される最も高いレベルの機器ユニットを指す。たとえば，クリスマスツリーや制御システムのように，メイン機能を持つユニットを含むものをいう。
- サブユニット：機器ユニットは，それぞれいくつかのサブユニットに分割される。サブユニットは，機器がそのメイン機能を実行するために必要な個々の機能を実行する。典型的なサブユニットには，アンビリカルと HPU（油圧ユニット）が含まれる。サブユニットは冗長でありうる。たとえば，2 つの独立の HPU があってもよい。
- 部品：これらは，各サブユニットのサブセットであり，それが全体として必要とされるか交換されるもの（たとえば，バルブやセンサなど）で，一般的に最も下のレベルの品目を指す。

トップサイドの機器ユニットとサブシー機器ユニットについては，以下の情報が提示されている。

- 機器ユニットの境界を示す図。すなわち，サブユニットおよび機器ユニットの一部である部品の仕様。
- すべての部品リスト。
- 各部品の観測された故障の数。

- 機器ユニットの暦時間表示で表された観測総計稼働時間（aggregated observed time in service）。
- 各部品の不確実性限界（uncertainty limit）と故障率の評価値。
- 修理時間の評価値，すなわち，故障を修復し，機能を復元するために必要な経過時間。この時間はアクティブな修理時間である。つまり，実際の修復作業が行われた場合の時間である。
- 品目数，設置数などのサポート情報。
- クロス集計：部品と故障モード，サブユニットと故障モード，機器ユニットと故障モード，故障記述子（failure descriptor）と故障モード。

11.4 パイプラインの RBI

11.4.1 パイプラインの劣化メカニズム

損傷（damage）とは，あらかじめ定義されたベースライン（基準線）としての状態からの望まれない物理的な逸脱として定義される。逸脱は点検技術や技術の組み合わせによって検知できる。損傷の理由は以下の 3 つのカテゴリにグループ化することが可能である。

- 事象ベースの損傷。たとえば，落下物やトロール網，地崩れ，落下アンカーなど。
- 状態ベースの損傷。たとえば，pH の変化やオペレーティング変数の変化や CP（電気防食）システムの変化など。
- 時間ベースの損傷。たとえば，腐食，浸食，疲労など。

RBI の評価では，パイプラインへの損傷として以下の理由を考える。

- 内部腐食
- 外部腐食
- 内部浸食
- 外部衝撃
- フリースパン

- 海底での安定性

各項目の損傷理由については，以下に，発生の可能性と失敗時の影響の観点から詳細を述べる。

11.4.2 PoF 値の評価

ここでは，損傷のさまざまな理由の評価モデルについて説明する。ユーザは，これらのモデルは保守的であり，与えられた最低限のレベルのデータに基づいて検査計画を同定しようとするものであることに気を付けなければならない。検査計画の代替案として，より詳細な評価や改善措置を提案することも可能であろう。

検査とリスク評価の結果がリスク限界に近いもしくは超過していると示唆したときには，パイプラインの健全性を確保するために，適切な行動と措置がとられなければならない。これらの措置には，さらなる接近検査や，減圧のような緩和処置や，サービスの適合性評価が含まれる。

11.4.2.1 内部腐食

内部腐食はオペレーション中に管壁が薄くなる主な要因である。腐食は複雑なメカニズムであり，液体の組成や水の存在，オペレーションの変更，その他に依存する。

RBI の定性的な評価のために，パイプラインの PoF は以下の情報に基づいて分類される。

- 最後の検査の結果（もしあるなら）
- 最後の検査からの経過時間（もしあるなら）
- 生産流体に基づく腐食性
- モニタリングとメンテナンスの水準

検査時における PoF のカテゴリは，検査の所見の結果，「insignificant（取るに足らない）」または「moderate（中程度）」または「significant（重大）」レベ

ルと観察された腐食性欠陥のレベルに基づいて決定される。

また，PoF は腐食点の成長可能性によって時間の経過とともに増大する。腐食率は生産流体の腐食性向に依存する。最も腐食性の大きい生産流体を除いて，状態監視レベル（condition monitoring level）「良」の信用が与えられ，それはオペレータのフォローアップの基準となる。

腐食の定量的な評価では，内部腐食の損傷は，異なる腐食劣化のメカニズムによって引き起こされるものであるとする。炭化水素のパイプラインシステムでは，腐食損傷は以下によって引き起こされる。

- 二酸化炭素腐食
- 硫化水素応力腐食割れ（SSCC：H_2S stress corrosion cracking）
- 微生物起因腐食（MIC：microbiological-induced corrosion）

年間故障率は破裂と漏洩の両方の故障モードについて金属損失欠陥の PoF 計算手順に基づいて計算される。最も重要な入力パラメータは腐食が起きるかどうかとその腐食率である。腐食率に影響する項目は以下のように要約できる。

- 材質
- 生産流体のタイプ
- 含水量（water content）
- 温度
- CO_2 分圧
- 抑制効率（inhibition efficiency）（もしあるならば）
- 流動様式

以下の項目は，構造物信頼性計算手法を使って PoF を計算するために考慮しなければいけない。

- 外径
- 内部圧，最大許容運転圧力（MAOP：maximum allowable operating pressure）

- 壁面の公称肉厚
- 材質強度
- コミッショニングの年（commissioning year）

11.4.2.2 外部腐食

通常はパイプラインはその表面を完全に覆う腐食コーティングによって外部腐食から保護されている。パイプラインの腐食コーティングが損傷したときには，犠牲陽極（sacrificial anode）と共に外部電源方式防食（ICCP：impressed current cathodic protection）システムが使用される。

外部コーティング損傷は，船舶，アンカー，トロール網などの衝撃によって起こる。実際には，外部腐食はパイプラインの水中部分にとっては大きな問題ではない。

定性的評価では，オフショアパイプラインの PoF カテゴリは以下の項目に基づき，表 11-2 に要約されている。

- 最後の検査の結果（もしあるなら）
- 最後の検査からの経過時間（もしあるなら）
- 異常な陽極消耗の検査（もしあるなら）
- IC（内部腐食）の「潜在的兆候」の検出（もしあるなら）
- オペレーション時の温度

表11-2　検査結果ごとのライザーの外部腐食のPoFカテゴリ

検査所見	PoF	概要
insignificant（軽微）	1	検査で発見された損傷の箇所数は現在のパイプラインMAOPの50％目標レベルに達していない。
moderate（普通）	3	損傷のなかで最も重大な損傷は現在のパイプラインMAOPの50％目標レベルに達する。
significant（顕著）	5	損傷のなかで最も重大な損傷は現在のパイプラインMAOPの80％目標レベルに達する。
no inspection or blank（無検査あるいは空白）	1	「検査」は試運転か設置の日時に設定される。

PoFは腐食点の成長可能性によって時間とともに増大する。腐食が飛沫帯（splash zone）で発生した場合でも、ライザー管の表面温度は腐食率の計算で使われるオペレーション温度と同じであるとみなされる。

表11-3は、外部腐食のPoFカテゴリが1単位増すのにかかるオペレーティング年数である。これは、オペレーション時の温度と最後の検査の結果に依存する。数年間は腐食はないだろうが、一度腐食が始まると欠陥は大きい速度で発達する。

表11-3 外部腐食のPoFカテゴリが1単位増すのにかかるオペレーティング年数

検査所見	温度によるPoF 1単位増の年数	
	<40℃	≧40℃
insignificant（軽微）	4	3
moderate （普通）	3	2
significant （顕著）	2	1
no inspection or blank（無検査あるいは空白）	3	2

11.4.2.3 内部浸食

浸食はパイプラインの故障の一般的な原因とはならない。しかしながら、浸食は曲げ部分や半径が減少した部分などのパイプラインの接続部や幾何学的に特徴のある部分で、砂粒子を含む高速度流体によって発生する。

浸食は3～4 m/s以下の流速の場合にはあまり問題にならない。浸食率は流体内の砂の量に比例し、小さな部位よりは大きな部位で深刻な浸食が発生する。流速は浸食を考える際に重要なパラメータである。なぜならば浸食率は流速の2.5～3.0乗に比例するからである。

内部浸食の欠陥の特徴は腐食の欠陥の特徴と類似しており、腐食における検査カテゴリと同様のものが用いられる。

PoFは浸食点の成長可能性によって時間とともに増大する。浸食率は生産流体の流速に依存する。高い流速は結果としてPoFを急速に増加させることと

なり，それゆえに PoF の 1 単位増加にかかる年数は砂（生産流体）の流速に依存することになる。

表 11-4 は内部浸食における PoF カテゴリの 1 単位増加にかかるオペレーションの年数である。もし砂がなければ PoF は時間によって変わらず，1 となる。

表11-4　内部浸食におけるPoFカテゴリの1単位増加にかかるオペレーションの年数

砂の流速	PoF 1単位増の時間（年）
$V < 3$ m/s	10
3 m/s $\leq V < 8$ m/s	3
$V \geq 8$ m/s	1
流速不明	1

11.4.2.4　外部衝撃

外部衝撃による損傷は，物の落下やアンカーの衝撃や引きずり，ライザーへの船の衝撃などによって起こる。

外部衝撃は事象ベースの損傷の原因であり，もし衝撃の年間の確率が一定であれば PoF も一定に近づく。検査は PoF に影響を与えないかまたは限定的であるが，定期的な間隔でラインを検査するのが望ましい。

パイプラインにおける外部衝撃の PoF カテゴリは，以下の情報に基づいている。

- 最後の検査の結果（もしあるなら）
- トロール網を引く活動
- パイプラインの直径とコンクリートコーティングの厚さ
- 埋設されているか
- 海洋オペレーション活動

表 11-5 はトロール網による外部衝撃の PoF カテゴリをリスト化している。表 11-6 は海洋オペレーション活動の PoF カテゴリを示している。PoF カテゴリはラインが埋設されているかどうかとは独立している。

表11-5 トロール網による外部衝撃のPoFカテゴリ

パイプラインの状態	PoF
直径＜8inch	4
8inch≦直径＜16inch	3
直径＞16inchで，被覆＜40mm	3
直径＞16inchで，被覆≧40mm	1
埋設（すべての直径）	1

表11-6 海洋オペレーション活動のPoFカテゴリ

海洋オペレーション活動	PoF	概要
low （低）	1	パイプライン資産全体がさらされる全体的で広範な海洋活動レベルと比較して（つまりパイプラインのある場所の過去の海洋活動およびリスク評価調査と比較して），その海域での海洋活動はほとんどないかわずかである。
medium （中）	3	パイプライン資産全体がさらされる全体的で広範な海洋活動レベルと比較して，その海域での海洋活動のレベルは並である。
high （高）	4	パイプライン資産全体がさらされる全体的で広範な海洋活動レベルと比較して，その海域での海洋活動のレベルは高い。

11.4.2.5　フリースパン

　フリースパン[*1]は，特定の状態（埋設など）が存在しなければ，ほぼすべてのパイプラインで発生する。海底の洗掘はフリースパンの主な原因のひとつとなる。フリースパンは上下方向または横方向の振動に従って，疲労破損につながることがある。

　検査時におけるPoFカテゴリは，海洋のパイプラインのみの検査知見に基づくと表11-7のようになる。

　フリースパンの検査プログラムを決めるために，詳細な評価を実施しなければならない。初期段階の評価におけるPoFは時間とともに増加しないので詳

[*1] 訳注：海底の凹凸により生じる，支えのない状態。

細評価の実施を促さないと見なされる。**PoF** の評価では，軟弱土でのフリースパンはその位置と長さが変化する傾向にあることに留意する必要がある。軟弱土におけるフリースパンを記録するには静的スパンについて特別な考慮が必要となる。

表11-7　最大フリースパン長の検査結果に基づくPoFカテゴリ

検査所見	PoF	概要
insignificant（軽微）	1	長さ/直径＜20
moderate　（普通）	3	20≦長さ/直径＜30
significant　（顕著）	5	長さ/直径＞30，または動的スパン
no inspection or blank（無検査あるいは空白）	3	無検査あるいは空白
dynamic free-span（動的なフリースパン）	5	検査履歴で動的なフリースパンと位置付けられたもの。軟弱土で発達したスパン。

11.4.2.6　海底での安定性

オフショアのパイプラインは，海底での安定性保持力が不十分な場合には強い潮流条件下で動くことがある。半径の小さいパイプラインを除いて，重量を与えるコーティングがしばしば必要となる。通常は重量を与えるコーティングとしてコンクリートコーティングが用いられる。このようなコーティングは外部衝撃からパイプラインシステムを守ることにもなる。

RBI の定性的な評価では，パイプラインの海底での安定性の PoF カテゴリは以下の情報に基づく。

- 最後の検査の結果（もしあるなら）
- 最後の検査からの経過時間（もしあるなら）
- 埋設されているかどうか
- 場所（陸上か海上か）

表 11-8 は，検査の結果，横の動きが insignificant（軽微），moderate（普通），significant（顕著）と判断されたときの検査知見に基づく PoF カテゴリを示し

ている。

表11-8 海底での安定性の調査結果に基づくPoFカテゴリ

検査所見	PoF	概要
insignificant（軽微）	1	パイプラインの動きはないか軽微（変位 ≦10m）。パイプライン全体が大水深（水深＞150m）。
moderate （普通）	3	並みの平行な動き。急な曲がりなし（10m＜変位≦20m）。
significant （顕著）	5	平行な動きの結果，好ましくない状態となったもの。急な曲がり，座屈あるいは縮みの兆候。岩屑あるいはルート帯域の外側に近い。（変位＞20m）
no inspection or blank（無検査あるいは空白）	1	「検査」は試運転か設置の日時に設定される。

11.4.3 CoF 値の評価

CoF は安全性，経済的損失，環境汚染の観点から測定される。

11.4.3.1 安全性への影響（safety consequence）

安全性への影響では人的損傷や人命損失を考える。それは定量的なリスク評価（QRA：quantitative risk assessment）調査から得られ，潜在的人命損失（PLL：potential loss of life）として表される。表11-9 は安全性への影響のラ

表11-9 安全性への影響のランキング

CoFファクタ	CoF同定	概要
A	とても低い	人の傷害は生じない。
B	低い	軽微な傷害の可能性あり。傷害や人命損失による損失時間はない。
C	中	1人から数名未満の傷害による損失時間の可能性あり。死亡事故となる可能性なし。
D	高い	傷害による複数回の損失時間の可能性あり。1人の人命損失の可能性あり。
E	とても高い	複数の人命損失の可能性あり。

ンキングを示す。

11.4.3.2　経済的影響 (economic consequence)

　直接的な経済損失は油やガスの流出量とその修復コストである。しかし，機材を修繕する必要がある場合には，延期された生産時間を考慮する必要がある。修繕は2つの部分，すなわち，漏洩（leak）への対処と破裂（rupture）への対処に分けることができる。また，修繕は事故が起きた場所（水面より上，飛沫帯，水中）にも依存する。事業の中断や生産遅延による経済的影響はパイプラインの中断によるコストに関連するものである。考慮すべき重要な要素は，バイパスラインを使って生産を維持するためのシステムの冗長性である。表11-10は経済的影響のランキングを示している。

表11-10　経済的影響のランキング

CoFファクタ	CoF同定	生産損失に関連するコスト	
		フィールド全体の生産処理量に対する相対比 (%)	と注釈
A	とても低い	＜2	ごく小規模のフローライン
B	低い	2～5	小規模のフローライン
C	中	5～10	中程度のフローライン
D	高い	10～20	重要なフローライン
E	とても高い	＞20	幹線

11.4.3.3　環境への影響 (environmental consequence)

　環境への影響は，生産流体のさまざまなタイプの流出がもたらす環境への衝撃度と関連している。水中に拡散した油の量はAdiosと呼ばれるソフトウェアを使ってモデル化することができる。

　環境汚染の深刻度は，水中に散乱した油の量と場所の条件，たとえば漁業資源などによって決まる。環境汚染のランキングは天然資源の回復年数によって決められる。回復年数はその場所の資源の回復と地方政府の努力によって決まる。表11-11は異なる事象ごとの環境への影響のランキングを示している。

表11-11　環境への影響のランキング

CoFファクタ	CoF同定	概要
A	とても低い	環境への影響はないか，小さいか，軽微である。内部媒質（media）の流失はないか，あったとしても低毒性あるいは低汚染性の媒質の軽微な流出である。
B	低い	汚染性あるいは毒性のある媒質の小規模な流出。流出した媒質は大気あるいは海水によって急速に拡散し，分解されるか中和される。
C	中	汚染性あるいは毒性のある媒質の小規模または大規模な流出。流出した媒質は大気あるいは海水によって拡散し，分解されるか中和されるのにある程度時間がかかるが，除去可能である。
D	高い	汚染性あるいは毒性のある媒質の大規模な流出。除去可能であるか，あるいは時間がたてば大気あるいは海水によって拡散し，分解されるか中和される。
E	とても高い	きわめて高い汚染性あるいは毒性のある媒質の大規模な流出。除去不能であり，大気あるいは海水によって拡散し，分解されるか中和されるのに長い時間がかかる。

11.4.4　リスクの確認と基準

パイプラインのリスクは以下の式によって計算される。

$$リスク = PoF \times CoF$$

表11-12　定性的リスクの基準[6]

PoFカテゴリ	年間故障確率					
5	故障する	M	H	H	VH	VH
4	高	M	M	H	H	VH
3	中	L	M	M	H	H
2	低	VL	L	M	M	H
1	ほとんどなし	VL	VL	L	M	M
故障カテゴリのCoF		A	B	C	D	E

VL：とても低い，L：低い，M：中，H：高い，VH：とても高い

リスクの基準は定性的または定量的になりうることに注意する。表 11-12 は定性的なリスクの基準をリスト化したものである。

11.5　サブシーツリーの RBI

サブシーツリーは海底油・ガス田において大変重要な設備である。サブシーツリーは主に，鋼の骨組み構造，コネクタ，バルブ，チョーク，パイプ，チュービングハンガー，制御システム，キャップで構成されている。ツリーのモニター情報は温度，圧力，砂の状態に焦点を当てている。

サブシーツリーの RBI はパイプラインの RBI の延長と考えてよく，方法論や原理はパイプラインの RBI と似ている。違いは，ツリーの RBI は検査データによる設備の劣化と要素部品の故障分析に焦点を当てている点である。

11.5.1　サブシーツリーの RBI プロセス

ここでは多くの仮定に基づくサブシーツリーのリスク決定の例を示す。サブシーツリーの RBI 分析は以下のステップで行われる。

- リスク許容基準の作成
- 情報収集
- 定量的リスク評価の準備
- 検査プランの生成
- 検査マネジメントシステムへのデータ入力

11.5.1.1　情報収集

サブシーツリーの RBI のために集められる情報には，設計データ，運転データ，腐食・浸食の調査報告書が含まれる。これらのデータは PoF や CoF を決定するのに使われる。また，リスクを予測し検査プランを最適化するのにも使われる。

11.5.1.2　リスク許容の基準

　伝統的なパイプラインの RBI と同様に，サブシー機器の RBI ではリスクの定量化は安全，環境，経済の側面で行われる．最も重要なこととして，安全性の等級は生産物，要員の配置状態（manned condition），場所の等級に依存する．もし生産物が有毒であったり立地が要注意な場所であったりすると，安全性の等級は高めに考えなければならない．

　経済的影響は，修復コストと遅延時間による生産損失を考える．先に図 11-3 で示したように，事業への影響の定量化の基礎としては相対処理量（relative throughput）が使われてきた．

11.5.1.3　劣化メカニズムと故障モード

　劣化メカニズムには主に内部・外部腐食や内部浸食，フローアシュアランス問題，機械的損傷が含まれる．OREDA データベースのなかではサブシーツリー装置が考慮されており，故障データが記録されている．サブシーツリーは以下のような部分に分けられる．

- ケミカル注入カプリング（chemical injection coupling）
- コネクタ
- デブリキャップ（debris cap）
- フロースプール（flow spool）
- ホース（flexible piping）
- 油圧カプリング（hydraulic coupling）
- パイプ（hard pipe）
- ツリーキャップ
- ツリーガイドフレーム
- バルブ（チョーク用）
- バルブ（制御用）
- バルブ（その他）
- バルブ（プロセスの分離用）
- バルブ，ユーティリティ分離用

- チュービングハンガー
    - ケミカル注入カプリング（chemical injection coupling）
    - 油圧カプリング
    - 電力・信号カプラ（連結器）
    - チュービングハンガー本体
    - チュービングハンガー分離栓

OREDA ではツリーの故障様式は以下の項目で構成されている．

- 外部漏出―プロセス媒体（process medium）
- 外部漏出―ユーティリティ媒体（utility medium）
- 閉鎖・ロックの不全
- 要求機能の不全
- 開放・ロック解除の不全
- 内部漏出―プロセス媒体
- 内部漏出―ユーティリティ媒体
- 閉状態での漏出
- バリア（障壁）の喪失
- 冗長性の喪失（loss of redundancy）
- 即効性の欠如
- 閉栓・閉塞（plugged/choked）
- 誤作動（spurious operation）
- 構造上の欠陥
- その他

11.5.2　サブシーツリーのリスク評価

　サブシーツリーの RBI 評価では，PoF は異なる故障メカニズムや 11.3.5 項で示されているように異なる構成要素について決められている．その結果は修理時間や修理コストによる経済損失という形で特定される．

11.5.2.1　2002 OREDA データベースからの故障データベース

2002 OREDA データベースは PoF 計算の出発点として使われる。OREDA データベースでは，故障率は下限，最良評価値，上限の 3 つのカテゴリで表される。

このプロセスにおいては，OREDA の 835 ページにある「Failure Descriptor versus Failure Mode, Wellhead & Xmas Tree (故障記述子 vs 故障モード，坑口装置とクリスマスツリー)」というタイトルの表 [2] が，サブシーツリー構成部品の故障データの参考資料として使える。表 11-13 にすべての構成部品の故障モードが要約されている。

表11-13　クリスマスツリーの故障記述子 vs 故障モード

部品	記述子	ELP	FTS	FTO	PLU	ELU	OTH
コネクタ	漏洩	1					
フロースプール	閉塞				1		
油圧カプラ	漏洩					1	
配管	閉塞				1		
チュービングハンガー	制御故障	1					
	緩み						2
ツリーガイドフレーム	トロール網の衝撃						2
バルブ (チョーク用)	閉塞				1		
	制御故障		4				
	漏洩		6				
バルブ (プロセス分離用)	閉塞			1			
	漏洩						3

11.5.2.2　故障データベースの修正

この故障データは 2002 OREDA データベースから推論された統計結果である。しかし，個々のサブシー設備はまったく異なる歴史，属性，特性，機能を持っていることを言及しておく。つまりこれらの値は，技術者の疑問や経験，特有の状況や装置の特性に基づいて，さらに修正する必要がある。たとえば，

もし材料が高強度鋼ならば材料の故障は無視できる。

修正のプロセスでは，腐食・浸食率を計算する必要がある。フローアシュアランス問題と作動状態も分析する必要がある。

11.3.5.1 によると腐食・浸食状況は深刻ではないが，フローアシュアランス問題は深刻だと思われる。表 11-13 は OREDA の 835 ページにある表[2] を修正したものであり，ELP は外部漏出プロセス媒体（external leakage-process medium），FTS は開始故障（failure to start），FTQ は開栓故障（failure to open），PLU は閉栓（plugged），ELU は外部漏出ユーティリティ媒体（external leakage-utility medium），OTH はその他（others）を意味している。

11.5.2.3　PoF の同定

PoF 決定の方法論は 11.3.5 項ですでに述べた。11.3.5.1 で述べたすべてのツリー構成要素の故障率が計算される必要があり，そうしてサブシーツリーの PoF が同定される。表 11-14 ではサブシーツリー構成部品の故障率を並べている。

低（low），中間（mean），高（upper）の値の選択は技術者の経験や作動状況などに依存する。この例では，すべての部分の故障率が高いため，サブシーツリーの故障率は 11.3.5 項で明記した式によって決定される。結果は 2.05 ×

表11-14　サブシーツリー構成部品の故障率

部品	故障率（1時間当たり）		
	低	中間	高
コネクタ	0.24×10^{-9}	0.24×10^{-8}	0.2×10^{-7}
フロースプール	0.65×10^{-9}	0.65×10^{-8}	0.7×10^{-7}
油圧カプラ	0.4×10^{-10}	0.4×10^{-9}	0.37×10^{-8}
配管	0.1×10^{-8}	0.1×10^{-7}	0.96×10^{-6}
チュービングハンガー	0.11×10^{-7}	0.2×10^{-7}	0.1×10^{-6}
ツリーガイドフレーム	0.86×10^{-8}	0.24×10^{-7}	0.15×10^{-6}
バルブ（チョーク用）	0.7×10^{-7}	0.73×10^{-7}	0.25×10^{-6}
バルブ（プロセス分離用）	0.75×10^{-7}	0.11×10^{-6}	0.5×10^{-6}

10^{-6}/時間 か 1.8×10^{-2}/年 となる．

11.5.2.4　CoF の計算

　故障の結果影響は主に遅延時間と修理コストによる経済損失である．遅延時間は OREDA データベースかプロジェクトエンジニアの経験によって決定できる．我々の例では，遅延時間は 2 日だと仮定する．よって経済損失の総計は遅延生産能力と修理コストによって特定され，この場合，CoF は A に割り当てられる．

　ツリー構成要素の故障が大量の漏出を引き起こす可能性は低い．漏出は広範囲のバルブとセンサの素早い対応によって制限されるため，主な影響は修理によって起こる遅延による経済損失だけである．ツリーの経済的 CoF は以下に基づいて分析できる．

- 生産流体のタイプ
- 流出率
- 生産の遅延時間

　11.3.5.2 の表 11-1 はツリー故障の質的 CoF の例を示している．全フィールドの生産処理比率（production throughput）(%) は CoF の決定に使われる．

11.5.2.5　リスクの決定（risk determination）

　リスクは 11.3.5.3 で述べたように質的にも量的にもなりうる．ツリーに関連するリスクは評価結果によると許容可能である．

11.5.3　検査プラン

　一度リスクがリスク許容量を超えると，サブシーツリーはリスク結果に沿って検査されなければならない．検査方法論によると，OREDA データベースの故障データは種々の作動フェーズ（operating phase）の状況によって修正され，種々の故障率のタイプは種々の作動フェーズに沿って決定されなければならず，その後でリスクを種々の段階に特定することができる．

11.6　サブシーマニホールドの RBI

マニホールドは流体の流れを組み合わせ，送り届け，調整し，しばしば監視するように設計された配管やバルブの仕様である。サブシーマニホールドは採掘井が並ぶ海底に設置され，生産流体を集めたり，坑井に水やガスを圧入したりするために用いられる。

11.6.1　劣化メカニズム

サブシーマニホールドの RBI においては次の劣化メカニズムが分析されている。

- 内部腐食（IC）
- 外部腐食（EC）
- 内部浸食（IE）
- 外部からの衝撃（EI）

11.6.2　初期評価

11.6.2.1　CoF の同定

CoF は定性的な格付けシステムによって 3 つのカテゴリに分類される。

- 安全面への影響：人的傷害や PLL を考慮する。
- 経済面への影響：修復コストや生産の妨げになることによる事業損失を考慮する。
- 環境面への影響：さまざまな種類の生産物が環境に流出した際の影響と除染コストを考慮する。

初期評価の際の PoF 同定の手順を図 11-6 に示す。

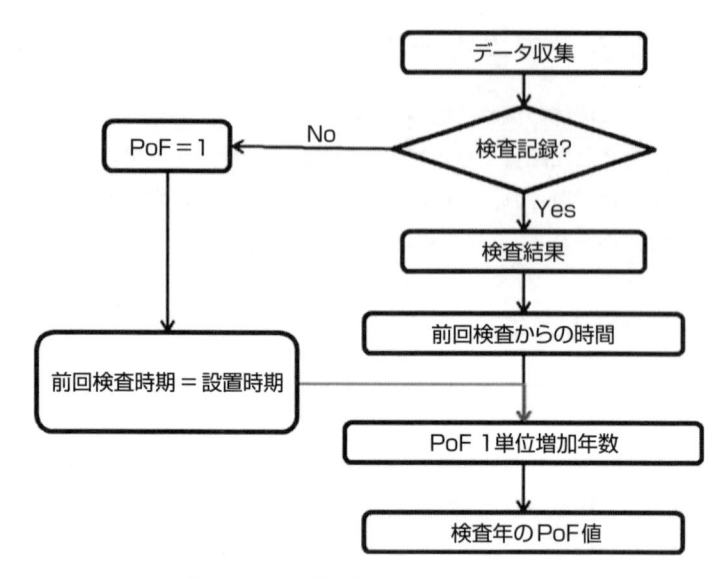

```
                        ┌──────────┐
                        │ データ収集 │
                        └────┬─────┘
                             │
              ┌─────┐   No   ◇
              │PoF=1│◀──────◇検査記録?◇
              └──┬──┘        ◇
                 │            │Yes
                 │            ▼
                 │      ┌──────────┐
                 │      │  検査結果  │
                 │      └────┬─────┘
                 │            │
                 ▼            ▼
      ┌──────────────────┐  ┌────────────────┐
      │前回検査時期=設置時期│──│前回検査からの時間│
      └──────────────────┘  └────┬───────────┘
                                  ▼
                          ┌────────────────┐
                          │PoF 1単位増加年数 │
                          └────┬───────────┘
                                ▼
                          ┌────────────────┐
                          │ 検査年のPoF値   │
                          └────────────────┘
```

図11-6　初期評価におけるPoFの同定

11.6.2.2　リスクの基準

初期評価の段階ではリスクの限界は高く設定される。「高（H：high）」リスクを超えるリスクレベルは受け入れられないレベルと見なされる。表11-12（前出）はその基準の表を示している。

11.6.2.3　結果

初期評価の目的は定性的な手法を使ってそれぞれの劣化メカニズムのリスクレベルを判断することである。図11-6に示した骨組みとなるフローチャートによると，初期評価によって得られたリスクレベルが受容できる（たとえば，リスクレベルが「高」より低い）のであれば要所検査（primary inspection）が行われる。リスクレベルが受容できない（たとえば，リスクレベルが「高」を超える）場合には多くのデータが必要となり，評価はより詳細な評価に進む。

11.6.3 詳細評価

11.6.3.1 安全等級（safety class）

安全の原則はリスクの原則にも適用される。というのも年1回のPoFの目標値は故障したものに依存しているからである。異なるマニホールドの安全等級は異なり，どのような中身（生産流体）が配管を通るかや場所による。安全等級には次のものがある。

- 安全等級―高
- 安全等級―普通
- 安全等級―低

11.6.3.2 PoFの計算

詳細評価のPoF値は確率統計の手法を用いて定量的なレベルで計算される。実際の状態を反映させた最適な分布がこの理論の基本として適用される。特定のPoF計算のなかで，次のものは不可欠である。

- 要素部品性能の分布
- 要素部品従属荷重の分布

11.6.3.3 目標基準（target criteria）

詳細評価の許容基準は11.6.3.1で説明されている安全等級レベルによって決められる。

- 安全等級―高：年次PoFの目標値は10E-5である。
- 安全等級―普通：年次PoFの目標値は10E-4である。
- 安全等級―低：年次PoFの目標値は10E-3である。

11.6.3.4 結果

詳細評価の目的は定性的な評価を使った初期評価によって許容できないと分類された劣化メカニズムを再評価することである。RBIの骨組みフローチャートによると，詳細評価の評価結果が許容できる（年次PoFが目標となる基準値

より低い)のであれば,さらなる検査が行われる。結果が許容できない(年次 PoF が目標となる基準値を超えている)場合はすぐに IRP と MRP によって検査が行われる。

11.6.4 マニホールド RBI の例

以下の例はマニホールドの RBI 評価の具体的な作業手順について述べたものである。この例では内部腐食のみに注目する。マニホールド配管システムにおける内部腐食は MFL (magnetic flux leakage: 磁気流量漏洩) 検査手法のピギングによって得られ,CO_2 が炭素鋼の内部欠陥の唯一の原因であるとしか思われなかった。欠陥の深さや長さは検査報告書によって与えられる。欠陥が大きくなれば許容量は減る。マニホールドのための RBI 手法はシステムの安全レベルがいつでも許容できるものであることを保証する。分析は以下のようである。

11.6.4.1 初期評価

＜入力データ＞

初期評価の入力データの概略は表 11-15 に示す。

＜計算＞

まず,腐食欠陥のみの条件下の内圧に従って配管受容量を計算するためにコード B31G[7] が用いられる。

$$A = 0.893 \frac{L}{\sqrt{D \cdot t}} = 0.845$$

A の値は 0.4 より大きいため,故障圧力は次のようになる。

$$P_{corr} = 2 \cdot SMYS \cdot t \cdot F/D = 21.735 \text{ MPa}$$

P_{corr} の値が最大許容運転圧力 (MAOP) の 2 倍より大きいため,検査年における結果は軽微である。したがって,表 11-16 によると検査年の PoF 値は 1 となる。そうなると表 11-17 から PoF における 1 単位増の周期は 4 年と決められる。したがって,9 年後の PoF 値は 3 である。

表11-15 初期評価の入力データ

パラメータ	値
公称外径（mm）	406
公称壁厚（mm）	12.7
損傷の深さ（mm）	4.2
損傷の長さ（mm）	68
材料のグレード	X70（API5L）
生産流体のタイプ	油，部分処理
最大許容運転圧（MPa）	10
設計係数	0.72
前回検査年	2000
腐食レベル	中
状態監視レベル	良
人の状態	有人

表11-16 内部腐食の検査結果ごとのPoFカテゴリ

検査所見	PoF	概要
insignificant（軽微）	1	検査の結果，現在のパイプラインMAOPの2倍という目標レベルを脅かす傷はない。
moderate　（普通）	3	検査によって発見された最も重大な傷が，現在のパイプラインMAOPの2倍という目標レベルを脅かす疑いあり。
significant　（顕著）	5	検査によって発見された最も重大な傷が，現在のパイプラインMAOPの1.2倍という目標レベルを脅かす疑いあり。
no inspection or blank（無検査あるいは空白）	1	「検査」は試運転か設置の日時に設定される。

表11-17 内部腐食のPoFカテゴリが1単位上がるまでに要するオペレーション年数

腐食度	状態監視レベル		
	良好	正常	悪い
高	1	1	1
中	4	3	2
低	7	5	3

次に腐食欠陥の CoF 値を同定する．入力データとして人の状態と配管の直径，生産流体は既知である．表 11-18 を用いて，安全面，環境面，経済面の CoF 値を別々に求めることができる．

- 安全面の CoF 値は C
- 環境面の CoF 値は D
- 経済面の CoF 値は D

最終的な CoF 値は 3 つの状況下のなかで最も厳しい値が選ばれる．したがって，最終的な CoF 値は D となる．

初期評価では，リスクレベルは 5×5 のマトリクスで表され，リスク限界は高い．この例では，初期評価における最終的なリスクは依然として高い．このことは 11.4.4 項の表 11-12 のマトリクスによって CoF を PoF に掛けることで得られる．この結果はリスクレベルが受容できないものであり，さらに正確で詳細な評価が必要なことを意味している．

第 11 章 機器の RBI　　373

表11-18　流出のRBI初期評価の一般結果モデル

生産流体	安全			環境				経済			
	有人	ときどき有人	無人	$D<8$inch	$D>8$inch	$D>16$inch	$D>32$inch	$D<8$inch	$D>8$inch	$D>16$inch	$D>32$inch
ガス (坑井流体)	E	D	B	B	B	B	C	B	C	D	E
ガス (部分処理)	E	C	A	A	A	A	B	B	C	D	E
ガス (ドライ)	E	C	A	A	A	A	B	B	C	D	E
油 (坑井流体)	D	C	B	B	C	D	E	B	C	D	E
油 (部分処理)	C	B	A	B	C	D	E	B	C	D	E
油 (ドライ)	C	B	A	B	C	D	E	B	C	D	E
コンデンセート (坑井流体)	E	D	B	B	B	C	D	C	D	E	E
コンデンセート (部分処理)	E	C	A	B	B	C	D	C	D	E	E
コンデンセート (ドライ)	E	C	A	B	B	C	D	C	D	E	E
処理済海水	B	A	A	A	A	A	A	A	B	C	D
未処理海水	B	A	A	A	A	A	A	A	B	C	D
産出海水	B	A	A	B	B	B	C	A	B	C	D

11.6.4.2 詳細評価

＜入力データ＞

ゾーンの種類はゾーン 2 であり，ピギングの検査方法は相対的である。表11-19 に詳細評価のための入力データの概要を示す。

表11-19　詳細評価のための入力データ

パラメータ	値
ピギングの信頼水準 (%)	80
ピギングのサイジングの正確度 (%)	10
運転温度 (℃)	120
運転圧 (MPa)	8
水深 (m)	100
生産流体のpH値	6
生産流体の濃度 (kg/m^3)	780
海水濃度 (kg/m^3)	1250
ガスフェーズのCO_2のモル比 (%)	5
流体流量 (m^3/日)	5184
含水率 (%)	25
逆転温度点の含水率	50
空気に対するガスの比重	0.8
ガスの圧縮弾性値 (Z)	0.88
パイプの粗度 (10E-6m)	50
油の粘度 (Ns/m^2)	0.0088
最大相対粘度(対油比)	7.06
ガスの粘度 (Ns/m^2)	0.00004
腐食抑制剤 (Fc)	0.85
グリコールの重量比 (%)	60

＜計算＞

詳細評価において，欠陥による故障圧力は確率を考慮に入れたより正確な手法を用いて再計算しなくてはならない。欠陥の進行傾向を予測するために，欠

陥の腐食速度も評価する必要がある。

まず，Norsok コード M-506[4] における CO_2 腐食率の計算モジュールが用いられる。入力データによると，中間変数値は以下のようになる。

$Kt = 7.77$

$f_{CO_2} = 5.282$

$f(pH)_t = 0.119$

$S = 0.87$

$Cr = Kt \cdot f_{CO_2} \cdot \left(\dfrac{S}{19}\right)^{0.146+0.0324 \cdot \log(f_{CO_2})} \cdot f(pH)_t \cdot Fc = 0.18$ Mm/年

次に，2009 年現在における故障確率が初期評価で求められたものとして許容できるかどうかを確認する。詳細評価では，故障確率は荷重の正規分布と許容分布を用いた定量的な手法によって得られる。

コード DNV-RP F101 Part A[8] が故障気圧許容量や P_{corr} の計算に用いられる。9 年後，新しい欠陥の深さは次のようになる。

$$d = 4.2 + Cr \cdot 9 = 5.82 \text{ mm}$$

新しい欠陥の長さは次のようになる。

$$L = 68 \cdot (1 + Cr \cdot 9/d) = 94.22 \text{ mm}$$

したがって，次のようになる。

$$P_{corr} = \gamma_m \cdot \dfrac{2 \cdot t \cdot f_u}{D - t} \cdot \dfrac{1 - \gamma d \cdot (d/t)^*}{1 - \gamma d \cdot (d/t)^*/Q} = 16.6 \text{ MPa}$$

$$Q = \sqrt{1 + 0.31 \left(\dfrac{L}{\sqrt{D \cdot t}}\right)^2} = 1.238$$

$(d/t)^* = d/t + \varepsilon d \cdot StD = 0.539$

故障確率の計算に正規分布を使うためには荷重分布がわからなければならない。偏差値は作動圧力の 0.05 倍の標準値である。許容分布は P_{corr} とその偏差値を含む。許容値の偏差値は $StD \times P_{corr}$ によって表される。

$$\phi = \dfrac{\sqrt{2P_{corr}^2 - OP^2}}{\sqrt{P_{corr}^2 \cdot StD^2 + 0.05^2 \cdot OP^2}} = 6.33$$

$StD = 0.078$

そして，正規分布表を探して $\phi = 6.33$ の値を用いる。分析を行う前に故障確率は許容限界値として求められる。それは安全等級によって求められ，また，安全等級はゾーンタイプや人の存在の有無，生産流体によって求められる。この例では，表 11-20 によると安全等級は「高」となり，11.6.3.3 の基準値に従うと PoF の限界値は 0.00001 となる。

正規分布から PoF 値は 0.00001 に等しく，ϕ_{limit} は 4.5 に等しい。したがって，ϕ は ϕ_{limit} より大きいため，PoF 値は許容範囲内である。

次の作業では，PoF 値が 0.00001 の限界値をいつ超えるかを予測する。それを行うためには，ϕ が 4.5 を超えるまで上記と同じステップで 1 年ごとの ϕ を再計算する必要がある。この例では，結果は 2014 年である。

新しい欠陥の深さは

$$d = 4.2 + Cr \cdot 14 = 6.72 \text{ mm}$$

表11-20　安全等級の同定基準

生産流体	無人	有人およびときどき有人	
	ゾーン1およびゾーン2	ゾーン1	ゾーン2
ガス（坑井流体）	普通	普通	高
ガス（部分処理）	普通	普通	高
ガス（ドライ）	普通	普通	高
油（坑井流体）	普通	普通	高
油（部分処理）	普通	普通	高
油（ドライ）	普通	普通	高
コンデンセート（坑井流体）	普通	普通	高
コンデンセート（部分処理）	普通	普通	高
コンデンセート（ドライ）	普通	普通	高
処理済海水	低	低	普通
未処理海水	低	低	普通
産出海水	低	低	普通

で，新しい欠陥の長さは

$$L = 68 \cdot (1 + Cr \cdot 9/d) = 108 \text{ mm}$$

である。したがって，次のようになる。

$$P_{\text{corr}} = \gamma_m \cdot \frac{2 \cdot t \cdot f_u}{D - t} \cdot \frac{1 - \gamma d \cdot (d/t)^*}{1 - \gamma d \cdot (d/t)^*/Q} = 12.72 \text{ MPa}$$

$$Q = \sqrt{1 + 0.31 \left(\frac{L}{\sqrt{D \cdot t}}\right)^2} = 1.304$$

$$(d/t)^* = d/t + \varepsilon d \cdot StD = 0.609$$

$$\phi = \frac{\sqrt{P_{\text{corr}}^2 - OP^2}}{\sqrt{P_{\text{corr}}^2 \cdot StD^2 + 0.05^2 \cdot OP^2}} = 4.4$$

よって，PoF 値は 2014 年に 0.00001 を超えることになる。

11.6.4.3　検査計画

RBI 評価では，検査計画は初期評価と詳細評価の両方に基づいて立てられなければならない。しかしながら，詳細評価の結果が主な要素である。したがって，RBI の専門グループが検査計画を立てるべきで，2014 年に内部腐食の浸食メカニズムの検査を行うべきである。

11.7　RBI の結果と有用性

RBI 分析の結果によって，検査をする部分や検査する場所，用いる検査手法，検査の間隔，異なる検査の適用範囲などの詳細な検査戦略が立てられる。検査結果は悪化についてのモードを更新し，さらに検査された部品のパフォーマンスに応じて将来の検査計画を修正するために用いられる。

RBI 分析の結果によって，全体にわたり許容基準を満たすと同時に，設備の運営上の経済的なリスクを最小化させたサブシー設備の検査計画が立てられる。

RBI 計画は安全面，経済面，環境面での基準値を満たした上で運営をするための，導入に特化し，費用効率が高く，目的に則した評価戦略を導くためのシ

ステマティックな手法である。

RBI 評価は既存の検査計画を変えるかもしれない。いかなる変更もリスクをバランスさせること,言い換えれば,許容基準に合致するように検査をバランスさせるようになされるだろう。費用のかかる検査を後に回すことで,検査の費用を抑えることができる。

参考文献

[1] M. Humphreys, Subsea Reliability Study into Subsea Isolation System, HSE, London, United Kingdom, 1997.
[2] Det NorskeVeritas, OREDA Offshore Reliability Data Handbook, fourth ed., Det Norske Veritas Industri Norge as DNV Technica, Norway, 2002.
[3] Mott MacDonald Ltd, PARLOC 2001, The Update of the Loss of Containment Data for Offshore Pipelines, fifth ed., HSE, London, United Kingdom, 2003.
[4] Norwegian Technology Standards Institution, CO2 Corrosion Rate Calculation Model, NORSOK Standard No. M-506, (2005).
[5] M.H. Stein, A.A. Chitale, G. Asher, H. Vaziri, Y. Sun, J.R. Collbert, Integrated Sand and Erosion Alarming on NaKika, Deepwater Gulf of Mexico, SPE 95516, 2005, SPE Annual Technical Conference and Exhibition, Dallas, Texas, 2005.
[6] O.H. Bjornoy, C. Jahre-Nilsen, O. Eriksen, K. Mork, RBI Planning for Pipelines Description of Approach, OMAE2001/PIPE-4008, OMAE 2001, Rio de Janeiro, Brazil, 2001.
[7] American Society of Mechanical Engineers, Manual for Determining the Remaining Strength of Corroded Pipelines, ASME B31G-1991, New York, 1991.
[8] Det Norske Veritas, Corroded Pipelines, DNV-RP-F101, 2004.

略語集

A&R (abandonment and recovery)：廃坑と回収
AA (anti agglomerate)：凝集抑制剤
AACE (Association for Advancement of Cost Engineering)：コストエンジニアリング推進協会
AAV (annulus access valve)：アニュラスアクセスバルブ
ACFM (alternating current field measurement)：交流電磁場測定法
AHC (active heave compensator)：アクティブヒーブコンペンセータ（能動的上下揺補償装置）
AHV (anchor handling vessel)：アンカーハンドリング船
AMV (annulus master valve)：アニュラスマスターバルブ
APDU (asphaltene precipitation detection unit)：アスファルテン沈殿検出ユニット
APV (air pressure vessel)：空気圧力容器
ASD (allowable stress design)：許容応力度設計
ASV (annulus swab valve)：アニュラススワブバルブ
AUV (autonomous underwater vehicle)：自律型海中ロボット
AWV (annulus wing valve)：アニュラスウィングバルブ
B&C (burial and coating)：埋設と被覆
BM (bending moment)：曲げモーメント
BOP (blowout preventer)：噴出防止装置
BOPD (barrels of oil per day)：日量〇バレルの油
BR (bend restrictor)：ベンドリストリクタ
C/WO (completion and workover)：仕上げと改修
CAPEX (capital expenditures)：資本的支出
CAT (connector actuation tool)：コネクタ起動ツール
CCD (charge-coupled device)：電荷結合素子
CCO (component change-out tool)：部品交換ツール
CDTM (control depth towing method)：深度制御曳航法
CFP (cold flow pipeline)：コールドフロー（冷態流）パイプライン
CG (center of gravity)：重心
CI (corrosion inhibitor)：腐食抑制剤
CII (colloidal instability index)：コロイド不安定指数

CIU（chemical injection unit）：ケミカル（化学剤）注入ユニット
CMC（crown-mounted compensator）：クラウンマウンテッドコンペンセータ
CoB（cost of blowout）：暴噴のコスト
CoG（center of gravity）：重心
CP（cathodic protection）：電気防食
CPT（compliant piled tower）：コンプライアントパイルドタワー
CPT（cone penetration test）：コーン貫入試験
CRA（corrosion-resistant alloy）：耐食合金
CV（coefficient value）：係数値
CVC（Cameron Vertical Connection）〔システム名〕
CVI（close visual inspection）：目視精密検査
DA（diver assist）：ダイバーによる補助
DCU（dry completion unit）：海上坑井仕上げユニット
DDF（deepdraft semi-submersible）：深喫水セミサブ
DEG（diethylene glycol）：ジエチレングリコール
DFT（dry film thickness）：乾燥膜厚
DGPS（differential global positioning system）：ディファレンシャルGPS
DH（direct hydraulic）：直動油圧方式
DHSV（downhole safety valve）：坑内安全バルブ
DOP（dilution of precision）：精度低下率
DP（dynamic positioning）：自動船位保持
DSS（direct simple shear）：直接単純剪断
DSV（diving support vessel）：潜水作業支援船
EC（external corrosion）：外部腐食
EDM（electrical distribution manifold/module）：電気分配マニホールド／モジュール
EDP（emergency disconnect package）：緊急離脱パッケージ
EDU（electrical distribution unit）：電気分配ユニット
EFAT（extended factory acceptance test）：拡張工場受入試験
EFL（electric flying lead）：電気用フライングリード
EGL（energy grade line）：エネルギー勾配線
EH（electrical heating）：電気加熱
EI（external impact）：外部衝撃
EOS（equation of state）：状態方程式
EPCI（engineering, procurement, construction and installation）：設計・調達・建造・設置
EPU（electrical power unit）：電源装置
EQD（emergency quick disconnect）：緊急急速切断
ESD（emergency shutdown）：緊急シャットダウン
ESP（electrical submersible pump）：電動水中ポンプ

FAR (flexural anchor reaction)：曲げアンカー反力
FAT (factory acceptance test)：工場受入試験
FBE (fusion bonded epoxy)：溶融接着エポキシ
FDM (finite difference method)：有限差分法
FE (finite element)：有限要素
FEA (finite element analysis)：有限要素解析
FEED (front-end engineering design)：基本設計
FEM (finite element Method)：有限要素法
FMECA (failure mode, effects, and criticality analysis)：故障モード・影響・重大度解析
FOS (factor of safety)：安全率
FPDU (floating production and drilling unit)：浮体式生産掘削装置
FPS (floating production system)：浮体式生産システム
FPSO (floating production, storage and offloading)：浮体式生産貯蔵積出設備
FPU (floating production unit)：浮体式生産設備
FSHR (free standing hybrid riser)：自立式ハイブリッドライザー
FSO (floating storage and offloading)：浮体式貯蔵積出設備
FSV (field support vessel)：フィールド支援船
FTA (fault tree analysis)：フォルトツリー解析
GL (guideline)：ガイドライン
GLL (guideline-less)：ガイドラインのない
GoM (Gulf of Mexico)：メキシコ湾
GOR (gas/oil ratio)：ガス・油比
GPS (global positioning system)：全地球測位システム
GSPU (glass syntactic polyurethane)：ポリウレタン・ガラス・シンタクチック
GVI (general visual inspection)：一般目視検査
HAZID (hazard identification)：潜在的危険源（ハザード）の特定
HCLS (heave compensated landing system)：動揺補償接地システム
HCM (HIPPS control module)：高度圧力保護システム制御モジュール
HCR (high collapse resistance)：高耐圧潰性
HDM (hydraulic distribution manifold/module)：油圧分配マニフォールド／モジュール
HDPE (high density polyethylene)：高密度ポリエチレン
HFL (hydraulic flying lead)：油圧用フライングリード
HGL (hydraulic grade line)：動水勾配線
HIPPS (high integrity pressure protection system)：高度圧力保護システム
HISC (hydrogen-induced stress cracking)：水素誘起応力亀裂
HLV (heavy lift vessel)：起重機船
HMI (human machine interface)：人間-機械インターフェース
HP/HT (high pressure high temperature)：高圧・高温

HPU（hydraulic power unit）：油圧ユニット
HR（hybrid riser）：ハイブリッドライザー
HSE（health, safety, and environmental）：労働安全衛生・環境
HSP（hydraulic submersible pump）：油圧水中ポンプ
HT（horizontal tree）：水平型ツリー
HTGC（high temperature gas chromatography）：高温ガスクロマトグラフィー
HXT（horizontal Xmas tree）：水平型クリスマスツリー
HXU（heat exchanger unit）：熱交換装置
IA（inhibitor availability）：抑制剤の利用可能性
IBWM（International Bureau of Weights and Measures）：国際度量衡局
IC（internal corrosion）：内部腐食
ICCP（impressed current cathodic protection）：外部電源方式防食
IE（internal erosion）：内部浸食
IMR（inspection, maintenance, and repair）：検査・維持管理・補修
IPU（integrated production umbilical）：生産用統合型アンビリカル
IRP（inspection reference plan）：検査基準計画
IRR（internal rate of return）：内部収益率
ISA（Instrument Society of America）：アメリカ計測学会
ISO（International Organization for Standards）：国際標準化機構
IWOCS（installation and workover control system）：設置・改修制御システム
JIC（Joint Industry Conference）：合同産業会議
JT（Joule Thompson）：ジュール・トムソン（効果）
KI（kinetic inhibitor）：結晶化抑制剤
KOP（kick off point）：曲がりが始まる点
L/D（length/diameter）：細長比
LAOT（linear actuator override tool）：直動アクチュエータツール
LARS（launch and recovery system）：着揚収システム
LBL（long baseline）：長基線
LC（life cycle cost）：ライフサイクルコスト
LCWR（lost capacity while waiting on rig）：リグ待機中の喪失生産能力
LDHI（low dosage hydrate inhibitor）：低用量ハイドレート抑制剤
LFJ（lower flexjoint）：下部フレックスジョイント
LMRP（lower marine riser package）：下部マリンライザーパッケージ
LOT（linear override tool）：直動ツール
LP（low pressure）：低圧
LPMV（lower production master valve）：下部生産マスターバルブ
LRP（lower riser package）：下部ライザーパッケージ
LWRP（lower workover riser package）：下部改修ライザーパッケージ

MAOP（maximum allowable operating pressure）：最大許容運転圧力
MASP（maximum allowable surge pressure）：最大許容サージ圧
MBR（minimum bend radius）：最小曲げ半径
MCS（master control station）：マスターコントロールステーション
MEG（mono ethylene glycol）：モノエチレングリコール
MF（medium frequency）：中波
MIC（microbiological induced corrosion）：微生物起因腐食
MMBOE（million barrels of oil equivalent）：石油換算〇百万バレル
MODU（mobile offshore drilling unit）：移動式海底掘削装置
MPI（magnetic particle inspection）：磁粉探傷法
MPP（multiphase pump）：多相ポンプ
MQC（multiple quick connector）：多重クイックコネクタ
MRP（maintenance reference plan）：保守基準計画
MTO（material take-off）：材料予量
NAS（National Aerospace Standard）：米国航空宇宙規格
NDE（none destructive examination）：非破壊検査
NDT（none destructive testing）：非破壊試験（検査）
NGS（nitrogen generating system）：窒素発生システム
NPV（net present value）：正味現在価値
NS（North Sea）：北海
NTNU（The Norwegian University of Science and Technology）：ノルウェー科学技術大学
O&M（operations and maintenance）：操業と保守（の費用）
OCR（over consolidation ratio）：過圧密比
OCS（operational control system）：運転制御システム
OHTC（overall heat transfer coefficient）：総括伝熱係数
OPEX（operation expenditures）：運営コスト
OREDA（offshore reliability data）：オフショア信頼性データ
OSI（Oil States Industries）〔社名〕
OTC（Offshore Technology Conference）：オフショア技術会議
PAN（programmable acoustic navigator）：プログラミング可能な音響ナビゲータ
PCP（piezocone penetration）：ピエゾコーン貫入（試験）
PGB（permanent guide base）：パーマネントガイドベース
PGB（production guide base）：プロダクションガイドベース
PHC（passive heave compensator）：パッシブヒーブコンペンセータ（受動的上下揺補償装置）
PhS（phenolic syntactic）：フェノールシンタクチック
PIP（pipe in pipe）：パイプインパイプ
PLC（programmable logic controller）：プログラミング可能論理制御器

PLEM（pipeline end manifold）：パイプライン端部マニホールド
PLET（pipeline end termination）：パイプライン端部ターミネーション
PLL（potential loss of life）：潜在的人命損失
PMV（production master valve）：生産マスターバルブ
PoB（probability of blowout）：暴噴の確率
POD（point of disconnect）：離脱点
PP（polypropylene）：ポリプロピレン
PPF（polypropylene foam）：ポリプロピレン発泡体
PSCM（procurement and supply chain management）：調達サプライチェーンマネジメント
PSV（production swab valve）：生産スワブバルブ
PT（pressure transmitter）：圧力トランスミッタ
PTT（pressure / temperature transducer）：圧力・温度トランスデューサ
PU（polyurethane）：ポリウレタン
PWV（production wing valve）：生産ウィングバルブ
QC（quality control）：品質管理
QE（quality engineer）：品質エンジニア
QP（quality program）：品質プログラム
QRA（quantitative risk assessment）：定量的リスク評価
RAO（response amplitude operator）：動的応答倍率
RBD（reliability block diagram）：信頼度ブロック図
RBI（risk-based inspection）：リスクベース検査
RCDA（reliability-centered design analysis）：信頼性中心設計解析
RCMM（reliability capability maturity model）：信頼性能力成熟度モデル
REB（reverse end bearing）：リバースエンドベアリング
ROT（remote operated tool）：遠隔操作ツール
ROV（remote operated vehicle）：遠隔操縦ロボット
RPPF（polypropylene-reinforced foam combination）：ポリプロピレン補強発泡複合材
RSV（ROV support vessel）：ROV 支援船
SAM（subsea accumulator module）：サブシーアキュムレータモジュール
SAMMB（subsea accumulator module mating block）：サブシーアキュムレータモジュール嵌合ブロック
SBP（sub-bottom profiler）：サブボトムプロファイラ
SCF（stress concentration factor）：応力集中係数
SCM（subsea control module）：サブシー制御モジュール
SCMMB（subsea control module mounting base）：サブシー制御モジュール搭載ベース
SCR（steel catenary riser）：スチールカテナリーライザー
SCSSV（surface controlled subsurface safety valve）：海上制御方式水中安全バルブ
SDA（subsea distribution assembly）：サブシー分配アセンブリ

SDS (subsea distribution system)：サブシー分配システム
SDU (subsea distribution unit)：サブシー分配ユニット
SEM (subsea electronics module)：サブシー電子モジュール
SEP (epoxy syntactic)：エポキシシンタクチック
SEPLA (suction embedded plate anchor)：サクション埋設式プレートアンカー
SIS (safety instrumented system)：安全計装システム
SIT (silicon intensified target)：シリコンを用いた電子増倍ターゲットによる撮像管
SIT (system integration test)：システム統合試験
SLEM (simple linear elastic model)：単純線形弾性モデル
SMYS (specified minimum yield stress)：設定された最小降伏応力
SPCS (subsea production control system)：サブシー生産制御システム
SPCU (subsea production communication unit)：サブシー生産通信ユニット
SPS (subsea production system)：サブシー生産システム
SPU (polyurethane-syntactic)：ポリウレタンシンタクチック
SSC (sulfide stress cracking)：硫化物応力腐食割れ
SSCC (stress corrosion cracking)：応力腐食割れ
SSP (subsea processing)：サブシー処理
SSS (side-scan sonar)：サイドスキャンソナー
SSTT (subsea test tree)：サブシーテストツリー
SU (separator unit)：分離装置
SUTA (subsea umbilical termination assembly)：海底側アンビリカル終端アセンブリ
SV (satellite vehicle)：衛星ビークル
SXT (subsea Xmas tree)：サブシー（海底）クリスマスツリー
TDP (touchdown point)：接地点
TDS (total dissolved solid)：合計溶存固形分
TDU (tool deployment unit)：ツール展開ユニット
TDZ (touchdown zone)：接地域
TEG (triethylene glycol)：トリエチレングリコール
TFL (through-flowline)：スルーフローライン
TGB (temporary guide base)：テンポラリーガイドベース
THI (thermodynamic inhibitor)：熱力学的抑制剤
THRT (tubing hanger running tool)：チュービングハンガー降下用ツール
TLP (tension leg platform)：テンションレグプラットフォーム
TMGB (template-mounted guide base)：テンプレート搭載ガイドベース
TMS (tether management system)：テザー管理システム
TOC (top of cement)：セメンチングの上面
TPPL (total plant peak load)：総プラントピーク時負荷
TPRL (total plant running load)：総プラント操業（運転）負荷

TRT (tree running tool)：ツリー降下用ツール
TT (temperature transmitter)：温度トランスミッタ
TTF (time to failure)：故障までの時間
TTR (top tensioned riser)：トップテンションライザー
TUFFP (Tulsa university fluid flow project)：Tulsa 大学流体流プロジェクト
TUTA (topside umbilical termination assembly)：トップサイド側アンビリカル終端アセンブリ
TVD (true vertical depth)：垂直深度
TWI (thermodynamic wax inhibitor)：熱力学的ワックス抑制剤
UFJ (upper flexjoint)：上部フレックスジョイント
UHF (ultra high frequency)：極超短波
UPC (ultimate pull out capacity)：極限引き抜き力
UPMV (upper production master valve)：上部生産マスターバルブ
UPS (uninterruptible power supply)：無停電電源装置
USBL (ultra short baseline)：超短基線
USV (underwater safety valve)：水中安全バルブ
UTA (umbilical termination assembly)：アンビリカル終端アセンブリ
UTH (umbilical termination head)：アンビリカル終端ヘッド
UU (unconsolidated, undrained)：非圧密非排水
VG (Vetco Gray)〔社名〕
VIM (vortex induced motion)：渦励起運動
VIT (vacuum insulated tubing)：真空断熱管
VIV (vortex induced vibration)：渦励振
VRU (vertical reference unit)：垂直基準ユニット（装置）
VT (vertical tree)：垂直型ツリー
VXT (vertical Xmas tree)：垂直型クリスマスツリー
WA (West Africa)：西アフリカ
WAT (wax appearance temperature)：ワックス出現温度
WBS (work breakdown structure)：作業分割構成
WD (water depth)：水深
WHI (wellhead growth index)：ウェルヘッド伸長指数
WHP (wellhead platform)：坑口（ウェルヘッド）プラットフォーム
WHU (wellhead unit)：坑口装置
WS (winter storm)：冬の嵐
WSD (working stress design)：使用応力設計法
XLPE (cross linked polyethylene)：架橋ポリエチレン
XOV (crossover valve)：クロスオーバーバルブ

索引

丸数字は巻番号。たとえば③ 69 は第 3 巻の 69 ページを意味する。

【アルファベット】
A&R　③ 69
AHC　③ 59
AHV　③ 59

B&C　② 99, 119
BOP　④ 36, 44
BOP テストツール　③ 172, 173

CAPEX　① 10, 185, 187
CCO　③ 255
CoF　① 346, 358, 366
C/WO　④ 36, 37

EPU　① 268
ESP システム　① 50

FAR　③ 149
FEED　① 185
FMECA　① 314
FPSO　① 45
FTA　① 329

H-4 コネクタ　③ 205
hazard　① 322
HAZID　① 314
HCLS　③ 59
HCR ホース　① 92
HDM　① 82
hook-up　④ 81
HP/HT　① 34, ④ 135
HPU　① 236, 268

HXT　③ 189, 226

ILS　① 19
IPU アンビリカル　④ 14
IWOCS　① 256

J-レイ　① 167, 180, ④ 133

LARS　③ 238
LBL　① 121, ③ 244

MCS　① 268
MQC　① 85
MRP　① 341

OPEX　① 10, 185, 212
OREDA　① 343, 349

PARLOC データベース　① 344
PHC　③ 59
PIP　② 115, ④ 82
PLEM　① 19, ③ 73, 74, 77, 79
PLET　① 19, ③ 73
PoF　① 344, 351, 365

RBD　① 328
RBI　① 337, 377
RCDA　① 332
RCMM　① 331
resin　② 183
ROT　③ 229, 258
ROV　① 82, ③ 229, 236

S-レイ ① *167, 180*, ④ *133*
SBL ① *123*
SCM ① *72, 238*
SCMMB ① *237*
SCR ④ *68, 74*
SDA ① *79*
SDS ① *69*
SEM ① *72*
SPCS ① *254*
SUTA ① *75*

THRT ③ *203*
TLP ① *44*
TMS ③ *241*
TTR ④ *70, 86*
TUTA ① *73*, ④ *14*

U 値 ② *93, 99*
USBL ① *118, 123*
UTH ① *77*

VIV ④ *58, 70*
VXT ③ *187, 224*

WAT ② *166*

【あ行】
アイソレーションテストツール ③ *173*
アスファルテン ② *182*
アスファルテン抑制剤 ① *16*
圧力サージ ② *66*
アニュラス ④ *97*
アニュラススワブバルブ ③ *207*
アニュラス用メタルシールアセンブリ
  ③ *171*
アニュラー流 ② *47, 48*
アンビリカル ① *23, 169, 183*, ④ *1*
アンビリカル終端アセンブリ ① *69*

インターフェース ① *298*

ウィークリンク ④ *18*
ウェアーブッシング ③ *173*
ウェルヘッドハウジング ③ *168*
ウェルボア ② *53*
ウォーターカット ① *64*
ウォーターカラム ① *120*
ウォームアップ ② *11*
渦励振 ④ *36, 70*
打ち込みパイルアンカー ① *155*
運営費用 ① *185*

液滴による浸食 ② *237*
エマルジョン ② *27*
エラストマーシールアセンブリ ③ *171*
エルボ ② *233*

オフショア支援船 ① *171*
オフショア信頼性データ ① *343*

【か行】
海上坑口方式 ① *29, 34*
海底仕上げ方式 ① *29, 31*
海底昇圧法 ① *48*
海底調査 ① *106*
ガイドライン ① *177*
カーカス ④ *93*
拡張工場受入試験 ① *208*
ガスコンデンセート ② *22, 53*
ガスリフト法 ① *46*
ガルバニック腐食 ② *208*
環状流 ② *48*

犠牲陽極 ② *215*
基礎 ① *135*
気泡流 ② *46, 47*
キャビテーション ② *238*
キャリブレーション ① *125*
凝集抑制剤 ② *144*
極限把駐力 ① *140*
極限波浪解析 ④ *28*
局所損失 ② *42*

掘削船　① 166
掘削用ライザー　④ 38
掘削リグ　① 130
クラスタ　③ 4
クラスタ井　① 21, 32, 42, 57
クランプコネクタ　③ 260
クランプハブ接続　③ 134
クリスマスツリー　③ 157, 186
クロスオーバーバルブ　③ 207

ケーシング　③ 162, 165
ケーシングハンガー　③ 169, 171
結晶化抑制剤　② 144
ゲートバルブ　③ 10
ケミカル　① 15
牽引埋設プレートアンカー　① 153

コアラー　① 117
坑口装置　① 21
工場受入試験　① 208
坑井孔　② 53
黒油　② 32
コスト-キャパシティ評価法　① 190
コストドライブ係数　① 191
コーティング　② 110, 112
コールドフロー技術　② 158
コレットコネクタ　③ 135, 205, 260
コンデンセート　② 33
コントラクター　① 291

【さ行】
最小運用速度　② 72
最大運用速度　② 70
サイドスキャンソナー　① 113
サクションケーソン　① 149
サクションパイル　① 137, ③ 40, 52
サテライト井　① 21, 42, 56
サーフェスウェルヘッド　③ 157
サブシーアキュムレータモジュール　① 100
サブシーウェルヘッド　③ 157, 160, 167, ④ 43
サブシー運営費用　① 212
サブシー処理　① 53
サブシー制御　① 10, 225
サブシー制御モジュール　① 72, ③ 213
サブシー生産システム　① 4, 6, 196
サブシー電子モジュール　① 72
サブシー特別係数　① 194
サブシーバルブ　③ 9
サブボトムプロファイラ　① 114
サワー腐食　② 192, 205

システムエンジニアリング　① 12
システム統合試験　① 208, 293
湿性ガス　② 34
シーブマニホールド　③ 64
資本的支出　① 185, 187
ジャッキアップリグ　① 164
シャットダウン　② 9, 17
ジャンパー　① 20, ③ 107, 114
ジュール-トムソン効果　② 78
人工採油法　① 46
浸食　② 232
信頼性　① 323

垂直型ツリー　③ 190
垂直流　② 47
スイート腐食　② 192, 193
水平型ツリー　③ 190
水平流　② 45
スイベルフランジ　③ 133
スカート　③ 89
スケール　② 221, 224
スタティックアンビリカル　④ 5
スタートアップ　② 8, 17
スタンドアローン　① 41, 44
スチールカテナリーライザー　④ 68
砂浸食　② 234
スーパー二相鋼管　④ 5
スパニング　① 105
スラグ　② 52, 55

スラグキャッチャー　②63
スラグ流　②46, 47

生産処理　①15
生産スワブバルブ　③207
生産用統合型アンビリカル　④26
生産ライザー　④67
セカンドエンドPLEM　③93
セミサブ　①45, 164
穿孔仕上げ　③158
潜在的人命損失　①358

相関式　②48
層状流　②46

【た行】
タイイン　③107, 113
ダイナミックアンビリカル　④6
ダイバータ　④41
タイバック　①7, 36, 44, ③5
対流　②81
多重電子制御油圧システム　①230
多相流　②44, 203
炭化水素　②21
単相流　②37
断熱　②99, 176

チャーン流　②48
中央坑井ベイ　①30
チュービングハンガー　③199
チョーク　③13, 208
チョーク・キルライン　④42
貯留槽　①63

ツリー　①23, ③157
ツリーバルブ　③206

停止　①234
デイジーチェーン　①59
低用量ハイドレート抑制剤　②144, 147
定量的なリスク評価　①358

デュアルオペレーション　④60
電気防食　①81, ②208, 212, ③33
テンプレート　③15
テンプレート井　①42, 57

トーイングレイ　①180
動揺補償接地システム　③59
塗装損失係数　②214
ドッグアンドウィンドウコネクタ
　③137
トップスティフナー　④96
トップテンションライザー　④70
ドライガス　②34
トランスデューサ　①119
ドリフトオフ解析　④56

【な行】
内部腐食　②192

二酸化炭素　②193

熱管理　②108
熱伝導　②79
熱力学的抑制剤　②143, 145, 153
熱力学的ワックス抑制剤　②177

ノータッチ　②9

【は行】
ハイドレート　②131, 134
ハイドレート修復　②151
ハイドレート生成曲線　②136
ハイドレートプラグ　②135, ③37
ハイドレート抑制剤　①16, ②139
パイプインパイプ　②99, 115
パイプライン　④112, 115
ハイブリッドライザー　③115, ④73,
　101
バージ　①162
波状流　②46
パッドアイ　③31

パラフィン抑制剤　① 16
ハングオフ　④ 59
バンドル　② 117

ピエゾコーン貫入試験　① 128
光ファイバーケーブル　④ 4
ピギング　② 59
ピギングループ　③ 29
飛沫帯域　① 179
疲労解析　④ 29
品質保証　① 291

ファーストエンド PLEM　③ 101
フィージビリティスタディ　① 185
腐食摩耗　② 236
フックアップ　④ 81
部品交換ツール　③ 255
フライングリード　① 70, 88, 94
プラグ流　② 46
フランジ接続　③ 132
フリースパン　② 204, ④ 130
フレキシブルジャンパー　③ 115, 117, 143, ④ 104
フレキシブルライザー　④ 71, 92
フレックスジョイント　④ 53, 84
プレートアンカー　① 140
フローアシュアランス　② 1, 5
プロジェクトマネジメント　① 289
プロジェクトマネージャー　① 285
ブローダウン　② 10, 19
プロダクションケーシングハンガー　③ 170
フローライン　① 25
フローラインジャンパー　④ 105
噴出防止装置　② 36, 44
分配システム　① 7, 69
噴霧流　② 47

ベンドスティフナー　④ 17
ベンドリストリクタ　④ 15

保守基準計画　① 341
ホスト　① 15, 36, 44
ホットスタブ　③ 252
ボラタイル油　② 33
ボールバルブ　③ 10

【ま行】
曲げアンカー反力　③ 149
マスター制御ステーション　① 234
マッドマット　③ 86
マニホールド　① 18, ③ 1
マルチビーム音響測深機　① 112

ムーディー図　② 40, 41
ムーンプール　① 30

【や行】
油圧カプラ　① 91

【ら～わ行】
ライザー　① 24, ④ 51
ライフサイクルコスト　① 213
裸坑仕上げ　③ 158

リコイル解析　④ 63
リジッドジャンパー　③ 114, 118
リジッドパイプジャンパー　③ 139
リスク受容基準　① 312
リスク評価　① 309
リスクベース検査　① 337
リスクマネジメント　① 307
流動様式　② 45
リールレイ　① 168, 180

レイアップ　④ 8

ロジックキャップ　① 98
ロックダウンブッシング　③ 170

ワックス　② 166

【監訳者】

尾崎 雅彦（おざき まさひこ）

1955年，香川県に生まれる。
1983年，東京大学大学院工学系研究科船舶工学専攻博士課程修了。
工学博士。
1983年から2007年まで三菱重工業株式会社で海洋構造物・係留システム・水中線状構造物の動力学やCCS（CO_2回収貯留技術）に関する研究開発に従事。
独立行政法人海洋研究開発機構・地球深部探査センター技術開発室を経て，2008年9月から東京大学大学院新領域創成科学研究科教授。

ISBN978-4-303-54001-2
＜サブシー工学ハンドブック①＞
サブシー生産システム

2016年7月10日　初版発行　　　　　　　　　　Ⓒ M. OZAKI 2016

監訳者　尾崎雅彦　　　　　　　　　　　　　　　　　検印省略
発行者　岡田節夫
発行所　海文堂出版株式会社

　　　本　社　東京都文京区水道2-5-4（〒112-0005）
　　　　　　　電話 03(3815)3291(代)　FAX 03(3815)3953
　　　　　　　http://www.kaibundo.jp/
　　　支　社　神戸市中央区元町通3-5-10（〒650-0022）
日本書籍出版協会会員・工学書協会会員・自然科学書協会会員

PRINTED IN JAPAN　　　　　　　印刷　田口整版／製本　誠製本

JCOPY ＜(社)出版者著作権管理機構 委託出版物＞
本書の無断複写は著作権法上での例外を除き禁じられています。複写される場合は，そのつど事前に，(社)出版者著作権管理機構（電話03-3513-6969, FAX 03-3513-6979, e-mail: info@jcopy.or.jp）の許諾を得てください。